ELEMENTARMATHEMATIK

HERAUSGEGEBEN VON DR. K. FLADT

BAND I

ELEMENTARGEOMETRIE

2. TEIL: DER STOFF BIS ZUR UNTERSEKUNDA

(PLANIMETRIE UND STEREOMETRIE)

VON

DR. KUNO FLADT

STUDIENRAT AN DER FRIEDRICH-EUGENS-OBERREALSCHULE
IN STUTTGART

MIT 134 FIGUREN IM TEXT

1928

Springer Fachmedien Wiesbaden GmbH

ISBN 978-3-663-15464-8 ISBN 978-3-663-16035-9 (eBook)
DOI 10.1007/978-3-663-16035-9
Softcover reprint of the hardcover 1st edition 1928

Vorwort.

Es fehlt in der mathematischen Literatur ein Werk, das dem Lehrer' insbesondere dem jüngeren, den elementarmathematischen, d. h· den heute in den höheren Schulen Deutschlands behandelten mathematischen Lehrstoff in wissenschaftlich einwandfreier und zugleich didaktisch verarbeiteter Form darbietet, und dazu die angewandte Mathematik nach ihrem allgemeinen Verfahren und ihrer Anwendung auf die verschiedenen Gebiete ausführlich und gleichmäßig berücksichtigt. In unserer an Pflichtstunden und Korrekturen reichen Zeit wird es nicht jedem Fachgenossen möglich sein, die Fortschritte der mathematischen Wissenschaft und ihrer Anwendungen zu verfolgen und sie zugleich für den Unterricht nutzbar zu machen. Hier will die „*Elementarmathematik*" helfend eingreifen, über deren drei, wieder in Teile von mäßigem Umfang zerlegte Bände die Ankündigung am Ende des Buches näheren Aufschluß gibt. Danach handelt es sich also nicht um eine Methodik des mathematischen Unterrichts, welche den Stoff nur als ein Problem neben anderen behandeln kann; im Gegensatz zu den Werken ähnlicher Richtung von Weber-Wellstein, Klein, Netto-Färber-Thieme u. a. steht aber die Didaktik des eigentlichen Schullehrstoffs im Vordergrund. Ergänzt wird diese „*Elementarmathematik*" durch eine ihr im Aufbau genau entsprechende Sammlung von „*Quellenheften*", die aus den Originalwerken eine Auswahl der wichtigsten Belege für solche Dinge der reinen und angewandten Mathematik mit den nötigen Erläuterungen bringen soll, die im heutigen Unterricht noch lebendig sind oder erst lebendig werden sollen. Zunächst erscheinen von der „*Elementarmathematik*" die zwei ersten Teile der „*Elementargeometrie*"[1]), denen die entsprechenden der „*Elementaranalysis*" bald folgen sollen. —

Die Methodik der Geometrie hat sich im Laufe der letzten fünfzig Jahre gründlich geändert. Hat man einst den Bildungswert des geometrischen Unterrichts in seiner formal-logischen Seite gesehen und daher schon von Tertianern als Hauptleistung das Verständnis geometrischer Beweise (auch für Sätze, die unmittelbar einleuchten) verlangt, so ist man heute von der Unausführbarkeit dieser Forderung überzeugt,

1) Das Wort *Elementargeometrie* bezeichne entsprechend dem Wort *Elementarmathematik* den Begriff derjenigen Teile der Geometrie, die den heutigen Inhalt des geometrischen Schulunterrichts in Deutschland bilden, also nicht bloß Planimetrie, Stereometrie und Trigonometrie, sondern auch darstellende und analytische Geometrie.

ohne darum unglücklich zu sein. Denn der Hauptbildungswert der Geometrie liegt in der Weckung und Ausbildung der Anschauung und der schöpferischen Vorstellungskraft. Dazu kommt der stoffliche Bildungswert, der Nutzen der Geometrie für die Wirklichkeit. Daher sollen die geometrischen Aufgaben weithin in wirklichkeitsnahen Anwendungen bestehen.

Trotzdem soll die logische Seite im Unterricht nicht zu kurz kommen. Nur soll sie erst ganz allmählich an den Schüler herangebracht werden. Aber selbst wenn man vom Schüler schon frühe logisches Verständnis der Geometrie verlangen würde, so wäre es doch ganz anderer Art als das vor fünfzig Jahren geforderte. Denn die wissenschaftliche Durchforschung der Grundlagen der Geometrie hat zu einer ganz anderen Einstellung in bezug auf die Logik in der Geometrie geführt, als sie in Nachahmung Euklids die Mehrzahl der Schulbücher bis weit ins 19. Jahrhundert hinein hatte. Wieviel methodische Arbeit in bezug auf die Grundbegriffe und Grundsätze der Geometrie — ich erinnere nur an die Parallelenfrage —, geleistet von einer Reihe der tüchtigsten Schulmänner des 19. Jahrhunderts, hat sich als wissenschaftlich nicht einwandfrei und darum als unnötige Kraftverschwendung erwiesen! Es ist darum Zeit, daß auch die Schulbücher sich die Ergebnisse der wissenschaftlichen Forschung zunutze machen. Gewiß hat der Lehrer nicht wie einst die Aufgabe, seinen Untertertianern gegenüber die Gültigkeit der Geometrie zu rechtfertigen. Gleichwohl kann und soll er seinen Unterricht so einrichten, daß dieser trotz aller Zugeständnisse an die Anschauung wissenschaftlich „in Ordnung" ist.[1])

Der vorliegende zweite Teil der „*Elementargeometrie*" sucht gerade die Grundlagenforschung der letzten fünfzig Jahre für den Unterricht nutzbar zu machen und so eine Aufgabe der Lösung näherzubringen, die sich dem Verfasser immer wieder aufgedrängt hat. Er umfaßt einerseits den Lehrgang, wie er sich dem Verfasser in seiner Unterrichtstätigkeit herauskristallisiert hat. Andererseits verknüpft er mit diesem eine wissenschaftliche Darstellung der Hauptprobleme der Elementargeometrie der Unterstufe.

Daraus, daß die Logik nur allmählich in den Lehrgang eingeführt werden kann, ergibt sich, daß Lehrgang und wissenschaftliche Darstellung besonders in den Anfangsabschnitten getrennt verlaufen müssen. Diese soll dem Lehrer zeigen, was an Voraussetzungen und Ergänzungen

---

1) Vgl. die Vorrede zu Veronese, Grundzüge der Geometrie, Leipzig 1894. S. XXXV: „Das wissenschaftliche und das didaktische Problem werden [häufig] von verschiedenen Gesichtspunkten aus behandelt; die beste Lösung des zweiten hängt aber von derjenigen des ersten ab; denn, wenn auch die didaktischen Anforderungen ihren gebührenden Einfluß haben müssen, so will es doch in einer wissenschaftlich vorher festgestellten Anordnung gelöst werden, während das wissenschaftliche Problem derart bearbeitet werden muß, daß es bei der Lösung des andern möglichst behilflich ist."

zum Schullehrgang hinzukommen muß, damit er ein wissenschaftlicher Lehrgang werde. Sie enthält dabei jeweils nur das Notwendige und verweist das Übrige auf die späteren Teile, um so mehr, als vieles von beidem auch in der Schule, doch erst auf der Oberstufe, zur Sprache kommen wird. Die wissenschaftliche Darstellung ist ziemlich ausführlich gehalten, der Lehrgang dagegen ganz kurz und bündig, aber doch so, daß er jedem verständlich ist, der sich von einer höheren Warte aus einen Überblick über Wesen und Aufbau der Elementargeometrie verschaffen möchte. Nebenbei mag der Lehrgang auch zeigen, daß sich vieles in der Elementargeometrie heute einfacher darstellen läßt, als manche durch Jahrzehnte weitergeschleppte, umständliche Entwicklungen der Schullehrbücher vermuten lassen.

Der Lehrgang setzt einen mindestens einjährigen vorwissenschaftlichen (nicht unwissenschaftlichen) geometrischen Vorbereitungsunterricht voraus, wie er etwa für die Quarta (Klasse III) vorgesehen ist, in dem die Schüler mit den wichtigsten geometrischen Gestalten bekannt gemacht und im Gebrauch der Zeichenwerkzeuge geübt worden sind.

Im ersten Teil dieser „*Elementargeometrie*“ wird Herr Dr. Schumacher, Wetzlar, einen methodischen Lehrgang eines solchen Vorbereitungsunterrichts darstellen. Er wird da im Sinne der preußischen Richtlinien absichtlich etwas ausführlicher zu Werke gehen. Denn der Zeitpunkt des Übergangs vom Vorbereitungsunterricht zum „wissenschaftlichen“ Geometrieunterricht ist streng gar nicht festzustellen. Dieser Übergang vollzieht sich überhaupt nicht zu einem bestimmten Zeitpunkt. Er bildet vielmehr eine mehr oder weniger breite Grenzschicht, in der die anschauliche Behandlung der Geometrie ganz allmählich in die logische übergeht. Der Lehrgang des ersten Teils und der im gegenwärtigen zweiten Teil gegebene werden sich in der Weise ergänzen, daß für jenen die Anschauung, für diesen die Logik das Hauptproblem ist, daß also dort die Grenzschicht den Abschluß, hier den Anfang des Lehrgangs bildet.

Dem Verfasser lag es am nächsten, für den Lehrgang etwa von der Stoffverteilung auszugehen, wie sie seit 1912 bei den württembergischen Oberrealschulen besteht und durch die Lehrplanreform von 1926/27 nirgends wesentlich geändert ist. Er ist wie der preußische ein Maximallehrgang, stimmt weitgehend mit diesem sowie den übrigen Lehrplänen im Reiche überein und gestattet für die verschiedenen Schulgattungen unschwer die Umstellung und Ausscheidung beliebig vieler Teile. Wegen aller Einzelheiten sei auf das ausführliche Inhaltsverzeichnis verwiesen. Nur folgende Bemerkungen seien noch hinzugefügt:

Der Lehrgang betont nachdrücklich die geometrischen Verwandtschaften und damit die funktionalen Zusammenhänge in der Geometrie (vgl. dazu Kap. I, § 6). Es lag ferner nicht in der Absicht des Verfassers, auch die geometrischen Aufgaben einer kritischen Durchsicht zu unterziehen. Die in den Lehrgang eingefügten

Aufgaben sind nach seinem persönlichen Geschmack ausgewählt. „Angewandte“ Aufgaben sind nicht um ihrer selbst willen behandelt. Dies konnte um so eher unterbleiben, als Band III dieser „*Elementarmathematik*“ ausführlich auf Einzelaufgaben, Aufgabengruppen oder ganze Aufgabengebiete der angewandten Geometrie eingehen wird. Übrigens wäre eine Sammlung der „rein theoretischen“, nicht bloß didaktisch brauchbaren, sondern auch wissenschaftlich interessanten und weiterführenden unter den Geometrieaufgaben, etwa in der Art von Schwerings „100 Aufgaben“ ein dankenswertes Unternehmen, damit hier einmal die Spreu vom Weizen gesondert würde.

Lehrplanmäßig gehört zur Unterstufe auch noch ein einführender Abschnitt in die ebene Trigonometrie. Aus Gründen der Systematik ist er auf den dritten Teil verschoben. Dafür werden einige der Oberstufe angehörige Reste der Stereometrie hier schon behandelt, so daß der vorliegende Teil die ganze Planimetrie und Stereometrie umfaßt.

Den Schluß bildet ein Kapitel über die elementargeometrische Literatur, soweit sie für die Unterstufe in Betracht kommt. Der Leser soll dabei auf eine Reihe besonders wertvoller, namentlich älterer Darstellungen der Elementargeometrie hingewiesen werden. Im übrigen streben wissenschaftliche Darstellung und Lehrgang in erster Linie danach, den Zusammenhang zwischen Schule und Hochschule zu wahren und damit die noch immer bestehende Kluft zwischen beiden in ihrem Teile auszufüllen. So kann vielleicht das vorliegende Buch den Zugang zu den Ergebnissen der Wissenschaft und ihre Verarbeitung für den Unterricht erleichtern und zugleich dem Liebhaber der Mathematik zeigen, wie heute das Gebäude der elementaren Planimetrie und Stereometrie aussieht.

Stuttgart-Vaihingen a. F., 1. Januar 1928.

K. Fladt.

Inhaltsverzeichnis.

Erstes Kapitel.

Grundbegriffe und Grundsätze der Geometrie.

§ 1. Die Axiomatik der Geometrie.

1. Wir haben in diesem Kapitel zunächst von Dingen zu reden, die in dem in Untertertia einsetzenden wissenschaftlichen[1]) Geometrieunterricht noch nicht zur Sprache kommen können. Um so mehr muß der Lehrer darüber Bescheid wissen. Und auch derjenige, der in einem Rückblick sich ein klares Bild vom Wesen und Aufbau der Elementargeometrie machen will, muß darüber Klarheit haben.

Es handelt sich um die Grundlagen der Geometrie. Was man der Mathematik gegenüber allen anderen Wissenschaften nachrühmt, ist, daß ihre Sätze und Behauptungen beweisbar sind. Das bedeutet, daß man irgendeinen mathematischen Satz *logisch* aus anderen, früheren Sätzen herleiten kann, wozu noch kommt, daß auch die in jenem Satz vorkommenden Begriffe logisch aus anderen, früheren Begriffen gewonnen werden können. Und jene früheren Sätze und Begriffe beziehen sich auf noch weiter zurückliegende. Da man aber diesen Rückgang nicht unendlich oft ausführen kann, so muß man einmal an Begriffe kommen, die man nicht weiter logisch erklären kann, *Grundbegriffe*, und an Sätze, die man nicht weiter logisch beweisen kann, *Grundsätze*.

2. Das gilt besonders von der Geometrie, und das Verdienst, erstmals ein *System der Geometrie*, d. h. die Begriffe und Sätze der Geometrie in einer logischen Kette dargestellt zu haben, gebührt dem großen Alexandriner EUKLID (um 325 v. Chr.).[2]) Seine *Elemente* galten über zwei Jahrtausende als das unerreichte Muster einer wissenschaftlichen Darstellung. Erst das 19. Jahrhundert hat gezeigt, daß Euklid noch lange nicht den Gipfel logischer Strenge bedeutet. Seine Grundsätze, die *Axiome* und *Postulate*[3]), sind keineswegs vollständig, d. h. er entnimmt während des Aufbaues der Geometrie stillschweigend noch manches der Anschauung,

---

1) Wir setzen einen mindestens einjährigen *vor*wissenschaftlichen (nicht *un*wissenschaftlichen) geometrischen Vorbereitungsunterricht voraus, in dem die Schüler mit den wichtigsten geometrischen Gestalten bekannt gemacht und im Gebrauch der Zeichenwerkzeuge geübt sind.

2) Ausführlicher behandelt ihn und sein Werk K. Fladt, Euklid, Ma-Na-Te-Bücherei Nr. 8, Berlin 1927.

3) Vgl. den Anhang.

was er als Grundsatz hätte fassen müssen. Er versucht ferner, die Grundbegriffe selbst zu definieren.[1]) Diese Definitionen braucht er aber später nirgends als Beweismittel. Nirgends heißt es z. B. in einem Beweis: „Weil der Punkt etwas ist, dessen Teil nichts ist, so . . .“ Das zeigt, daß jene *Definitionen* für den Aufbau der Geometrie ganz und gar unnötig sind und daß man sich, bis in die neueste Zeit hinein, unnötig abgequält hat, für die Grundbegriffe der Geometrie einwandfreie logische Definitionen zu gewinnen. Die Grundbegriffe der Geometrie lassen sich nicht logisch definieren, „keine Erklärung ist imstande, dasjenige Mittel zu ersetzen, welches allein das Verständnis jener einfachen, auf andere nicht zurückführbaren Begriffe erschließt, nämlich den Hinweis auf geeignete Naturgegenstände“.[2]) Für den Aufbau der Geometrie sind also nicht die Definitionen der Grundbegriffe, sondern nur die Grundsätze, d. h. die Grundbeziehungen zwischen den Grundbegriffen wesentlich.[3])

3. Dabei fragt sich aber immer noch, welche geometrischen Begriffe man als unerklärbare Begriffe, *Grundbegriffe*, welche geometrischen Sätze man als unbeweisbare Sätze, *Grundsätze*, annehmen soll. Die Auswahl ist durchaus nicht eindeutig. Die Sätze der Geometrie lassen sich nicht nur auf eine einzige Art in einer logischen Reihe anordnen, sie gleichen vielmehr den Knotenpunkten eines Netzes, zwischen denen mannigfache Fäden hin- und herlaufen. Und die Ausgangsknotenpunkte, die den Grundsätzen entsprechen, sind durchaus nicht eindeutig bestimmt. Im Laufe der letzten fünfzig Jahre sind vielmehr eine ganze Reihe von *Axiomensystemen*[4]) aufgestellt worden, die jeweils verschiedene geometrische Begriffe als Grundbegriffe benützen und alle gleich berechtigt sind. Jedes von ihnen hat seine besonderen Vorzüge. Doch zeigt es sich, daß die einzelnen Axiome sich in gewisse Gruppen zusammenfassen lassen. Der Unterschied der einzelnen Axiomensysteme besteht dann in der Freiheit, mit der man die Axiome zu Gruppen zusammenfassen kann, und in der verschiedenen Reihenfolge der Axiomgruppen.

4. Aber, wie man auch die Axiome und ihre Gruppen auswählen mag, immer müssen sie vier Bedingungen erfüllen, drei logische und eine psychologische: (1) Sie müssen *widerspruchslos* sein und diese Widerspruchslosigkeit muß bewiesen werden. (2) Sie müssen voneinander *unabhängig* sein: keines von ihnen darf aus den früheren erschließbar sein. (3) Sie

---

1) Vgl. den Anhang.

2) Pasch-Dehn, Vorlesungen über neuere Geometrie, 2. Aufl., Berlin 1926, S. 15.

3) Das hat zur Folge, daß, wenn man z. B. die Grundbegriffe Punkt, Gerade, Ebene durch die Begriffe Punkt, Kreis durch den festen Punkt O, Kugel durch den festen Punkt O ersetzt, die ebenfalls die Grundsätze erfüllen, man mit einem Schlag eine ganze Geometrie dieser neuen Begriffe erhält (vgl. Weber-Wellstein, Enzyklopädie der Elementarmathematik, 2. Bd., Leipzig 1907, S. 33ff.).

4) Im Gegensatz zu Euklid gebrauchen wir die Ausdrücke *Grundsatz*, *Axiom* und *Postulat* durchaus synonym.

müssen *vollzählig* sein: man muß die ganze Geometrie aus ihnen logisch ableiten können. (4) Sie müssen einfache Tatsachen der Anschauung beschreiben.

Auf eine nähere Erörterung und Prüfung dieser Bedingungen einzugehen, ist erst im zweiten und dritten Heft dieser Elementargeometrie der richtige Ort. Nur folgendes sei bemerkt: Die drei ersten Bedingungen sind durchaus *logischer* Natur. So scheint in der Geometrie die Logik den Ausschlag zu geben, die Geometrie in erster Linie ein logisches Problem zu sein. Daß dem nicht so ist, zeigt schon die Bedingung (4). Sie weist darauf hin, daß die Axiome nicht logischen Ursprungs sind, daß ohne Anschauung keine Geometrie vorhanden wäre. Freilich nicht die mit Fehlern behaftete Sinneswahrnehmung können wir der Geometrie zugrunde legen. Nach Felix Klein (1848—1926)[1]) setzen wir vielmehr durch die Axiome an die Stelle von stets ungenauen Tatsachen der Anschauung Aussagen von unbedingter Genauigkeit und Allgemeinheit, wir idealisieren die Ergebnisse von Beobachtungen.

Aber auch beim weiteren Aufbau der Geometrie sind nicht etwa die Axiome die einzige Quelle, wie man aus der dritten an sie gestellten Bedingung irrtümlicherweise folgern könnte. Die Voraussetzungen und Konstruktionen der Geometrie entspringen vielmehr ganz der freien Wahl der von der Anschauung befruchteten Einbildungskraft. Die Logik sorgt nur dafür, daß sie zu den Axiomen in keinem Widerspruch stehen, „logisch aus ihnen ableitbar sind". So stellt überhaupt die Logik nur die mathematische Schutzpolizei dar, nicht die mathematische Schöpferkraft, sonst wäre ja die ganze Mathematik eine einzige große Tautologie.

§ 2. Die graphischen Axiome.

1. Man kann die Axiome zunächst in zwei Gruppen teilen: die Axiome der Lagebeziehungen und die der Maßbeziehungen. Die Axiome der Lagebeziehungen, Axiome der Lage oder *graphischen Axiome*, dienen demjenigen Teil der Geometrie als Grundlage, der die Lagebeziehungen zwischen den drei geometrischen Gebilden Punkt, Gerade und Ebene zum Gegenstand hat. Er enthält lauter Tatsachen, die der geometrische Unterricht zunächst vollständig und jeweils da, wo er sie gerade braucht, aus der Anschauung entnehmen wird. Er liegt stillschweigend dem ganzen planimetrischen Lehrgang und dem stereometrischen Lehrgang der Untersekunda zugrunde. Aber es ist Pflicht wenigstens des Lehrers, über den axiomatischen Aufbau dieses Teils im klaren zu sein, um so mehr, als eine Reihe wertvoller Schullehrbücher der Elementargeometrie des 19. Jahrhunderts ehrlich, aber, weil unbekannt mit den Forschungsergebnissen, erfolglos mit ihm gerungen haben. Darum soll er hier eine Stelle finden.

---

1) F. Klein, Gesammelte mathematische Abhandlungen, 1. Bd., Berlin 1921, S. 385.

2. Man kann mit Hilbert (geb. 1862, Prof. a. d. Univ. Göttingen)[1]) *Punkt, Gerade* und *Ebene* zu nicht erklärbaren und darum nicht erklärten Begriffen, Grundbegriffen, machen und die graphischen Axiome in zwei Gruppen teilen, von denen die erste sich auf die *Verknüpfung* der Grundgebilde bezieht, die zweite diejenigen Grundtatsachen feststellt, welche die gegenseitige *Anordnung* der Grundelemente betreffen. Oder man kann mit Pasch (geb. 1843, Prof. a. d. Univ. Gießen)[2]), Peano (geb. 1858), und Schur (geb. 1856, Prof. a. d. Univ. Breslau)[3]) *Punkt* und *Strecke* als Grundbegriffe wählen und die *Gerade* und *Ebene* vermöge geeigneter Axiome aus ihnen aufbauen. Das soll hier geschehen, weil so der Bedingung (4), die wir den Axiomen vorschrieben, besser genügt wird. Wir erhalten so, wenn wir gleich die ersten geometrischen Lehrsätze hinzufügen:

Die graphischen Axiome.

Ia. Axiom des Punkts.

[1] [4]) Es gibt unbegrenzt viele Elemente, die man *Punkte* heißt.

Ib. Axiome der Strecke.

[2] Irgend zwei voneinander verschiedene Punkte A, B bestimmen eine unbegrenzte Menge von Punkten, die man *Strecke* $\overline{AB}$ heißt.

[3] Die Punkte A, B bestimmen die gleiche Strecke wie die Punkte B, A.

[4] Die Punkte A, B selbst gehören nicht der Strecke $\overline{AB}$ an.

Die Punkte sind also nur als unbestimmte Elemente, die Strecken als Punktmengen eingeführt. Jetzt werden die Beziehungen zwischen den Punkten einer Strecke dadurch festgesetzt, daß als dritter Grundbegriff der Begriff *zwischen* oder *auf* eingeführt wird. Dieser Begriff ist ebensowenig wie die Begriffe Punkt und Strecke logisch erfaßbar, sondern nur anschaulich aufzuzeigen.

[5] Liegt C auf $\overline{AB}$ (oder zwischen A und B), D auf $\overline{AC}$ oder $\overline{CB}$, so liegt D auch auf $\overline{AB}$.

[6] (1. Umkehrung von [5]). Liegen C und D auf $\overline{AB}$, so liegt D entweder auf $\overline{AC}$ oder auf $\overline{CB}$ (d. h. nie sowohl auf $\overline{AC}$ als auch auf $\overline{CB}$ und nie weder auf $\overline{AC}$ noch auf $\overline{CB}$).

---

1) Hilbert, Grundlagen der Geometrie, 6. Aufl. Leipzig 1923.

2) Pasch-Dehn a. a. O.

3) Schur, Grundlagen der Geometrie, Leipzig 1909, S. 5—14.

4) Die Axiome sind durchnumeriert und mit in eckige Klammern geschlossenen Ziffern bezeichnet.

Daraus ergibt sich der

1. Satz. Liegt C auf $\overline{AB}$, so liegt weder B auf $\overline{AC}$ noch A auf $\overline{CB}$.

Bew. Liegt D auf $\overline{CB}$, so liegt es auch auf $\overline{AB}$ [5]. Läge nun B auf $\overline{AC}$, so läge auch D auf $\overline{AC}$ [5]. Aber D kann nicht auf $\overline{AC}$ und $\overline{CB}$ zugleich liegen [6].

Damit ist gezeigt, daß es Strecken $\overline{AC}$ und Punkte B gibt, so daß C auf $\overline{AB}$, nicht aber B auf $\overline{AC}$ liegt. Nicht aber ist gezeigt, daß zu jedem $\overline{AC}$ mindestens ein solches B vorhanden sein muß. Das soll auch nicht gefordert werden, sondern wir geben nur die

1. Def. Die Menge der Punkte D, die mit A solche Strecken bestimmt, daß B auf $\overline{AD}$ (A auf $\overline{BD}$) liegt, heißt die *Verlängerung* von $\overline{AB}$ über B ($\overline{BA}$ über A) hinaus und wird mit $\overrightarrow{AB}$ ($\overrightarrow{BA}$ oder $\overleftarrow{AB}$) bezeichnet.

Der 1. Satz lautet damit: Ein Punkt von $\overline{AB}$ kann nicht zugleich $\overrightarrow{AB}$ oder $\overleftarrow{AB}$ angehören.

[7] (2. Umkehrung von [5]). Liegt D auf $\overline{AB}$ und $\overline{AC}$, so liegt entweder C auf $\overline{AB}$ oder B auf $\overline{AC}$.

[8] (Erweiterung von [5]). Liegt C auf $\overline{AB}$, D auf $\overrightarrow{CB}$, so liegt D auf $\overrightarrow{AB}$ oder: liegt C auf $\overline{AB}$, so fällt $\overrightarrow{CB}$ mit $\overrightarrow{AB}$ zusammen.

Umgekehrt gilt der

2. Satz. Liegt C auf $\overline{AB}$, so besteht $\overrightarrow{AC}$ aus $\overline{CB}$, Punkt B und $\overrightarrow{AB}$.

Bew. Ist D ein Punkt von $\overrightarrow{AC}$, d. h. liegt C auf $\overline{AD}$, so liegt entweder B auf $\overline{AD}$, d. h. D auf $\overrightarrow{AB}$, oder D auf $\overline{AB}$ [7]. Im zweiten Fall muß D auf $\overline{CB}$ liegen [6].

Nun folgt die

2. Def. Die Gesamtheit der Punkte $A, B, \overline{AB}, \overrightarrow{AB}$ und $\overleftarrow{AB}$ heißt *Gerade* AB.

und der

3. Satz. Eine Gerade ist durch irgend zwei ihrer Punkte bestimmt.

Bew. Sind C und D zwei Punkte von AB, so hat man zu beweisen, daß jeder Punkt von CD zugleich Punkt von AB und umgekehrt jeder Punkt von AB zugleich Punkt von CD ist. Das folgt durch zweimalige Anwendung des einfacheren Satzes: Ist C ein Punkt von AB, so fallen AB und AC zusammen. Dieses aber ergibt sich unmittelbar aus [8] und dem 2. Satz.

Der 3. Satz, den man auch so aussprechen kann: Zwei Geraden haben höchstens *einen Schnittpunkt*, erscheint also bei unserem Aufbau als beweisbarer Lehrsatz, während er bei Hilbert Axiom ist.

Übrigens sei noch darauf hingewiesen, daß wir nicht verlangt haben, jede Strecke könne verlängert werden. Das bedeutet praktisch, daß wir unsere Betrachtungen auf ein *endliches* Stück unseres Raumes beschränken.

I c. Axiome der Ebene.

[9] Außerhalb einer Geraden gibt es Punkte.

[10] Sind A, B, C drei nicht in einer Geraden liegende Punkte, liegt D auf $\overline{BC}$, E auf $\overline{AD}$, so gibt es einen Punkt F auf $\overline{AC}$, so daß E auf $\overline{BF}$ liegt. (Axiom von Pasch.)[1]

Daraus folgt der

4. **Satz.** (1. Umkehrung von [10].) Sind A, B, C drei nicht in einer Geraden liegende Punkte, liegt D auf $\overline{BC}$, F auf $\overline{AC}$, so gibt es einen gemeinsamen Punkt E von $\overline{AD}$ und $\overline{BF}$.

Bew. (Fig. 1.) Ist P ein Punkt von $\overline{AD}$, so existiert nach [10] Q auf $\overline{AC}$ im $\triangle ABC$[2]). Dann liegt nach [6] Q entweder auf $\overline{AF}$ oder auf $\overline{FC}$. Im ersten Fall (Q_1) existiert nach [10] E auf $\overline{BF}$ im $\triangle ABF$. Im zweiten Fall (Q_2) existiert nach [10] R auf $\overline{BF}$ im $\triangle FBC$, so daß P_2 auf $\overline{CR}$ liegt, und S auf $\overline{AB}$ im $\triangle ABC$, so daß R auf $\overline{CS}$ liegt. Dann liegt nach [5] P_2 auf $\overline{CS}$, also nach [6] R auf $\overline{CP_2}$ oder $\overline{P_2S}$. Da aber P_2 auf $\overline{CR}$ liegt, kann nach dem 2. Satz R nicht auf $\overline{CP_2}$ liegen. Also liegt es auf $\overline{P_2S}$. Daher existiert nach [10] E auf $\overline{AP_2}$ im $\triangle ABP_2$ und nach [5] liegt E auf $\overline{AD}$.

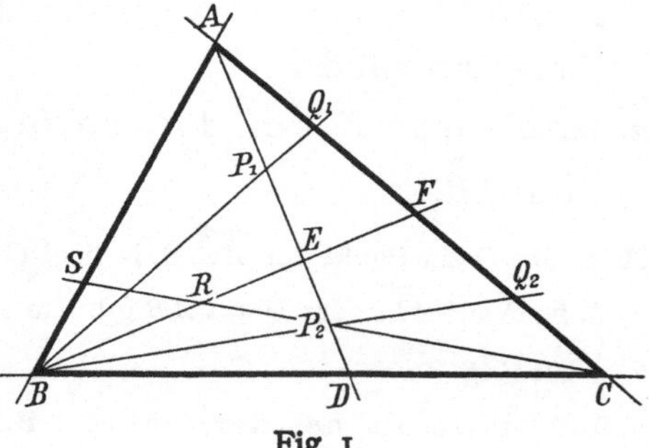

Fig. 1.

Wir haben diesen ersten umfangreicheren Beweis ganz ausführlich dargestellt, um dem Leser ein Beispiel zu geben, in dem alles in die kleinsten logischen Schritte zerlegt ist. Bei den folgenden Sätzen dieses Paragraphen versuche der Leser die ausführlichen Beweise selbst oder studiere sie bei Schur a. a. O.

Wir kommen jetzt zur

3. **Def.** Die Menge der Strecken (oder Geraden), welche drei nicht in einer Geraden liegende Punkte mit den Punkten der je durch die

1) Es ist interessant, daß die zweite mögliche Umkehrung von [10] das *Parallelenaxiom* der sog. elliptischen Geometrie darstellt, nach dem zwei beliebige Geraden stets einen Schnittpunkt haben.

2) Der Kürze halber ist schon hier der Begriff Dreieck verwendet.

beiden andern Punkte bestimmten Strecken verbinden, heißt *Dreieck* (oder *Ebene*) ABC. $\overline{BC}$, $\overline{CA}$, $\overline{AB}$ heißen *Dreiecksseiten*.

Daraus folgt der

5. Satz. Eine Ebene ist durch irgend drei ihrer Punkte, die nicht in *einer* Geraden liegen, bestimmt.

Der Beweis dieses Satzes ist umfangreich. Sind A, B, C die Bestimmungspunkte der Ebene, D, E, F irgend drei weitere ihrer Punkte und liegt D etwa auf der Geraden, die A mit einem Punkt U von BC verbindet, so zeigt man der Reihe nach, daß die Ebenen ABC, ABU, ABD, DEB, DEF identisch sind.

Dann ergibt sich sofort der

6. Satz. Jede Gerade, die zwei Punkte einer Ebene enthält, ist ganz in dieser enthalten.

Man braucht nur die zwei Bestimmungspunkte der Geraden zu neuen Bestimmungspunkten der Ebene zu machen.

Dieser Satz ist zeitweise (Robert Simson, 1687—1768, aber auch schon Heron, 200 n. Chr.) als Definition der Ebene angesehen worden. Aber schon Gauss (1777—1855)[1]) hat darauf hingewiesen, daß er einen beweisbaren Kern enthält.

Weiter folgt der

7. Satz. Eine Ebene wird durch jede ihrer Geraden so in zwei Teile geteilt, daß die Strecke von einem Punkt des einen Teiles nach einem Punkt des andern stets einen Punkt der Geraden enthält, die Strecke von einem Punkt eines Teils nach einem Punkt desselben Teils aber keinen.

Wir geben hier nochmals einen ausführlicheren Bew. (Fig. 2.) Man nimmt zwei Punkte B, C der Geraden und einen weiteren Punkt A der Ebene zu ihren Bestimmungspunkten. Sie zerfällt in 7 Teile, das $\triangle ABC$, die 3 Teile (BC), (CA), (AB), die von je einer Seite und den an sie stoßenden Verlängerungen der beiden andern begrenzt werden und die 3 Teile (A), (B), (C), die von den Verlängerungen von je zwei Seiten über die Ecken hinaus begrenzt werden. Nun enthält jede Strecke, die A mit einem Punkte P der Teile (BC), (B) oder (C) verbindet, einen Punkt von BC. Für den Teil (BC) folgt das aus der Definition der Ebene. Für die Teile (B) und (C) folgt es aus [10] durch Be-

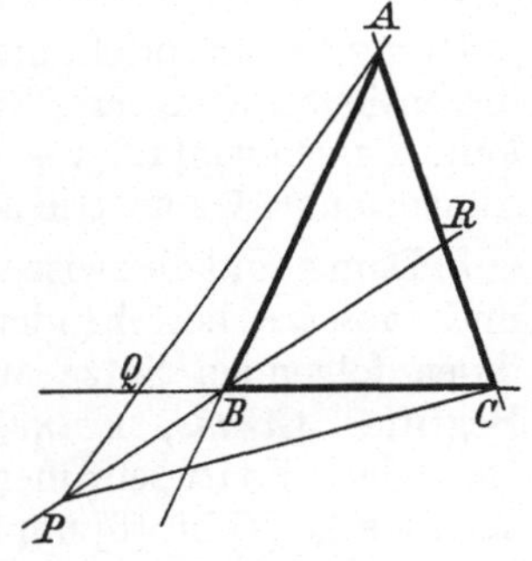

Fig. 2.

1) Gauß' Werke Bd. VIII, S. 162, 194 und 200 (Brief an Bessel vom 27. Jan. 1829).

trachtung der Dreiecke APC und APB. Enthält umgekehrt AP einen Punkt Q von BC, so gehört P einem der Teile (BC), (B) oder (C) an. Für (BC) folgt das wieder aus der Dreiecksdefinition. Für (B) und (C) folgt aus [10] durch Betrachtung der Dreiecke APC und APB die Existenz eines Punktes R, die beweist, daß P dem Teil (B) oder (C) angehört. Liegt daher P in einem der andern 4 Teile der Ebene, so kann AP keinen Punkt von BC enthalten.

4. Def. Zwei solche Teile der Ebene, wie sie im 7. Satz nachgewiesen sind, heißen *Halbebenen.*

Id. Axiome des Raumes.

[11] Außerhalb einer Ebene gibt es Punkte.

Jetzt kann man erklären:

5. Def. Die Menge der Strecken oder Geraden, die (1) jeden von vier nicht in *einer* Ebene gelegenen Punkten mit den Punkten des durch die drei andern bestimmten Dreiecks und (2) die Punkte der durch je zwei der vier Punkte bestimmten Strecken mit denjenigen der durch die beiden andern bestimmten Strecke verbinden, heißt ein (nicht *der!*) *Raum.*

Nunmehr ergeben sich die dem 5. und 7. Satz entsprechenden Sätze 8 und 9 für einen Raum, der Begriff *Halbraum* (**6. Def.**) und der

10. Satz. Zwei Ebenen eines Raumes, die einen Punkt gemein haben, haben auch eine Gerade gemein,

Sätze, auf die wir erst in der Stereometrie zurückkommen werden. Jetzt erst fordern wir als letztes graphisches Axiom

[12] Außerhalb eines Raumes gibt es keine Punkte.

Dieses Axiom spricht die Einzigkeit „des" Raumes und damit die Dreidimensionalität unseres Raumes aus. Diese ist keine *logische* Notwendigkeit. Lassen wir [12] weg, so können wir rein logisch eine vier- und mehrdimensionale Geometrie aufbauen.

3. Damit sind die zwischen den nichtdefinierten Begriffen *Punkt, Strecke* und *zwischen* bestehenden Axiome der Lage und die unmittelbar aus ihnen folgenden Sätze aufgezählt. Mit ihrer Hilfe sind fünf weitere Begriffe: *Gerade, Ebene, Halbebene, Raum* und *Halbraum* erklärbar geworden. Es ist sehr merkwürdig, daß zu den vier „Zwischen"axiomen der Strecke [5] bis [8] nur noch ein solches Axiom [10] der Ebene hinzukommen muß, um nicht nur die Geometrie der Ebene, sondern sogar die eines Raumes beliebiger Dimension sicherzustellen.

Als zwei weitere lagegeometrische Begriffe fügen wir noch die *Halbgerade* und den *Winkel* hinzu mit der

7. Def. *Halbgeraden* oder *Strahlen* heißen die beiden Teile, in die eine Gerade durch einen ihrer Punkte zerlegt wird, und der

8 **Def.** *Winkel* heißt ein „von einem Punkt, dem *Scheitel*, ausgehendes" Paar von Strahlen, die weder identisch sind, noch *eine* Gerade bilden.[1])

In dieser Definition ist der Nullwinkel und der flache Winkel nicht mit enthalten. Sie sind nötigenfalls besonders zu erklären.

§ 3. Die Umwendungsaxiome.

1. Nun gehen wir zu den Axiomen der Maßbeziehungen oder *Maßaxiomen* über. Auch hier gibt es nicht nur eine Möglichkeit, die Axiome auszuwählen. Zwei Systeme von Maßaxiomen sind besonders wichtig. Das eine stammt von HILBERT.[2]) Er wählt als weiteren Grundbegriff den Begriff der *Kongruenz*. Sein System von Maßaxiomen zerfällt in die Axiome der *Kongruenz*, das *Parallelenaxiom* und die *Stetigkeitsaxiome*. Es ist nichts anderes als die feinere Ausgestaltung der entsprechenden Euklidischen Grund- und Lehrsätze.

Der starre Euklidische Begriff der Kongruenz hat aber je länger desto mehr die Unzufriedenheit der geometrischen Methodiker hervorgerufen und sie verlangten seinen Ersatz durch den Begriff der *Bewegung*, d. h. sie forderten als Grundbegriff den Bewegungsbegriff.[3]) Nun zeigte sich aber, daß für die Begründung der elementaren Geometrie eine besonders einfache Art der Bewegung hinreicht, die *axiale Spiegelung* oder *Umwendung*. In jüngster Zeit hat H. WILLERS[4]) die Lehre von der Umwendung ebenfalls „auf Axiome gebracht". Sie gibt so Anlaß zu einem zweiten System von Maßaxiomen, das ebenfalls in drei Gruppen zerfällt, die eigentlichen Axiome der *Umwendung*, das sog. *Gruppenaxiom*, das an Stelle des Parallelenaxioms tritt, und das *Dedekindsche Stetigkeitsaxiom*, das den beiden Hilbertschen gleichwertig ist.

Da indes das Axiomensystem, das den Kongruenzbegriff als Grundbegriff benützt, in vielen Teilen der Geometrie ein einfacheres Hilfsmittel abgibt als dasjenige, das den Begriff der Bewegung zum Grund-

---

1) Max Simon (1844—1918) definiert in seiner *Methodik des Rechnens und der Mathematik*, 2. Aufl., München 1908, den Winkel als die Grenze des Kreissektors bei über jedes Maß wachsendem Radius und vereinigt damit die beiden klassischen Anschauungen über den Winkel, die von L. Bertrand (1731—1812), wonach er eine Flächengröße ist, und die von B. Thibaut (1775—1832), welcher ihn als Drehungsgröße auffaßt. Heute begnügt man sich mit der oben angegebenen viel anspruchsloseren Definition des Winkels.

2) Hilbert a. a. O., S. 9ff.

3) Schon Euklid war übrigens nicht ganz ohne den Bewegungsbegriff ausgekommen. Er braucht ihn zum Beweis seiner beiden ersten Kongruenzsätze. Sonst aber vermeidet er ihn peinlich in den planimetrischen Büchern.

4) H. Willers, Die Spiegelung als primitiver Begriff im Unterricht, ZMNU 53, 1922, S. 68 u. 109.

begriff macht, so wollen wir im folgenden beide Systeme von Maßaxiomen in gleicher Weise berücksichtigen.

2. Wir beginnen mit der Lehre von der Umwendung und haben dann samt den unmittelbaren Folgerungen die folgenden

Maßaxiome.

IIa. Axiome der Umwendung.[1])

[13] Jede Gerade g einer Ebene ordnet jedem Punkt P der einen durch sie bestimmten Halbebene einen Punkt P' der andern Halbebene zu.

[14] Diese Zuordnung ist eindeutig, d. h. dem Punkt P entspricht nur ein Punkt P'.

[15] Jede Gerade einer Ebene ordnet jedem Punkt auf ihr ihn selbst zu.

[16] Auch dieser Grenzfall der Zuordnung ist eindeutig. (Infolge von [15] ist er sogar umkehrbar eindeutig oder ein-eindeutig.)

1. **Def.** Die durch die Axiome [13]—[16] geforderte, aber noch nicht bestimmte Punktverwandtschaft heißt *axiale Symmetrie*, *axiale Spiegelung* oder *Umwendung* $\mathfrak{U}$. Die Gerade g heißt die *Achse* der Umwendung. Der Punkt P' heißt der zu P in bezug auf g *symmetrische* Punkt.

Daß P durch die Umwendung $\mathfrak{U}$ um g in P' übergeht, bezeichnet man mit

$$P\{\mathfrak{U}_g\}P'$$

oder auch, wenn es auf die Achse g nicht ankommt, kurz mit $P \div P'$.

Wird P der Reihe nach an $g_1, g_2, g_3, \ldots$ gespiegelt und ist P' der zuletzt erhaltene Punkt, so schreibt man

$$P\{\mathfrak{U}_{g_1}\mathfrak{U}_{g_2}\mathfrak{U}_{g_3}\ldots\}P'.$$

Um die Eineindeutigkeit der Umwendung allgemein zu beweisen und sie von anderen eineindeutigen Punktverwandtschaften unterscheiden zu können, brauchen wir noch drei weitere Axiome [17], [18] und [19].

[17] Gehen durch eine Folge von Umwendungen drei nicht auf einer Geraden liegende Punkte A, B, C einer Ebene in Punkte A', B', C' derselben Ebene über derart, daß A mit A' zusammenfällt und B mit B' auf derselben von A ausgehenden Halbgeraden liegt, so fällt entweder jeder Punkt P der Ebene mit P' zusammen oder liegt symmetrisch zu P' in bezug auf AB.

Nach [17] und [15] fällt auch B mit B' zusammen.

Nun folgt als

1. **Satz.** Die Umwendung ist eine ein-eindeutige Zuordnung.

---

1) Willers a. a. O. S. 111.

Bew. Sind A und B zwei Punkte der Achse g, so geht nach [17] durch zwei aufeinanderfolgende Umwendungen um g P entweder in sich selbst oder in P' über. Das Zweite ist unmöglich, denn sonst würde die zweite Umwendung P' unverändert lassen, also müßte P' auf g liegen.

Es ist also $$P\{\mathfrak{U}_g\mathfrak{U}_g\}P.$$

Die „Transformation" $\{\mathfrak{U}_g\mathfrak{U}_g\}$ läßt also die ganze Ebene ungeändert. Sie heißt *Identität* und werde mit $\mathfrak{J}$ bezeichnet (**2. Def.**).

2. Satz. Jede Gerade h geht durch Umwendung um eine Achse g in eine Gerade h' über.

Bew. Sind A, B, C verschiedene Punkte von h, so gehen sie in drei Punkte A', B', C' über, die nach dem 1. Satz ebenfalls verschieden sind. Wir spiegeln jetzt der Reihe nach an g, $A'B'$ und nochmals an g. Dann geht A in A und B in B über. Nach [17] muß ferner C in C übergehen. Da die Umwendung um g ein-eindeutig ist, so ist das nach dem 1. Satz nur möglich, wenn C' auf $A'B'$ liegt.

3. Satz. Der Schnittpunkt einer Geraden h mit ihrem Bild h' liegt auf der Achse g.

Bew. Dem Schnittpunkt von h mit g entspricht ein Punkt von h (2. Satz) und dieser Punkt ist er selbst ([15] und [16]).

4. Satz. Der Geraden PP' entspricht die Gerade $P'P$, aber nicht punktweise.

Bew. Der Geraden PP' entspricht eine Gerade (2. Satz) und die Punkte P', P bestimmen diese Gerade.

5. Satz. Liegen A und B nicht auf g, und liegt B nicht auf AA', so haben $\overline{AA'}$ und $\overline{BB'}$ keinen gemeinsamen Punkt.

Bew. (Fig. 3.) Wegen des 1. Satzes können wir A und B auf derselben Seite von g annehmen. Dann ist nach dem 2. Satz $A'B \div AB'$. Der Schnittpunkt S von AB' mit g existiert (§ 2, 7. Satz). Durch S geht auch $A'B$ (3. Satz). S liegt zwischen A und B' und zwischen A' und B (§ 2, 7. Satz). B und B' liegen also mit S auf derselben Seite von AA', $\overline{AA'}$ und $\overline{BB'}$ treffen sich nicht.

6. Satz. Liegt B auf $\overline{AC}$, so liegt B' auf $\overline{A'C'}$: $\overline{ABC} \div \overline{A'B'C'}$.

Bew. Nach dem 5. Satz liegt ein Punktepaar A, A' stets auf derselben Seite in bezug auf eine Gerade BB'.

7. Satz. Ist $h\{\mathfrak{U}_g\}h$, d. h. h die Verbindungsgerade zweier entsprechender Punkte P und P', schneiden sich g und h in S und geht der nicht auf h liegende Punkt A durch die aufeinanderfolgenden Umwendungen um h und g in A'' über, so liegen A, S, A'' in *einer* Geraden.

Bew. (Fig. 4.) Sei $A\{\mathfrak{U}_h\}A'$ und $A\{\mathfrak{U}_g\}\overline{A}$. $\overline{PP'}$ und $\overline{A'A''}$ schneiden sich nicht (5. Satz): A' und A'' liegen auf derselben Seite von h. A und A' gehören verschiedenen Seiten von h an [13], also auch A und A'' (§ 2, 7. Satz). Also trifft $\overline{AA''}$ die Achse h in einem Punkt C. h geht durch die aufeinanderfolgenden Umwendungen um g, h, g in sich selbst über, A'' in $\overline{A}$. Nach [17] ist dann $A''\{\mathfrak{U}_h\}\overline{A}$. Die aufeinanderfolgenden Umwendungen um h und g führen die Strecke $\overline{ACA''}$ in $\overline{A'C\overline{A}}$ und $\overline{A''\overline{C}A}$ über, wo $C\{\mathfrak{U}_g\}\overline{C}$ ist. $\overline{C}$ muß also auf $\overline{AA''}$ liegen und daher mit C zusammenfallen. Also ist $\overline{C} \equiv C \equiv S$.

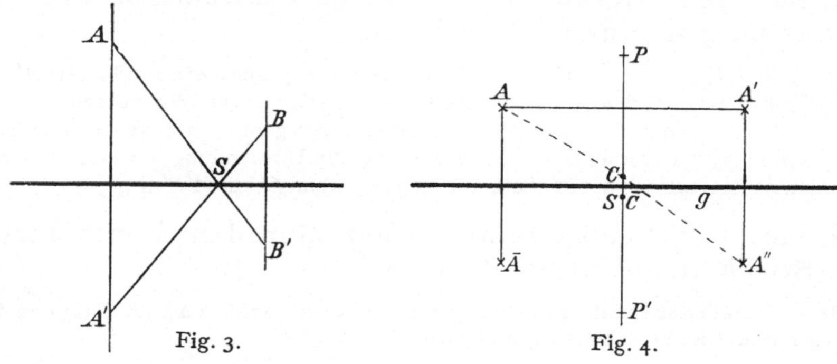

Fig. 3. Fig. 4.

8. Satz. Ist $h\{\mathfrak{U}_g\}h$, so ist $g\{\mathfrak{U}_h\}g$.

Bew. Man braucht den Punkt A des 7. Satzes nur auf g anzunehmen, dann folgt, daß, weil ASA'' eine Gerade ist, auch A'' auf g liegt.

Dieser Satz gibt Anlaß zu der

3. Def. Haben die Geraden g und h die Eigenschaft, daß jede in bezug auf die andere zu sich selbst symmetrisch ist, so heißen die beiden Geraden *senkrecht aufeinander*: $g \perp h$.

9. Satz. Zwei Geraden g und h stehen dann und nur dann senkrecht aufeinander, wenn die Reihenfolge der Umwendungen um g und h ohne Einfluß auf ihr Ergebnis ist: $\{\mathfrak{U}_g\mathfrak{U}_h\} = \{\mathfrak{U}_h\mathfrak{U}_g\}$.

4. Def. Zwei solche Umwendungen heißen *vertauschbar*.

Bew. des 9. Satzes. Im 7. Satz geht auch $A'\overline{A}$ durch S. Daraus folgt die Vertauschbarkeit. Umgekehrt: es gelte die Vertauschbarkeit. Dann ergibt sich der gleiche Punkt C'', ob man C zuerst an h und dann an g oder zuerst an g und dann an h spiegelt. (Fig. 5.) Führt man also der Reihe nach die vier Umwendungen um h, g, h, g aus, so bleibt nach [17] jeder Punkt in Ruhe. Geht bei der ersten Umwendung der Schnittpunkt A von $C\overline{C}$ mit g in einen Punkt A', dieser bei der zweiten Umwendung in einen Punkt A'' über, so muß A'' bei der dritten Umwendung wieder in A übergehen, da bei der vierten Umwendung nur dann wieder A entsteht, wenn dieses schon vor ihr der Fall ist. Dem Punkt A können aber nicht zwei Punkte A' und A'' zugeordnet sein. Darum müssen A' und A''

in einem Punkt von g zusammenfallen, d. h. es ist $g \{ \mathfrak{U}_h \} g$. Ebenso zeigt man $h \{ \mathfrak{U}_g \} h$.

10. Satz. Von einem Punkt P gibt es nur *ein Lot* auf eine Gerade g.

Bew. Das Lot ist PP', wo $P \{ \mathfrak{U}_g \} P'$ ist.

[18] Zwei Punkte einer Ebene haben eine in der Ebene gelegene Umwendungsachse.[1])

[19] Zwei von einem Punkte ausgehende Halbgeraden, die nicht eine Gerade bilden, haben eine Umwendungsachse.[1])

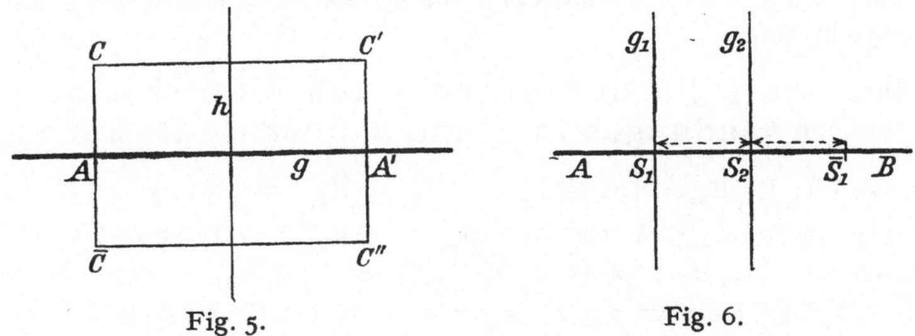

Fig. 5. Fig. 6.

Der 3. Satz läßt sich jetzt so aussprechen:

Die Achse in [19] geht durch den Scheitel der Halbgeraden.

11. Satz. Zwei Punkte der Ebene haben nur *eine* Achse.

Bew. (Fig. 6.) Hätten die Punkte A, B deren zwei, g_1 und g_2, so mögen diese AB in S_1 und S_2 schneiden. Dabei sei AS_1S_2B die Reihenfolge der Punkte. Die Aufeinanderfolge der Umwendungen an g_1 und g_2 führe $\overline{AS_1B}$ in $\overline{AS_1B}$ über, wo nun $AS_2\overline{S}_1B$ die Reihenfolge der Punkte ist. Nach [17] und [15] müssen aber $\overline{S}_1$ und S_1 zusammenfallen. Dann muß aber nach dem 6. Satz auch S_1 mit S_2, g_1 mit g_2 zusammenfallen.

12. Satz. Zwei von einem Punkt S ausgehende Halbgeraden, die nicht *eine* Gerade bilden, haben nur *eine* Achse.

Bew. Angenommen es gäbe zwei Achsen s_1 und s_2. Sie gehen beide durch S (3. Satz). Durch die zwei Umwendungen um s_1 und s_2 geht ein Punkt A von g wieder in einen Punkt $\overline{A}$ von g über. Weil dabei S in sich selbst übergeht ([15] und [16]), fällt nach [17] $\overline{A}$ mit A zusammen. Ist $A \{ \mathfrak{U}_{s_1} \} \overline{A}$, so muß also $A' \{ \mathfrak{U}_{s_2} \} A$ sein. Nach dem 11. Satz besitzen aber A und A' nur *eine* Achse, d. h. es ist $s_2 \equiv s_1$.

---

1) Setzt man indes die Gültigkeit des Stetigkeitsaxioms [20'] (s. u. S. 57) voraus, so sind [18] und [19] beweisbar und fallen somit weg.

13. Satz. Zwei einander schneidende Geraden haben zwei Umwendungsachsen, die aufeinander senkrecht stehen.

Bew. Nach dem 12. Satz haben die zwei Geraden zwei und nur zwei Achsen. Die beiden Umwendungen um diese Achsen sind vertauschbar. Nach dem 9. Satz stehen die Achsen also senkrecht aufeinander.

14. Satz. In einer Ebene gibt es in einem Punkt A einer Geraden g nur *ein* Lot auf ihr.

Bew. Sei B in derselben Ebene nicht auf g gelegen. Dann ist $BB' \perp g$. Geht BB' durch A, so ist es nach dem 10. Satz das eine Lot. Andernfalls ist g eine der beiden Achsen von AB und AB'. Die andere steht nach dem 13. Satz in A senkrecht auf g.

15. Satz. Ist $g \perp h$ und gehen g und h durch eine Reihe von Umwendungen in g' und h' über, so ist auch $g' \perp h'$.

Bew. Sei $\{\mathfrak{U}_{s_1}\mathfrak{U}_{s_2}\mathfrak{U}_{s_3}\ldots\} = \{\mathfrak{F}\}$, $\{\ldots\mathfrak{U}_{s_3}\mathfrak{U}_{s_2}\mathfrak{U}_{s_1}\} = \{\overline{\mathfrak{F}}\}$, $g\{\mathfrak{F}\}g'$, $h\{\mathfrak{F}\}h'$, so ist $g'\{\overline{\mathfrak{F}}\}g$, $h'\{\overline{\mathfrak{F}}\}h$. Nun ist nach [17] $\{\overline{\mathfrak{F}}\mathfrak{U}_g\mathfrak{F}\} = \mathfrak{U}_{g'}$ und $\{\overline{\mathfrak{F}}\mathfrak{U}_h\mathfrak{F}\} = \mathfrak{U}_{h'}$. Ferner ist $\{\mathfrak{U}_{g'}\mathfrak{U}_{h'}\} = \{\overline{\mathfrak{F}}\mathfrak{U}_g\mathfrak{F}\overline{\mathfrak{F}}\mathfrak{U}_h\mathfrak{F}\} = \{\overline{\mathfrak{F}}\mathfrak{U}_g\mathfrak{U}_h\mathfrak{F}\}$ und $\{\mathfrak{U}_{h'}\mathfrak{U}_{g'}\} = \{\overline{\mathfrak{F}}\mathfrak{U}_h\mathfrak{U}_g\mathfrak{F}\}$. Da aber $g \perp h$, so ist nach dem 9. Satz $\{\mathfrak{U}_g\mathfrak{U}_h\} = \{\mathfrak{U}_h\mathfrak{U}_g\}$. Also ist auch $\{\mathfrak{U}_{g'}\mathfrak{U}_{h'}\} = \{\mathfrak{U}_{h'}\mathfrak{U}_{g'}\}$, d. h. $g' \perp h'$. Man erkennt die Zweckmäßigkeit und Notwendigkeit der eingeführten Symbolik, wenn man den Beweis in Worten wiederzugeben versucht, was geradezu unmöglich ist.

3. Damit sind wir mit der Lehre von den Umwendungen an dem Punkte angelangt, wo der Kongruenzbegriff aus ihr herauswächst. Ehe wir weitergehen, wollen wir aber auch die Kongruenzlehre selbständig entwickeln, und zwar bis zu dem Punkte, wo umgekehrt der Bewegungsbegriff an sie angeschlossen werden kann.

Doch zuvor eine Bemerkung. Die Axiomatik der Umwendungen, wie wir sie vorführten, zeigt ganz besonders deutlich, wie wenig die Axiome eigentlich das in der Anschauung Gegebene erfassen. Die Punktverwandtschaft der axialen Spiegelung ist durch die Axiome [13] bis [19] zwar *begrifflich* vollkommen erfaßt, denn sonst könnten wir nicht alles Weitere aus diesen Axiomen folgern. Aber wer vermöchte sich aus dem Wortlaut dieser Axiome allein eine wirkliche Vorstellung der durch sie geforderten Punktverwandtschaft zu machen, aus ihnen das wieder zu erkennen, was er *anschaulich* als Umwendung vor seinem Geiste sieht? Daher ist die 1. Definition auch eine reine Worterklärung. Der Begriff Umwendung bleibt durchaus unerklärt, er wird nicht auf andere zurückgeführt, er ist ein *Grundbegriff*.

§ 4. Die Kongruenzaxiome.

1. Betrachtet man den Kongruenzbegriff als Grundbegriff, so hat man andere Maßaxiome zu wählen. Wir geben sie hier nach HILBERT und be ginnen[1]), indem wir den Wortlaut etwas kürzen, mit den

II'a. Kongruenzaxiomen.

II'a_1. Axiome der Streckenkongruenz.

[13'] Liegt $\overline{AB}$ auf g, A' auf g', so kann man auf g' auf jeder der beiden durch A' bestimmten Halbgeraden stets einen und nur einen Punkt B' finden, so daß $\overline{A'B'} = \overline{AB}$[2]) ($\overline{A'B'}$ *kongruent* $\overline{AB}$) ist. Es ist stets $\overline{AB} = \overline{AB} = \overline{BA}$.

[14'] Ist $\overline{AB} = \overline{A'B'}$ und $\overline{AB} = \overline{A''B''}$, so ist auch $\overline{A'B'} = \overline{A''B''}$.

[15'] Sind $\overline{AB}$ und $\overline{BC}$ zwei Strecken ohne gemeinsame Punkte auf g, $\overline{A'B'}$ und $\overline{B'C'}$ ebensolche auf g' und ist $\overline{A'B'} = \overline{AB}$, $\overline{B'C'} = \overline{BC}$, so ist auch $\overline{A'C'} = \overline{AC}$.

II'a_2. Axiome der Winkelkongruenz.

[16'] Es sei ein $\sphericalangle\,(h, k)$ in einer Ebene α und eine Gerade g' in einer Ebene α', sowie eine der beiden durch g' bestimmten Halbebenen gegeben. Es bedeute h' eine Halbgerade von g', die von O' ausgeht. Dann gibt es in α' in der gegebenen Halbebene eine und nur eine von O' ausgehende Halbgerade k', so daß $\sphericalangle\,(h, k) = \sphericalangle\,(h', k')$ ist. Es ist stets $\sphericalangle\,(h, k) = \sphericalangle\,(h, k) = \sphericalangle\,(k, h)$.

[17'] Ist $\sphericalangle\,(h, k) = \sphericalangle\,(h', k')$ und $\sphericalangle\,(h, k) = \sphericalangle\,(h'', k'')$, so ist auch $\sphericalangle\,(h', k') = \sphericalangle\,(h'', k'')$.

II'a_3. Axiom der Dreieckskongruenz.

[18'] Gelten in zwei Dreiecken ABC und $A'B'C'$ die Kongruenzen $\overline{AB} = \overline{A'B'}$, $\overline{AC} = \overline{A'C'}$, $\sphericalangle\,BAC = \sphericalangle\,B'A'C'$, so sind auch die Kongruenzen $\sphericalangle\,ABC = \sphericalangle\,A'B'C'$ und $\sphericalangle\,ACB = \sphericalangle\,A'C'B'$ erfüllt.

2. Wiederum ist durch diese Axiome in keiner Weise gesagt, was *kongruent* ist. Sie enthalten keine Erzeugungsweise der Kongruenz. Im Unterricht wird man ruhig die Bewegung zu Hilfe nehmen. Man kann aber in der Wissenschaft ganz ohne die Bewegung auskommen, d. h. die Kongruenzaxiome ohne Bewegung des Zirkels, ja überhaupt ohne Zirkel verwirklichen, wenn man nur voraussetzt, daß alle Punkte, Geraden und

---

1) Hilbert, a. a. O., S. 9—12.

2) Bei Strecken und Winkeln benützt man als Kongruenzzeichen das Gleichheitszeichen, bei allen anderen Figuren schreibt man $\cong$.

Kreise, wo immer man sie wünscht, vorhanden sind.[1]) Davon soll aber erst im 2. und 3. Heft dieser Elementargeometrie die Rede sein.

3. Wir wollen an die Kongruenzaxiome nun diejenigen Sätze anschließen, deren Beweise man vor nicht allzulanger Zeit schon dem durchaus konkret denkenden Tertianer zugemutet hat, während man heute viele von ihnen, vor allem die Kongruenzsätze als Tatsachen der Anschauung oder Folgen von Konstruktionen ohne Beweis gelten läßt.[2]) Im wissenschaftlichen Aufbau der Geometrie bedürfen sie natürlich alle eines Beweises und auch diese sollen, wenn nötig, wenigstens angedeutet werden.

Es handelt sich um folgende Sätze:[3])

(1) Der erste Kongruenzsatz. (Zwei Seiten und der eingeschlossene Winkel: *sws*.)[4])

Bew. Sei $\overline{AB} = \overline{A'B'}$, $\overline{AC} = \overline{A'C'}$, $\sphericalangle A = \sphericalangle A'$, so ist nach [18'] $\sphericalangle B = \sphericalangle B'$, $\sphericalangle C = \sphericalangle C'$. Wäre nun $\overline{BC} \neq \overline{B'C'}$, so sei $\overline{BC} = \overline{B'D'}$. Dann wäre nach [18'] $\sphericalangle B'A'D' = \sphericalangle BAC < B'A'C'$, was [16'] widerspricht.

(2) Der zweite Kongruenzsatz. (Eine Seite und die zwei anliegenden Winkel: *wsw*.)

Bew. indirekt wie bei (1).

(3) Die Gleichheit der *Basiswinkel* im *gleichschenkligen Dreieck* samt Umkehrung.

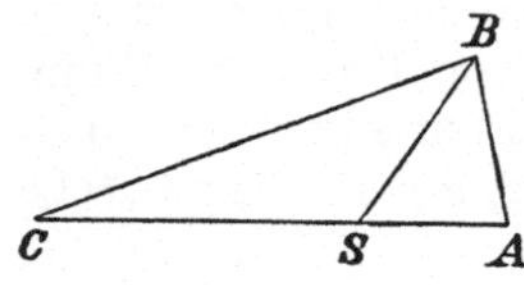

Fig. 7a.

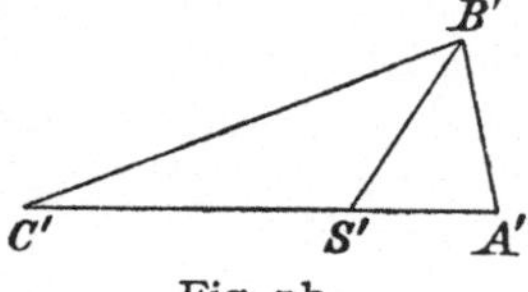

Fig. 7b.

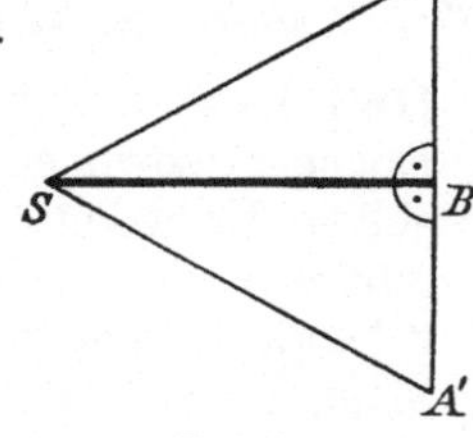

Fig. 8.

Bew. $\triangle\ ABC \cong \triangle\ ACB$.

(4) Der erste Nebenwinkelsatz. (Sind zwei Winkel gleich, so sind es auch ihre Nebenwinkel.)

Bew. aus Fig. 7 mittels kongruenter Dreiecke.

(5) Der Scheitelwinkelsatz.

Bew. Scheitelwinkel haben gleiche Nebenwinkel.

(6) Der dem Axiom [15'] entsprechende Satz über Winkel.

(7) Das Addieren, Subtrahieren und Vervielfachen von Strecken und Winkeln.

---

1) Vgl. dazu Weber-Wellstein a. a. O. S. 18 und Euklid, Elemente, Buch I, Satz 1—3.

2) Vgl. dazu unten S. 28.

3) Vgl. dazu auch Thieme, Die Elemente der Geometrie, Leipzig 1909, S. 21 ff.

4) Bezeichnung nach Worpitzky, Elemente der Mathematik, 3. Heft, Planimetrie, Berlin 1874, S. 23 und 24.

(8) Die *Existenz* des *rechten Winkels* (Definition: Ein Winkel, der seinem Nebenwinkel kongruent ist, heißt ein rechter Winkel).

Bew. (Fig. 8.) Sei $\sphericalangle ASB = \sphericalangle A'SB$, $\overline{SA} = \overline{SA'}$, dann ist $\triangle ASB \cong \triangle A'SB$, also $\sphericalangle ABS = \sphericalangle A'BS$, d. h. jeder ein Rechter.

(9) Der Satz von der Gleichheit aller rechten Winkel. (Euklids 4. Forderung, von Hilbert mittels [4] und [16′] indirekt bewiesen.)[1]

(10) Der zweite Nebenwinkelsatz. (Die Summe zweier Nebenwinkel ist gleich der Summe zweier rechten Winkel.)

(11) Die Eindeutigkeit des *Lotes* von P auf g.

Bew. (Fig. 9.) Gäbe es deren zwei, PF und PG, so sei $\overline{FP'} = \overline{PF}$ auf PF, dann ist $\triangle PFG \cong \triangle P'FG$, also $\sphericalangle P'GF = \sphericalangle PGF = 1\,R$, PGP' eine Gerade. Das ist unmöglich, da P und P' nur eine Gerade bestimmen.

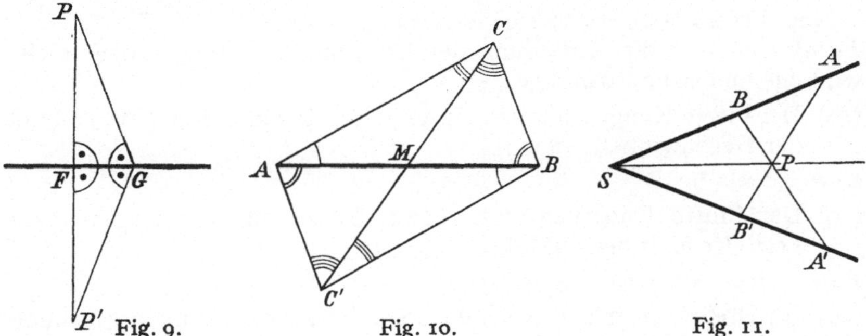

Fig. 9. Fig. 10. Fig. 11.

(12) Die Existenz der *Mitte einer Strecke* (des Mittellotes einer Strecke, der Achse zweier Punkte).

Bew. (Fig. 10.) Sei C ein beliebiger Punkt, $\sphericalangle C'BA = \sphericalangle CAB$, $\overline{C'B} = \overline{CA}$. Dann ist der Reihe nach $\triangle CAB \cong \triangle C'BA$, $\triangle CAC' \cong C'BC$, $\triangle CAM \cong \triangle C'BM$ und daraus folgt $\overline{AM} = \overline{MB}$.

(13) Die Existenz der *Halbierungslinie eines Winkels* (der Achse zweier Halbgeraden).

Bew. (Fig. 11.) Sei $\overline{SA} = \overline{SA'}$, $\overline{SB} = \overline{SB'}$, so ist der Reihe nach $\triangle SAB' \cong \triangle SA'B$, $\sphericalangle SAB' = \sphericalangle SA'B$, $\sphericalangle PAA' = \sphericalangle PA'A$, $\overline{PA} = \overline{PA'}$, $\triangle SAP \cong \triangle SA'P$, $\sphericalangle ASP = \sphericalangle A'SP$.

(14) Die vier Sätze über die Achse des gleichschenkligen Dreiecks (Fig. 8, wenn $\overline{SA} = \overline{SA'}$, $\overline{AB} = \overline{BA'}$ gemacht ist).

(15) Der dritte Kon ruenzsatz (drei Seiten: *sss*).

Bew. mittels eines zu einer Seite des einen Dreiecks symmetrischen Dreiecks, (3) und (1).

---

1) Hilbert a. a. O., S. 17.

(16) Der sog. erste *Außenwinkelsatz*, der nach EUKLID, Buch I 16 lautet: In jedem Dreieck ist, wenn eine Seite verlängert wird, der Winkel außerhalb des Dreiecks größer als jeder der beiden inneren ihm entgegengesetzten.

Bew. (Fig. 12.) Sei $\overline{AD} = \overline{DC}$, $\overline{DE} = \overline{BD}$, dann ist $\triangle DAB \cong \triangle DCE$, also $\sphericalangle CAB = \sphericalangle ACE$, $\sphericalangle ACU > \sphericalangle CAB$. Voraussetzung dabei ist, die Gerade BU treffe BE nicht vor E ein zweites Mal. Das ist der Fall, da infolge der graphischen Axiome zwei Gerade nur einen Schnittpunkt haben.

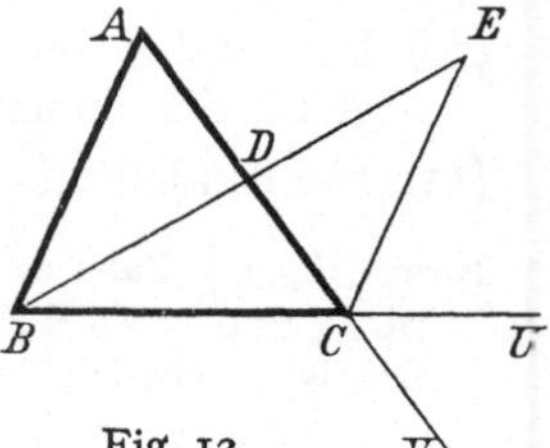

Fig. 12.

(17) Der sog. erste *Dreieckswinkelsatz* (Euklid, Buch I 17). In jedem Dreieck sind zwei Winkel zusammen kleiner als zwei Rechte.[1])

Bew. (Fig. 12). Es ist $\sphericalangle BCA + \sphericalangle CAB = \sphericalangle BCA + \sphericalangle ACE = \sphericalangle BCE < 2R$.

Aus diesem Satz ergibt sich *unabhängig vom Parallelenaxiom* die Einteilung der Dreiecke in spitzwinklige, rechtwinklige und stumpfwinklige.

(18) Der vierte Kongruenzsatz. (Eine Seite, ein anliegender Winkel und der Gegenwinkel: *sww*.)

Bew. indirekt.[2])

(19) Der fünfte Kongruenzsatz. (Zwei Seiten und ein Gegenwinkel: *ssw*. Er fehlt bei Euklid.)

Bew. indirekt oder direkt wie bei (15).

(20) Im Dreieck liegt der größeren Seite der größere Winkel gegenüber und umgekehrt.

(21) Von allen Strecken von einem Punkt nach einer Geraden ist der Abstand die kleinste.

Bew. (Fig. 13.) Nach (17) ist $\sphericalangle ABC$ spitz.

(22) Im Dreieck ist eine Seite kleiner als die Summe der beiden andern.

Bew. aus Fig. 14 mittels (20).

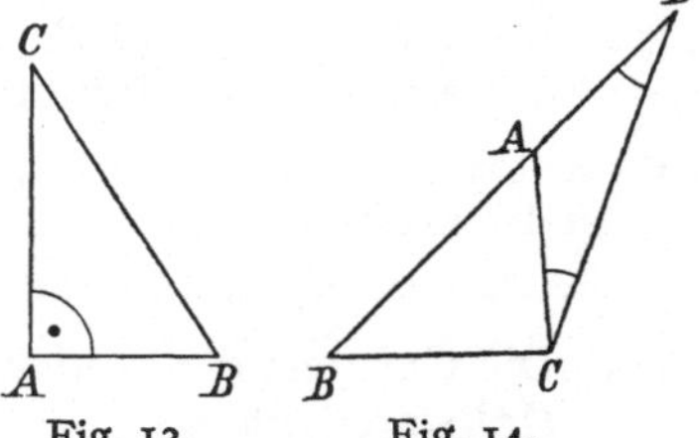

Fig. 13. Fig. 14.

Die Umkehrung von (22), nämlich der Satz: Zwei Kreise, deren Mittelpunktsabstand kleiner als die Summe der Radien ist, haben mindestens einen Schnittpunkt, ist ohne die beiden Hilbertschen Stetigkeitsaxiome nicht beweisbar.[3])

1) Die Umkehrung dieses Satzes ist das Parallelenaxiom in der Euklidischen Fassung, vgl. Simon-Fladt, nichteuklidische Geometrie in elementarer Behandlung, Leipzig 1925, S. 2.

2) Während der Beweis dieses Satzes vom Parallelenaxiom unabhängig ist, setzt die Konstruktion der zugehörigen Dreiecksaufgabe es voraus (vgl. unten II. Kap., 3. Abschn. § 2, (21).

3) Vgl. unten S. 48.

§ 5. Die Gleichwertigkeit der Kongruenzaxiome mit den Umwendungsaxiomen.

1. Es ist leicht zu zeigen, wie aus der Kongruenzlehre die Umwendungslehre folgt. Wir definieren:

1. Def. Fällt man von einem Punkt P das Lot PF auf eine Gerade g und macht man $\overline{FP'} = \overline{PF}$ auf PF, so heißt P' *symmetrisch* zu P in bezug auf g oder an g.

Daß man zu dieser Definition berechtigt ist, folgt daraus, daß die Umwendungsaxiome [13] bis [16] sicher erfüllt sind, ebenso, auf Grund der Sätze (12) und (13) im § 4 die Axiome [18] und [19]. Fraglich bleibt nur noch die Gültigkeit des wichtigsten Umwendungsaxioms: [17]. Daß es ebenfalls erfüllt ist, wird sich im sechsten Abschnitt des zweiten Kapitels ergeben, wenn wir auf die Zusammensetzung der Umwendungen näher eingehen.

2. Umgekehrt läßt sich aber auch zeigen, daß man die Kongruenzlehre auf die Umwendungslehre aufbauen kann. Wir definieren:

2. Def. Strecken und Winkel, wie überhaupt Figuren, die durch eine Folge von Umwendungen ineinander übergeführt werden können, heißen kongruent.[1])

Um die Berechtigung dieser Definition nachzuweisen, haben wir nur zu zeigen, daß auf Grund von ihr die Kongruenzaxiome erfüllt sind. Wir haben der Reihe nach die Sätze:

1. Satz. Es ist $\overline{AB} = \overline{AB}$ (2. Teil von [13']).

Bew. Wähle AB als Achse.

2. Satz. Es ist $\overline{AB} = \overline{BA}$ (2. Teil von [13']).

Bew. Axiom [18].

3. Satz. [14'].

Bew. $\overline{A''B''}$ geht aus $\overline{A'B'}$ durch zwei Umwendungen hervor.

4. Satz. [15'].

Bew. Er folgt aus dem 2. und 6. Satz von § 3.

5. Satz. Es ist $\sphericalangle (h, k) = \sphericalangle (h, k)$. (2. Teil von [16'].)

Bew. Ist g irgendeine Gerade, so geht durch zwei Umwendungen an ihr h in h und k in k über.

6. Satz. Es ist $\sphericalangle (h, k) = \sphericalangle (k, h)$. (2. Teil von [16'].)

Bew. Axiom [19].

7. Satz. [17'].

Bew. wie beim 3. Satz.

---

1) H. Willers a. a. O. S. 114.

Daß auch die ersten Teile von [13'] und [16'] erfüllt sind, wird sich in dem Abschnitt über die Zusammensetzung der Bewegungen ergeben, ebenso die Gültigkeit von [18'].

3. Mit diesen Lücken (es fehlen der Beweis von [17] auf Grund der Kongruenzaxiome, die Beweise der ersten Teile von [13'] und [16'] und der von [18'] auf Grund der Umwendungsaxiome) schließen wir vorläufig die Betrachtungen über die Axiomatik, indem wir die Besprechung der noch fehlenden Maßaxiome aufschieben, bis wir sie erstmals brauchen. Wir gehen vielmehr zu zwei andern Fragen der Elementargeometrie über, der wichtigen Frage ihres Aufbaues und — anhangsweise — der Frage der geometrischen Konstruktionen. Zuvor aber bemerken wir nochmals ausdrücklich, daß von den bisher betrachteten Axiomen auf der Unterstufe nirgends die Rede sein soll.

§ 6. Die Architektonik der Geometrie.

1. Mit der *Grundlegung* der Geometrie allein ist es nicht getan. Zwar reicht der Einfluß der *Axiomatik* bis in die höheren und höchsten Teile der Geometrie. Auch wissen wir, daß man hinsichtlich der Sätze und Begriffe der Geometrie, die man zu Grundsätzen und Grundbegriffen machen will, noch weithin freie Hand hat. Aber sind sie einmal gewählt, so erhebt sich die Frage nach dem *Aufbau* der Geometrie und seiner *Architektonik*. Besieht man sich z. B. die Euklidischen Elemente, so wird man enttäuscht sein. Statt eines planvollen Aufbaus nach großen Gesichtspunkten erblickt man eine bunte und wirre Sammlung einzelner Sätze und Sätzchen. Erst näheres Zusehen läßt erkennen, daß doch ein Gedanke das Ganze zusammenhält: die *Logik* hat den Sätzen ihre Stelle angewiesen, jeder Satz steht dort, wo die Mittel zu seinem Beweis vorhanden sind. Diese Vorherrschaft erschwert das Studium der Elemente bedeutend, weil sie sachlich Zusammengehöriges um des logischen Gefüges willen trennt. Aber selbst, wenn man auf das Euklidische Ideal verzichtet, die Geometrie als eine logische Kette darzustellen, braucht darum doch der logische Zusammenhang nicht zu kurz zu kommen. Man kann doch auch an mehreren Stellen zugleich mit dem Bau beginnen und die ragenden Pfeiler nachher doch einen Bau tragen lassen.

2. Man könnte die Geometrie nun zunächst nach den möglichen *geometrischen Gestalten* gliedern, beginnend mit den einfachsten, sie dann kombinierend, um so zu den zusammengesetzten fortzuschreiten. Diese *kombinatorische* Gliederung der Geometrie wird besonders im Anfang auch im Unterricht gute Dienste leisten. Man betrachtet zunächst einen Punkt, dann zwei und drei Punkte, zunächst eine Gerade, dann zwei, dann drei, vier Geraden, ebenso einen Kreis, dann zwei und drei Kreise. Schließlich müßte sich so das ganze Gebäude der Planimetrie durch Kombination der drei Grundgebilde Punkt, Gerade, Kreis errichten lassen. Doch gerade da zeigt sich, daß die Gliederung der Geometrie nach Gestalten ein äußerlich an die Geometrie herangebrachtes Verfahren ist, das den zutage tretenden *Eigenschaften* der geometrischen Gebilde kaum gerecht wird. In diesen Eigenschaften äußert sich der *Zusammenhang* und die *Verwandtschaft* der geometrischen Gebilde. Man wird daher die Geometrie nach diesem Zusammenhang zwischen ihren Gebilden gliedern. Dabei stellt sich heraus, daß die „Eigenschaften" eines Gebildes solche Tatsachen sind, die beim Übergang von ihm zu einem verwandten Gebilde unverändert bleiben. So sind z. B. zwei Vielecke ähnlich, wenn das eine durch ähnliche Abbildung in das andere übergeht, und bei diesem Übergang bleiben Winkel und Seitenverhältnisse ungeändert, bilden also die „Eigenschaften" ähnlicher Vielecke.

Allgemein ist der Übergang von einem geometrischen Gebilde zu einem andern eine *Transformation*, die z. B. jedem Punkt des einen Gebildes einen solchen des andern zuordnet (Punkttransformation). Die *Eigenschaften* des betreffenden Gebildes sind *invariant* gegenüber dieser Transformation.

Dieser Aufbau der Geometrie unter dem Gesichtspunkt der Transformationen und ihrer Invarianten hat sich als der natürliche herausgestellt gegenüber den künstlichen Arten nach logischen und kombinatorischen Gesichtspunkten. Er hat im Lebenswerk Felix Kleins seine reifste Ausgestaltung erfahren.

3. Auch schon für den Unterricht auf der Unterstufe kann ein solcher Aufbau durchgeführt werden. Allerdings muß man sich gerade in der Geometrie besonders hüten, einen bestimmten Gedanken mit starrer Folgerichtigkeit durchführen zu wollen. Wenn wir auch in der Hauptsache nach Verwandtschaften gliedern, so fordert doch an manchen Stellen logische oder kombinatorische Gliederung dringend Rücksicht. Darum ist zwar die Haupteinteilung unseres Lehrgangs die nach Verwandtschaften (Umwendung, Kongruenz, Umdrehung, Bewegung, Ähnlichkeit, Affinität). Aber sie wird teils von Abschnitten unterbrochen, welche die Logik fordert (Parallelentheorie, Proportionenlehre, Lehre vom Flächen- und Rauminhalt), teils von solchen, in denen ein bestimmtes geometrisches Gebilde und seine Kombination mit andern die Hauptrolle spielt (Kreislehre, regelmäßige Vielecke, Lehre von den Vielflachen), teils endlich von solchen, welche den praktischen Ursprung der Geometrie und ihre Beziehungen zum praktischen Leben verraten (Lehre vom Flächen- und Rauminhalt, insbesondere Kreis- und Kugelberechnung).

Rein nach praktischen Gesichtspunkten gliedern zu wollen, hieße den Begriff der Wissenschaft aufheben. Aber gerade in der Schule sind solche aus praktischen Gesichtspunkten entsprungene Abschnitte besonders wichtig, damit das Interesse des Schülers an der Wissenschaft nicht erlahmt. Übrigens kann der Inhalt eines solchen Abschnitts durchaus theoretischen Charakter haben (Kreis- und Kugelberechnung).

§ 7. Die geometrischen Konstruktionen.

1. Die Betrachtung der geometrischen Konstruktionen gibt zu vier Fragestellungen Anlaß. Die erste Frage bezieht sich auf die zu benützenden *Zeicheninstrumente*, die zweite auf die *Einfachheit*, die dritte auf die *Genauigkeit* der Konstruktionen, die vierte auf ihre Durchführung bei *ungünstigen Lageverhältnissen.*

Die klassischen Zeicheninstrumente der elementaren Geometrie sind seit den Zeiten PLATOS (429—348) *Zirkel* und *Lineal.* Man hat die Elementargeometrie geradezu als die Geometrie des Zirkels und Lineals bezeichnet. Seit LORENZO MASCHERONI (1750—1800) weiß man aber, daß man sämtliche Konstruktionen, die man mit Zirkel und Lineal durchzuführen pflegt, auch allein mit Hilfe des Zirkels ausführen kann, wenn man sich nur jede Gerade als durch zwei ihrer Punkte bestimmt denkt. JAKOB STEINER (1796—1863) hat umgekehrt gezeigt, daß das Lineal allein dazu hinreicht, wenn irgendwo in der Ebene ein einziger Kreis gezeichnet vorliegt. Ja, auch wenn man ganz auf den Zirkel verzichtet, sondert sich aus der Geometrie ein Gebiet ab, nämlich ihr von den graphischen Axiomen allein abhängiger Teil, in dem alle Konstruktionen mit alleiniger Benützung des Lineals ausführbar sind. Doch soll von diesen Dingen im Zusammenhang erst im 2. und 3. Heft dieser Elementargeometrie die Rede sein.

2. Seitdem die geometrischen Figuren nicht mehr allein zur Veranschaulichung oder (in den Konstruktionsaufgaben) zur Einübung der geometrischen Lehrsätze dienen, sondern, wie die Figuren der darstellenden Geometrie oder der graphischen Statik praktische Zwecke erfüllen, hat man auch noch andere Instrumente zugelassen. Für die Unterstufe der Geometrie sind das in erster Linie die *Zeichendreiecke*, die das Ziehen von Parallelen und Loten sowie das Anlegen von Winkeln von 30^0, 60^0 und 45^0 ermöglichen. Und zwar braucht man zur Konstruktion eines rechten Winkels oder eines solchen von 30^0, 60^0 und 45^0 nur e i n Zeichendreieck, zur Konstruktion von Parallelen beide Zeichendreiecke (auch zum Anlegen der aufgezählten besonderen Winkel kann und wird man häufig beide Dreiecke verwenden). Wir wollen in unserem Lehrgang Zirkel, Lineal und dazu für die angegebenen Zwecke die Zeichendreiecke zulassen, und die Frage, ob man eine Konstruktion und welche Konstruktionen man auch unter Beschränkung dieser Zeichenwerkzeuge oder Benützung noch anderer lösen kann, der Oberstufe zuweisen und erst im 2. und 3. Heft dieser Elementargeometrie behandeln.

3. Aber gerade beim freien Gebrauch der Zeichenwerkzeuge kann eine Aufgabe mehrere Konstruktionen zulassen, und es erhebt sich die zweite Frage, welche von den Konstruktionen die „*einfachste*" sei. Diese Frage hat in umfassender Weise zuerst der Franzose LEMOINE (1840—1912) zu beantworten versucht, indem er nicht nur die Anzahl der in einer bestimmten Konstruktion vorkommenden Geraden und Kreise zählte, also das *Ziehen von Geraden* (Elementaroperation L_2) *und Kreisen* (Elementaroperation Z_2) als geometrische *Elementaroperationen* betrachtete, sondern diesen das *Anlegen des Lineals an einen bestimmten Punkt* (Elementaroperation L_1), das *Einsetzen einer* (nicht der!) *Zirkelspitze in einem bestimmten Punkt* (Elementaroperation Z_1') oder *in einem beliebigen Punkt einer Linie* (Elementaroperation Z_1'') als weitere Elementaroperationen hinzufügte.

Hat man in einer Konstruktion p_1 mal die Operation L_1, p_2 mal die Operation L_2, q'_1 mal die Operation Z'_1, q''_1 mal die Operation Z_1'', q_2 mal die Operation Z_2 auszuführen, so heißt der Ausdruck

$$p_1L_1 + p_2L_2 + q_1'Z_1' + q_1''Z_1'' + q_2Z_2$$

das Symbol der Konstruktion. Die Zahl

$$E = p_1 + p_2 + q_1' + q_1'' + q_2$$

nennt Lemoine den *Einfachheitsgrad* der Konstruktion.

Lemoine selbst und zahlreiche Forscher haben auf Grund seines Systems die geometrischen Konstruktionsaufgaben durchmustert, und es zeigte sich, daß viele der klassischen Konstruktionen durch bedeutend einfachere ersetzt werden können. Aus dem Suchen nach der „einfachsten" Konstruktion hat sich so ein ganz neuer Zweig der Geometrie entwickelt, den Lemoine *Geometrographie* genannt hat.

Gegen die Lemoinesche Bestimmung des Einfachheitsgrads bestehen aber Bedenken. Es hat sich aus logischen und psychologischen Gründen als notwendig herausgestellt, die Elementaroperationen L_1 und Z_1'' doppelt zu werten und als weitere und einfach zu wertende Elementaroperationen den Wechsel W des Zeicheninstruments hinzuzufügen.[1]) Das Symbol einer Konstruktion ist dann

$$p_1 L_1 + p_2 L_2 + q_1' Z_1 + q_1'' Z_1'' + q_2 Z_2 + r W,$$

ihr Einfachheitsgrad $E = 2p_1 + p_2 + q_1' + 2q_1'' + q_2 + r.$

Als Elementarkonstruktionen, aus denen sich jede Konstruktion zusammensetzt, haben wir nun anzusehen:

(1) Eine beliebige Gerade zu ziehen: L_2, $E = 1$.
(2) Durch einen gegebenen Punkt eine beliebige Gerade zu ziehen: $L_1 + L_2$, $E = 3$.
(3) Die Verbindungsgerade zweier Punkte zu ziehen: $2\,L_1 + L_2$, $E = 5$.
(4) Einen beliebigen Kreis zu ziehen: Z_2, $E = 1$.
(5) Um einen gegebenen Punkt einen beliebigen Kreis zu ziehen: $Z_1' + Z_2$, $E = 2$.
(6) Um einen gegebenen Punkt den Kreis zu beschreiben, der durch einen gegebenen Punkt geht: $2\,Z_1' + Z_2$, $E = 3$.
(7) Um einen beliebigen Punkt mit gegebenem Radius den Kreis zu beschreiben: $2\,Z_1' + Z_2$, $E = 3$.
(8) Um einen gegebenen Punkt mit gegebenem Radius den Kreis zu beschreiben: $3\,Z_1' + Z_2$, $E = 4$.
(9) Auf einer gegebenen Geraden von einem beliebigen Punkt aus eine gegebene Strecke abzutragen: $2\,Z_1' + Z_1'' + Z_2$, $E = 5$.

Beschränkt man sich nicht, wie Lemoine, auf Zirkel und Lineal, sondern nimmt man die Zeichendreiecke zur Konstruktion der Winkel von 30^0, 45^0, 60^0, 90^0 und zum Ziehen von Parallelen hinzu, so hat man als weitere und einfach zu wertende Elementaroperationen das Verschieben V des einen Zeichendreiecks längs des andern einzuführen.[2]) Man erhält so die weiteren Elementarkonstruktionen:

---

1) Vgl. die nähere, sorgfältige Begründung bei Grüttner, Die Grundlagen der Geometrographie, Leipzig 1912. Die meisten der Geometrographen halten sich freilich an das ursprüngliche System Lemoines. Praktisch macht das sehr wenig aus und ihre Ergebnisse behalten ihre Bedeutung für das Grüttnersche System, dem wir uns aus den Gründen anschließen, die Grüttner zu seiner Aufstellung veranlaßten.

2) Grüttner bewertet einer gütigen schriftlichen Mitteilung zufolge das Verschieben des Zeichendreiecks nicht besonders.

(10) Einen beliebigen Winkel von 30°, 45°, 60°, 90° zu zeichnen: $2L_1 + 2L_2$, $E = 6$.

(11) Durch einen gegebenen Punkt eine Gerade unter 30°, 45°, 60°, 90° gegen eine gegebene Gerade zu ziehen: $3\,L_1 + L_2 + V$, $E = 8$.

(12) Zwei beliebige Parallelen zu ziehen: $2\,L_2 + V$, $E = 3$.

(13) Zu einer gegebenen Geraden eine beliebige Parallele zu ziehen: $2L_1 + L_2 + V$, $E = 6$.

(14) Durch einen gegebenen Punkt zu einer gegebenen Geraden die Parallele zu ziehen: $3\,L_1 + L_2 + V$, $E = 8$.

Aus diesen Konstruktionen setzen sich nun alle andern zusammen. Als gleich-einfach gelten solche mit gleichem E, als einfachste die mit kleinstem E. Freilich fehlt es an einem Mittel, die „einfachste" Konstruktion wirklich aufzufinden. Doch ist schon sehr viel geleistet.[1]) In unserem Lehrgang müssen wir aber die Bestimmung von E bei den einzelnen Konstruktionsaufgaben dem Leser selbst überlassen. Wir wollten ihm hier nur die Grundlagen dazu mitteilen.

4. Die dritte Frage bei einer geometrischen Konstruktion bezieht sich auf die *Genauigkeit* der Zeichnung. Lemoine hat als Maß dafür die Anzahl der Operationen L_1, Z_1' und Z_1'' angegeben. Hat schon sein Maß für die Einfachheit die Kritik hervorgerufen, so ist sein Maß für den Genauigkeitsgrad ganz zurückzuweisen. Denn die Genauigkeit einer Konstruktion hängt noch von ganz anderen Dingen ab als von den Operationen L_1, Z_1' und Z_1''. Neuere Untersuchungen haben auch darüber Aufschluß gebracht, doch ist erst im 2. und 3. Heft dieser Elementargeometrie der Ort, darauf einzugehen. Was endlich die Durchführung der Konstruktion bei *ungünstigen Lageverhältnissen* anbelangt, so soll auch sie in unserem Lehrgang erst auf der Oberstufe im Zusammenhang besprochen werden, wenn der Schüler einen Überblick über die Hilfsmittel bei geometrischen Konstruktionen hat.

Zweites Kapitel.

Der Lehrstoff der Untertertia (Klasse IV).

Erster Abschnitt.

Axiale Symmetrie, axiale Spiegelung oder Umwendung.

Lehrgang.

°(1) Geg. g und P. Ges. $P' \div P$ an g.[2])

°(2) Geg. g und $\overline{PQ}$. Ges. $\overline{P'Q'} \div \overline{PQ}$ an g.

(3) Geg. g und $\triangle ABC$. Ges. $\triangle A'B'C' \div \triangle ABC$ an g.

(4) Geg. g und h, g nicht parallel h. Ges. $h' \div h$ an g. (Zwei Konstruktionen, die zweite mittels des Schnittpunkts von g und h.)

---

1) Vgl. Reusch, Planimetrische Konstruktionen in geometrographischer Ausführung, Leipzig 1904, und zahlreiche Abhandlungen in der ZMNU.

2) Diese schulgemäße Schreibweise tritt an die Stelle der wissenschaftlichen $P\{\mathfrak{U}_g\}P'$. Ein ° an einer Nummer bedeutet, daß sie dem Schüler in Fleisch und Blut übergehen muß, also „einzupauken" ist.

°(5) Geg. g und $\odot(M, r)$, der g nicht schneidet. Ges. $\odot(M,' r')$ $\div \odot(M, r)$ an g.

*(6) Geg. g und $\odot(M, r)$, der g berührt. Ges. derselbe $\odot$ wie in (5).[1])

*(7) Satz von der Kreistangente. (Der Halbmesser zum Berührungspunkt steht senkrecht auf der Tangente.)

°(8) Geg. g und $\odot(M, r)$, der g in S_1 und S_2 schneidet. Ges. $\odot(M', r')$ $\div \odot(M, r)$ an g. (Zwei Konstruktionen, die eine ohne, die andere *mit Benutzung von* S_1 *und* S_2.)

Der Symmetriebegriff ist schon im geometrischen Vorbereitungsunterricht anschauungsmäßig erarbeitet worden. Für die Ebene wird er auch hier noch ganz der Anschauung entnommen und die Symmetrie wird mittels eines Spiegels aufgezeigt, dessen Glas mit seinem unteren Rand auf die Horizontalebene aufgesetzt werden kann. Jetzt ist die Aufgabe die zeichnerische Herstellung symmetrischer Figuren. Dazu benötigt man ein Zeichendreieck mit einem rechten Winkel, mit dem man nach dem Befehl: „Innen anlegen, außen zeichnen!" Lote fällt und errichtet (Fig. 15). So erfolgt die Lösung der Aufgaben (1)—(6) und die erste Lösung der Aufgabe (8). Daß man die Aufgaben (2) und (3) auch mit Hilfe des Lineals allein lösen kann, falls nur ein Paar symmetrischer Punkte gegeben ist, mag den Übungen vorbehalten bleiben. Besonders wichtig aber ist die zweite Lösung von (8). Die entstehende *Vierkreisfigur* enthält alle nun folgende *Fundamentalkonstruktionen*, und schon diese Tatsache allein rechtfertigt die Forderung, den Geometrielehrgang mit der axialen Symmetrie zu beginnen. (Fig. 16.)

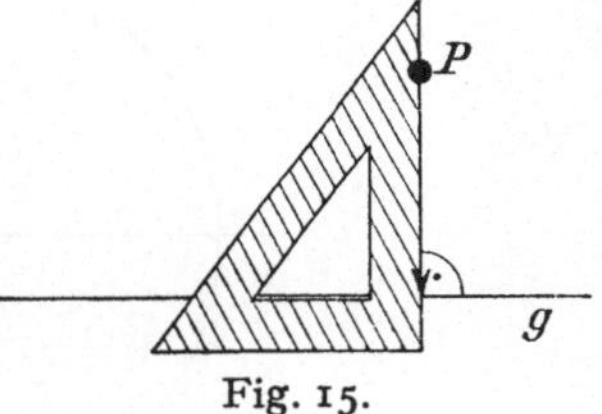

Fig. 15.

°(9) Geg. P und g. Ges. das Lot von P auf g mittels des Zirkels.

°(10) Geg. P und P'. Ges. die Achse, an der $P' \div P$ ist.

°(11) 1. geometrischer Ort.[2]) Das *Mittellot*.

°(12) Geg. PQ. Ges. die *Mitte* M (*Erweiterung auf die 2^n-Teilung).

(13) Geg. P, Q, R, nicht in einer Geraden. Ges. der Punkt M, der von den drei Punkten gleiche Entfernungen hat. (Zwei Konstruktionen, die eine mit vier, die andere mit drei Kreisen.)

(14) Geg. $\triangle ABC$. Ges. sein *Umkreis*. (Drei Figuren, je nachdem $\triangle ABC$ spitz-, recht- oder stumpfwinklig.)

---

1) Ein * an einer Nummer bedeutet, daß sie einstweilen oder ganz weggelassen werden kann.

2) Es empfiehlt sich, statt „Ort" den Ausdruck „Bestimmungslinie" zu gebrauchen.

°(15) Zusammenfassende Betrachtung der *Vierkreisfigur* oder *Raute*. Satz von der Raute: Eigenschaften der Seiten, Winkel und Eckenlinien.

Aus der Vierkreisfigur entnimmt man die Fundamentalkonstruktionen (9), (10), (12), aus denen dann (11) folgt und als erste umfangreichere und ganz pünktlich zu behandelnde Aufgaben sich (13) und (14) ergeben. In (15) werden der Figur 16 die Seiten hinzugefügt, und daraus ergibt sich die Lösung der jetzt folgenden Aufgaben.

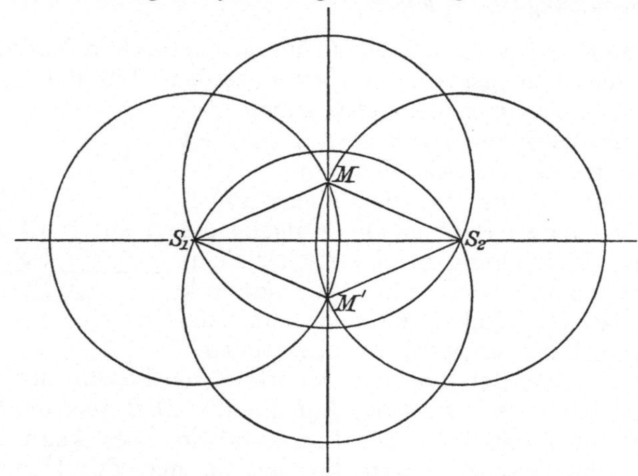

Fig. 16.

°(16) Geg. g und g', g nicht parallel g'. Ges. die Achsen.

°(17) Geg. $\sphericalangle (g, h)$. Ges. die *Winkelhalbierenden*. (Zwei Konstruktionen, die eine mit zwei konzentrischen Kreisen, vgl. I.Kap., § 4, (13); *Erweiterung auf die 2^n-Teilung.)

*(18) Satz von den Winkelhalbierenden. (Sie stehen senkrecht aufeinander.)

°(19) *Abstand* oder senkrechte Entfernung eines Punktes von einer Geraden.

°(20) 2. geometrischer Ort. Winkelhalbierende.

(21) Geg. $\triangle ABC$. Ges. sein *Inkreis*.

*(22) Geg. g, h, k. Ges. die Punkte, die von den drei Geraden gleiche Abstände haben. (Diese Aufgabe übersteigt im allgemeinen die Kräfte des Anfängers.)

(23) Abänderung von (9). $\odot (P, r)$, aber nicht $\odot (S_1, r)$, sondern $\odot (S_1, l \neq r)$. Das *Drachenviereck* oder ein Winkel samt Spiegelbild.

(24) Geg. g, P auf g. Ges. das Lot in P auf g mittels des Zirkels.

°(25) *Merke*: *In* einem Punkt *auf* einer Geraden das Lot *errichten*.
Von einem Punkt *auf* eine Gerade das Lot *fällen*.

Damit sind die aus der axialen Symmetrie ableitbaren Fundamentalkonstruktionen beendet. Als Anwendung folgt die Lehre vom *gleichschenkligen Dreieck* oder *Achsendreieck.*

(26) Definition des Achsendreiecks.

(27) Satz von der Achse des gleichschenkligen Dreiecks. (Ein zusammenfassender Satz.)

(28) Aufgaben, 1. Reihe: Achsendreieck aus b, α; a, b; a, h; b, h; h, α.[1])

In (28) tritt zum erstenmal die *Analysisfigur* als „Überlegungsfigur“ auf.

(29) Satz von den *Basiswinkeln* des Achsendreiecks.[2])

(30) Umkehrung von (29). Das gleichgeneigte Dreieck.

(31) Aufgaben, 2. Reihe: Achsendreieck aus a, β; b, β.

(32) Definition des gleichseitigen Dreiecks.

(33) Gleichseitiges Dreieck aus a.

(34) Satz vom gleichseitigen Dreieck. Das gleichseitige Dreieck und nur dieses besitzt einen Mittelpunkt.

(35) Gleichseitiges Dreieck aus h.

(36) Einen rechten Winkel zu dritteln.

Der Begriff „Mittelpunkt eines Dreiecks“ ist sorgfältig zu klären. Die Aufgaben (35) und (36), bei denen aus der Anschauung zu entnehmen ist, daß die Winkel des gleichseitigen Dreiecks 60^0 sind, fügen sich am zwanglosesten hier ein.

Wir schließen diesen ersten Abschnitt mit einer Bemerkung über die sprachliche Fassung der geometrischen Tatsachen. Im ganzen ersten und ebenso im zweiten Abschnitt dieses Kapitels soll der Schüler außer dem Stoff selbst lernen, wie man eine *Konstruktion* sprachlich darstellt. Die Mathematik und in ihr die Geometrie haben ihre eigene Sprache. Häufig hat der Schüler alles verstanden und kann eine Konstruktionsfigur trefflich zeichnen, aber es fehlt ihm der sprachliche Ausdruck dafür, ein Zeichen, daß dieser genau so zu üben ist wie das kleine Einmaleins. Eine *Analysis* tritt dagegen vorerst nur in Gestalt der *Analysisfigur*, ein *Beweis* bei *Aufgaben* überhaupt noch nicht auf. Hingegen ist es außerordentlich bildend und darum notwendig, überall schon eine ausführliche *mündliche Determination* zu machen, d. h. in allen Aufgaben die Abhängigkeit des Ergebnisses von der Lage und Größe der als veränderlich gedachten gegebenen Stücke zu besprechen und dabei Grenzfälle besonders zu beachten. Dann tritt auch in der Geometrie der Funktions-

1) Stets (rationale!) Maße angeben!

2) Vgl. dazu Fladt, Quellenhefte zur Elementargeometrie, 1. Heft, Leipzig 1927, Nr. 11 (künftig kurz zitiert: Q. Nr. 11).

begriff sofort in seine Rechte. Die *Beweise* von *Lehrsätzen* sind im 1. und 2. Abschnitt dieses Kapitels, wenn überhaupt, so nur mündlich zu geben, denn auch nach dem Vorbereitungsunterricht darf nur ganz allmählich die logische Strenge einsetzen.

Zweiter Abschnitt.

Kongruenz, Dreieck, Viereck.

Lehrgang.

(1) Definition des Dreiecks. Ein *Dreieck* ist die Figur aus drei nicht in einer Geraden liegenden Punkten und ihren Verbindungsstrecken. Ein Dreieck hat sechs *Hauptstücke*: $a, b, c, \alpha, \beta, \gamma$.

(2) Streckenübertragung, Dreiecks-, Winkel- und Vielecksübertragung. Der Begriff *kongruent*. Das Zeichen $\cong$.

^{0}(3) 1. Kongruenzsatz[1]): 3 Seiten, *sss*.

^{0}(4) $\triangle$ aus a, b, c. Umlaufsinn eines Dreiecks. Determination; aus ihr die Sätze: Die $\left\{\begin{matrix}\text{Summe}\\ \text{Differenz}\end{matrix}\right\}$ zweier Dreiecksseiten ist $\left\{\begin{matrix}\text{größer } (>)\\ \text{kleiner } (<)\end{matrix}\right\}$ als die dritte.

^{0}(5) 2. Kongruenzsatz: 2 Seiten und der eingeschlossene Winkel, *sws*.

^{0}(6) $\triangle$ aus b, c, α. Determination.

^{0}(7) 3. Kongruenzsatz: 1 Seite und die anliegenden Winkel, *wsw*.

^{0}(8) $\triangle$ aus a, β, γ. Determination.

(9) Zusammenfassung der drei ersten *Kongruenzsätze*.

Der Begriff der Kongruenz ergibt sich anschaulich aus der Aufgabe der Figurenübertragung. Nun drängt sich die Frage auf, auf wieviel Arten man die einfachste Figur, das Dreieck, übertragen kann. Das führt auf die Kongruenzsätze. Merkwürdig ist, daß auch die Winkelübertragung in Wahrheit eine Dreiecksübertragung ist.

Statt ein gezeichnet vorliegendes Dreieck zu übertragen, kann man es aber auch aus gegebenen Stücken aufbauen. Das führt auf die entsprechenden Dreiecksaufgaben. Wichtig ist die Determination bei (4) und (8).[2]) Bei (8) kann man auf den Fall $\beta + \gamma = 180^0$ ruhig in vorläufiger Weise eingehen, da die Schüler ja im Vorbereitungsunterricht den Parallelenbegriff kennengelernt haben.

^{0}(10) $\triangle$ aus a, b, α.

Man wird zuerst jeden der 9 möglichen Fälle mit bestimmten Maßen einzeln behandeln, dann erst für jeden Hauptfall eine zusammenfassende Konstruktion herausarbeiten.

---

1) Die Zählung der Kongruenzsätze ist hier eine andere als in § 4 des 1. Kapitels.

2) Ein Verfahren, die gegebenen Seiten dem Schüler sichtbar zu verändern, beschreibt Ebner in der Abh.: Das Bewegungsprinzip in den geometrischen Dreiecksaufgaben der Quarta und Untertertia. ZMNU 56, 1925, S. 264.

(I. Hauptfall: α spitz.

Konstruktion und Determination. Zeichne $\sphericalangle UAV = \alpha$. $\odot (A, b)$ schneidet AV in C. $\odot (C, a)$ trifft AU

$$\left\{\begin{array}{l}\text{entweder nicht}\\ \text{oder in einem Punkt}\\ \text{oder in zwei Punkten}\end{array}\right\}.$$

Im ersten Fall gibt es keine, im zweiten Fall eine Lösung. Der dritte Fall teilt sich wieder in drei Unterfälle:

$a < b$. 2 Lösungen. $a = b$. 1 Lösung. $a > b$. 1 Lösung.

II. Hauptfall: $\alpha = 90^0$. $a \leqq b$. Keine Lösung. $a > b$. Eine Lösung (zwei symmetrische Lösungen).

III. Hauptfall: α stumpf. Eine Lösung.)

°(11) Satz. Wenn zwei Seiten eines Dreiecks und der Gegenwinkel der größeren von beiden gegeben sind, so kann man daraus der Größe nach nur ein Dreieck konstruieren. Sind aber zwei Seiten und der Gegenwinkel der kleineren gegeben, so gibt es der Größe nach zwei Dreiecke aus ihnen.

°(12) 4. Kongruenzsatz: 2 Seiten und der Gegenwinkel der größeren, *ssw*.

°(13) Satz. Zwei Dreiecke, die in zwei Seiten und dem Gegenwinkel der kleineren übereinstimmen, brauchen nicht kongruent zu sein. Sie sind es nur, wenn die Gegenwinkel der größeren Seiten gleichartig sind.

(14) Beispiel zu (12) und (13): Zwei Kreissekanten, die mit ihrer Achse gleiche Winkel bilden, sind gleich.

(15) Zahlreiche Dreieckskonstruktionen aus Hauptstücken, den Fall *sww* ausgenommen.

°(16) Ein Dreieck hat drei *Höhen* h_a, h_b, h_c und einen Höhenschnittpunkt H. (Spitz-, recht-, stumpfwinkliges, gleichschenkliges und gleichseitiges Dreieck!)

(17) Aufgaben, z. B. $\triangle$ aus h_a, b, c; h_b, b, c; h_c, a, γ.

°(18) Ein Dreieck hat drei *Seitenhalbierende* oder *Schwerlinien* s_a, s_b, s_c und einen *Schwerpunkt* S.

(19) Aufgaben z. B. $\triangle$ aus a, b, s_a; b, γ, s_b; h_c, s_c, b; h_a, s_a, a.

°(20) Ein Dreieck hat drei *Winkelhalbierende* w_α, w_β, w_γ und einen Inkreismittelpunkt O. Beweis.

(21) Aufgaben, z. B. $\triangle$ aus α, w_α, b; a, γ, w_β; h_c, w_γ, a.

°(22) Ein Dreieck hat drei *Seitenmittellote* und einen Umkreismittelpunkt M. Beweis.

Die Existenz des Höhenschnittpunkts und des Schwerpunkts wird hier nur *entdeckt*, die des Inkreismittelpunkts und als Wiederholung die des Umkreismittelpunkts aber *vorausgesagt* und *bewiesen*. Der Schüler sieht gut ein, daß diese Existenz nicht selbstverständlich ist. Bei den

Nebenstücken h_a, h_b, h_c; s_a, s_b, s_c; $w_\alpha, w_\beta, w_\gamma$ ist der Schüler besonders darauf hinzuweisen, daß jedes von ihnen nicht nur eine bestimmte Größe, sondern auch eine bestimmte „Funktion" hat: h_a ist $\perp \overline{BC}$, s_b halbiert $\overline{AC}$, w_γ den $\sphericalangle BCA$, daß es also, wie EBNER a. a. O. sich ausdrückt, eine *Beziehung* mitbestimmt.

(23) Definition des Vierecks. (Ein *Viereck* ist eine Figur, die aus vier in einer Ebene liegenden Punkten, von denen keine drei in einer Geraden liegen, und ihren aufeinanderfolgenden Verbindungsstrecken gebildet wird.) Ein Viereck hat elf Hauptstücke: a, b, c, d, e, f; $\alpha, \beta, \gamma, \delta$; ε.

(24) Zahlreiche Viereckskonstruktionen aus Hauptstücken.

Bei (23) ist ausdrücklich auf die drei möglichen Gestalten eines Vierecks[1]) (das *einfache* Viereck mit lauter hohlen Winkeln, das Viereck mit einem *erhabenen* Winkel und das *überschlagene* Viereck) einzugehen, da sie alle bei den Aufgaben (24) auftreten können. Doch soll im Folgenden, wenn nichts Besonderes bemerkt ist, bei Viereckssätzen immer nur das einfache Viereck gemeint sein. Im übrigen soll der Schüler in (24) nochmals gründlich in der zeichnerischen und sprachlichen Wiedergabe der *Konstruktion* geübt werden.

Dritter Abschnitt.

Die Parallelenlehre.[2])

§ 1. Das Parallelenaxiom.

1. Von den *Maßaxiomen* sind bis jetzt einerseits die *Umwendungsaxiome*, andererseits die *Kongruenzaxiome* besprochen worden. An letztere schließt sich bei HILBERT a. a. O. das *Parallelenaxiom* an:

[19'] Durch einen Punkt gibt es zu einer Geraden eine und nur eine Parallele.

Dabei sind gemäß der 23. Euklidischen Definition[3]) Parallelen als Gerade definiert, „welche in derselben Ebene liegen, und auf jedem der beiden Teile ins Unendliche ausgezogen, auf keinem von beiden einander treffen".

Wir können auf eine ausführliche Geschichte des mehr als 2000 jährigen Ringens mit dem Parallelenaxiom und die aus ihm erwachsenen nichteuklidischen Geometrien hier nicht eingehen.[4]) Das Problem soll uns vielmehr in erster Linie als didaktisches beschäftigen.

1) Vgl. dazu die Abh. von Pugehl, die Behandlung der Viereckslehre, ZMNU 48, 1917, S. 49 u. 95 und Gottschalk, zur Gruppierung der Vierecke, ZMNU 53, 1922, S. 259, deren Inhalt aber für den heutigen Unterricht viel zu weit geht.

2) Vgl. auch Q. Nr. 13—16.

3) S. Anhang.

4) Vgl. dazu Simon-Fladt, Nichteuklidische Geometrie in elementarer Behandlung, 10. Beiheft zur ZMNU, Leipzig 1925.

Als Lehrer sind wir heute in einer glücklicheren Lage als unsere Vorgänger vor 100 Jahren. Können wir doch die Ergebnisse einer gründlichen Durchforschung des Parallelenaxioms, die Arbeit des 19. Jahrhunderts von Gauss bis Hilbert, benützen. Wir wissen, wie nutzlos alle Versuche waren (und sind), das Parallelenaxiom zu „beweisen", d. h. aus den anderen Axiomen *logisch* abzuleiten. Wir wissen aber auch, daß man dieses rein logische Problem nicht mit dem psychologisch-erkenntnistheoretischen der Geltung des Parallelenaxioms im physikalischen Raum verwechseln darf.

2. Wir sahen, daß Auswahl und Reihenfolge der Axiome weithin willkürlich sind. So hat auch die Parallelenlehre keine feste Stelle innerhalb der Geometrie. Gerade bei ihr kann man sich fragen, soll sie möglichst früh oder möglichst spät angesetzt werden. Als weit hinausgeschobenes Ziel, als Höhepunkt der Entwicklung erscheint sie im ersten Buch der Euklidischen Elemente. Euklid nimmt, was irgend geht, voraus.[1]) Um so mehr wirkt das Parallelenaxiom als der richtige *deus ex machina*, und dieser Aufbau der Elemente hat, wie Proclus (412—85) berichtet, sofort zur Kritik herausgefordert. Man kann auch heute noch dieses Hinausschieben der Parallelenlehre als das erkenntnistheoretisch befriedigendste Verfahren bezeichnen, weil nur so das Wesen und die Bedeutung des Parallelenaxioms ganz klar hervortritt.

3. Die Parallelenlehre zerfällt in drei Teile: (1) die Definition des Parallelseins, (2) die Fassung des Parallelenaxioms, (3) die nächsten Folgerungen. Wir beginnen mit den Erklärungen des Parallelseins. Es sind deren fünf vorhanden. *Parallel* soll bedeuten: (1) gleichgerichtet, (2) nichtschneidend, (3) gleichabständig, (4) im Unendlichen schneidend, (5) gleichgeneigt.

Davon scheidet die erste Definition: Zwei Geraden heißen parallel, wenn sie gleiche Richtung haben, sofort aus. Denn der Begriff der Richtung setzt den des Parallelismus voraus. Die Definition „parallel = gleichgerichtet" war und ist heute noch in vielen Lehrbüchern verbreitet. Schon im geometrischen Vorbereitungsunterricht ist aber der Platz, darauf hinzuweisen, daß „parallel" und „gleichgerichtet" nur verschiedene *Namen* für das Gleiche sind.

Die Euklidische Definition „parallel = nichtschneidend" haben wir schon oben erwähnt. Seit den *Elementen der Geometrie* von Legendre (1752—1833), deren erste Auflage 1794 erschien, wird sie wieder am meisten gebraucht. Schon früher war sie von der an dritter Stelle genannten „parallel = gleichabständig" abgelöst worden. Nach des Proklus Euklidkommentar ist Posidonius (um 90 v. Chr.) ihr Urheber, und von diesem bis auf Legendre ist sie vorherrschend. Ptolemäus (um 140), Nikolaus von Cusa (1401—64), Petrus Ramus (1515—72), Clavius (1537—1612), der Verfasser des berühmten Kommentars zu Euklids

1) Die ersten 26 Sätze sind vom Parallelenbegriff unabhängig.

Elementen in seiner Euklidausgabe von 1572, haben sie. CHR. VON WOLFF (1679—1754) in seinem Lehrbuch, den *Anfangsgründen* von 1710, CLAIRAUT (1713—65) in seinen *Élémens de géométrie* von 1741, PESTALOZZI (1746—1827) in seinem *ABC der Anschauung* von 1803 halten sie für ganz selbstverständlich. Sie ist zweifellos die anschaulichste, aber sie birgt eine Schwierigkeit. Sie scheint *anschaulich-notwendig* zu sein, enthält aber eine ganz und gar nicht *denknotwendige* Voraussetzung, nämlich die, daß alle Punkte, die von einer Geraden g nach derselben Seite gleich weit abstehen, eine Gerade h bilden, oder daß die *Abstandslinie* eine Gerade sei. Und diese Voraussetzung ist gleichwertig dem Parallelenaxiom. Ja es genügt schon die einfachere, daß *drei* Punkte von h gleiche Abstände von g haben.[1])

Hinsichtlich der Definition „parallel = im Unendlichen schneidend" können wir uns wie bei der ersten Definition kurz fassen. Der Begriff des „unendlich fernen Punkts" tritt zum erstenmal auf bei KEPLER (1571—1630) als Redensart[2]) 1604, dann 1639 bei dem Vater der projektiven Geometrie, DESARGUES (1593—1661), als der unendlichferne Punkt[3]), 1832 bei JAKOB STEINER (1796—1863) als eine Richtung[4]), bei REYE (1838—1919) endlich als das, was er „eigentlich" ist, nämlich als „uneigentlicher", adjungierter, *idealer* Punkt. Von dieser Auffassung des Parallelismus zu reden, hat erstmals Sinn bei der harmonischen Teilung. Die Besprechung der im Vergleich zu den übrigen ganz anders gearteten Definition „parallel = gleichgeneigt" endlich verschieben wir, bis wir die verschiedenen Fassungen des Parallelenaxioms betrachtet haben.

4. Die älteste ist die Euklidische des fünften Postulats.[5]) Nur eine andere Form desselben Postulats ist die Hilbertsche, [19']. Geht man von der Definition „parallel = nichtschneidend" aus, so ist [19'] die naturgemäße Fassung. Fügen wir gleich die paar grundlegenden Parallelensätze in der klassischen Entwicklung Euklids hinzu:

1. **Satz.** Werden zwei Geraden von einer dritten unter gleichen Winkeln geschnitten, so sind die geschnittenen Geraden parallel.

Der Beweis kann verschieden geführt werden. Entweder man benützt wie Euklid den Satz vom Außenwinkel. Oder man beweist mittels des dritten Kongruenzsatzes *wsw*, daß ein Schnittpunkt der Geraden auf der einen Seite einen solchen auf der andern Seite zur Folge hätte. Oder man verwendet hier schon den Begriff der zentrischen Symmetrie.

---

1) Wegen des Beweises s. Simon-Fladt, a. a. O., S. 18.

2) Kepleri opera, ed. Frisch II S. 186.

3) Desargues, brouillon projet ..., deutsch in Ostwalds Klassikern Nr. 197 S. 10.

4) Steiner, Systematische Entwicklung ..., 1. Teil, S. 2. Berlin 1832.

5) S. Anhang.

2. **Satz** (Umkehrung). Parallelen bilden mit jeder Schneidenden gleiche Wechselwinkel.

Bew. Er folgt unmittelbar aus dem 1. Satz und [19′].

Dieselben zwei Sätze zu gewinnen ist aber auch die Aufgabe derjenigen, die von der 3. Definition „parallel = gleichabständig" ausgehen. Wir sahen, daß sie eine Voraussetzung einschließt, die dem Parallelenaxiom gleichwertig ist. Man beweist etwa zuerst: Ist $g \perp h$, so steht es auch senkrecht auf jeder Parallelen zu h. Dann folgt der 2. Satz und dann der 1. Satz der vorigen Entwicklung. An sie schließen sich bei beiden Entwicklungen der 2. (große) Satz vom Außenwinkel und der von der Dreieckswinkelsumme an. Der Beweis ist der klassische mittels der Parallelen durch die Spitze.

5. Über die didaktische Verwendbarkeit des Bisherigen ist zu sagen: Man kann beide Definitionen, (2) und (3) samt dem Parallelenaxiom in der Fassung [19′] und samt den beiden Parallelensätzen, ganz aus der Anschauung entnehmen. Dieses Vorgehen empfiehlt namentlich Lietzmann im zweiten Teil seiner *Methodik des mathematischen Unterrichts.*[1]) Allein es ist doch nötig, daß in den Schülern allmählich gerade bei Dingen, die anschaulich notwendig zu sein scheinen, logische Bedürfnisse geweckt werden. Da ergibt sich allerdings, wenn man von der Definition (2) ausgeht, eine psychologische Schwierigkeit. Diese entsteht beim Beweis des 1. Satzes, der Existenz von Parallelen. Er ist indirekt. Man muß der Anschauung Gewalt antun und die Geraden zusammenbiegen. Diese Schwierigkeit umgeht man, wenn man von der Definition „parallel = gleichabständig" ausgeht. Dann muß man aber entweder eine überbestimmte Definition in Kauf nehmen oder das Parallelenaxiom so fassen: Wenn zwei Punkte von h gleichen Abstand von g haben, so hat jeder Punkt von h denselben Abstand von g. Allein, es gibt eine didaktisch noch befriedigendere Möglichkeit.

Das Parallelenaxiom hat eine Proteusnatur, es vermag in den mannigfachsten Gestalten aufzutreten, in harmlosen und gefährlichen. Euklids Fassung war gefährlich, und sie ist darum schuld an der nichteuklidischen Geometrie. Denn jeder ernsthafte Mathematiker glaubte, dieser Satz kann kein Axiom sein. Und doch ist er eines. Andere Fassungen sind harmlos, unauffällig, mehr oder weniger selbstverständlich. Daß sie es waren, ist der Grund für die zahllosen mißglückten Beweisversuche.[2]) Die Definition „parallel = gleichabständig" ist unmittelbar einleuchtend. Sie taugt darum sicher für den geometrischen Vorbereitungsunterricht, für die Weckung logischer Bedürfnisse erscheint sie weniger zweckmäßig. Es ist dabei die Frage, ob sich das Parallelenaxiom so fassen läßt, daß es

1) 2. Aufl. Leipzig 1923, S. 98 u. 118.

2) Ein berüchtigtes Beispiel ist der immer noch beliebte „Drehungsbeweis" von Thibaut.

wie bei Euklid nicht einleuchtend, daß aber bei den daraus gezogenen Folgerungen die Schwierigkeiten des Unendlichkeitsbegriffs wegfallen. Das ist möglich, wenn man der Parallelenlehre den ganz andern Ausgangspunkt gibt, den ihr LEGENDRE (1752—1833) in der 1. bis 8. Auflage seiner Elemente zu geben versuchte, indem er von dem Satz von der Dreieckswinkelsumme ausging.

6. Dann muß man aber auch von einer andern Definition des Parallelismus ausgehen. Das ist die noch ausstehende Definition (5) „parallel = gleichgeneigt", d. h. etwa „gleiche Stufenwinkel bildend". Hier ist nun freilich die Definition verführerisch, nicht wie oben das Axiom, und sie hat sogar dazu verleitet, das Parallelenaxiom als entbehrlich wegzulassen.[1]) Man darf nicht vergessen, daß es nötig ist zu zeigen, daß die schneidende Gerade beliebig gewählt werden darf, d. h. daß, wenn eine Gerade unter gleichen Stufenwinkeln schneidet, jede Schnittgerade dies tut. Von heutigen Darstellungen folgen dieser Definition KILLING und HOVESTADT in ihrem *Handbuch des mathematischen Unterrichts*[2]) und der *Führer und Ratgeber für den mathematischen Unterricht* von KÖHLER.[3]) Dieser führt zwei Gründe für die Wahl der Definition an: 1. solle der Unendlichkeitsbegriff wegfallen, 2. sei es, zumal für den Anfangsunterricht, eine unerläßliche Forderung, daß man ein Gebilde auf Grund seiner Definition auch wirklich herstellen könne, — also dieselbe Forderung, die LEOPOLD KRONECKER (1832—92) für die ganze Mathematik als bindend angesehen wissen wollte.

Spricht man nun mit Killing-Hovestadt den *Grundsatz* aus:

In jedem Dreieck beträgt die Winkelsumme 180^0,

so schließt sich diesem folgender Lehrgang an, der in Stichworten kurz angegeben sei: Winkelsumme im Viereck; Definition „parallel = gleichgeneigt" (Parallelenziehen mittels der Zeichendreiecke!); Beweis der Willkürlichkeit der Schneidenden; Parallelogramm; Rechteck; parallel = gleichabständig; parallel = nichtschneidend.[4]) Mit diesem Lehrgang soll aber, so meinen Killing und Hovestadt, die Entwicklung nicht abgeschlossen sein. Auf der Oberstufe soll dem Schüler die engere Fassung des obigen Grundsatzes vorgelegt werden:

In einem einzigen Dreieck beträgt die Winkelsumme 180^0.

Daß sie dann in jedem Dreieck soviel beträgt, ist ein grundlegender Satz der nichteuklidischen Geometrie.[5])

---

1) Vgl. z. B. van Swinden-Jacobi, Elemente der Geometrie, 1834, S. 12.

2) Leipzig 1910, 1. Teil, § 14.

3) Stettin 1919, 2. Teil, § 5.

4) Daß der Satz von der Dreieckswinkelsumme und das Axiom [19'] nicht schlechthin gleichwertig sind, und wie letzteres aus dem ersteren hergeleitet werden kann, s. Simon-Fladt, a. a. O., S. 5.

5) S. Simon-Fladt, a. a. O., S. 6.

7. Hält man den Satz von der Dreieckswinkelsumme als Grundsatz für allzuwenig einleuchtend — obwohl das gerade ein Vorzug ist — so kann man das Verfahren von Killing und Hovestadt folgendermaßen abschwächen. Man führt den Satz von der Winkelsumme im beliebigen Dreieck auf den von der Winkelsumme im rechtwinkligen Dreieck zurück und diesen wieder auf den Satz von der Winkelsumme im Rechteck. Dann würde also an Stelle des Parallelenaxioms oder des Dreieckswinkelsummensatzes derjenige Satz treten, den schon Clairaut (1713—65) an die Spitze seiner Elemente von 1741 stellte, der bei Johann Heinrich Lambert (1728—77) die Grundlage bildet, für den Max Simon (1844—1918) so begeistert war, nämlich der

Satz von der Rechtecksexistenz [19″]. Sind in einem Viereck drei Winkel *mit* unserem Willen Rechte (d. h. durch Konstruktion), so ist es der vierte *ohne* unsern Willen (d. h. von selbst).

Von ihm wollen wir im folgenden Lehrgang ausgehen. Auf der Oberstufe ist dann zu zeigen, daß sogar die Existenz eines einzigen Rechtecks genügt, um die Euklidische Geometrie sicherzustellen.

§ 2. Lehrgang.

Winkelsumme.

°(1) 1. Satz vom Rechteck (unbeweisbarer Satz, Grundsatz) [19″].

°(2) 2. Satz vom Rechteck. Ein Rechteck besitzt zwei Symmetrieachsen.

°(3) 3. Satz vom Rechteck. Im Rechteck sind je zwei Gegenseiten gleich.

Der 1. Satz vom Rechteck ist das erste Axiom, das wir im Unterricht wirklich aussprechen, während wir die graphischen Axiome, die Umwendungsaxiome und die Kongruenzaxiome mit Stillschweigen übergehen. Man kann natürlich auch den 2. und 3. Satz der Anschauung entnehmen, wird aber jedenfalls *Voraussetzung* und *Behauptung* scharf aussprechen und die Behauptung mit Zeichendreieck und Zirkel nachprüfen. Für den Schüler gelte nämlich auf dieser Stufe: Die *Voraussetzung* enthält das nicht etwa bloß in Gedanken, sondern tatsächlich mit den Zeicheninstrumenten Konstruierte, die *Behauptung* das von selbst Gewordene, mit den Zeicheninstrumenten Nachzuprüfende. Mit guten Klassen kann man aber sehr wohl die Beweise des 2. und 3. Satzes mittels der Kongruenzsätze wenigstens durchsprechen: niederschreiben und wiederverlangen wird man sie nicht.

°(4) Satz von der Winkelsumme im Rechteck.

°(5) Satz von der Winkelsumme im rechtwinkligen Dreieck. Beweis schriftlich.
Folgerung: Im rechtwinkligen Dreieck ist die Summe der spitzen Winkel 90°.

°(6) Satz von der Winkelsumme im Dreieck. Beweis schriftlich. (Spitz- und stumpfwinkliges Dreieck.)

°(7) Satz von der Winkelsumme im Viereck. Beweis schriftlich.

*(8) Satz von der Winkelsumme im n-Eck.

(9) Aufgaben. △ aus a, α, β (1. Konstruktion mittels der Winkelsumme); □ aus $a, b, \alpha, \gamma, \delta$.

(10) Satz vom *Außenwinkel* im Dreieck. Beweis schriftlich.

(11) Satz vom Außenwinkel im gleichschenkligen Dreieck. Beweis schriftlich.

Die Sätze von der *Winkelsumme* sind, weil sie, abgesehen von (4), unanschaulich und doch logisch durchsichtig sind, sehr geeignet für die erstmalige schriftliche Wiedergabe des Beweises.

Parallelenlehre.

°(12) Erklärung des Parallelseins. Zwei Lote auf derselben Geraden heißen *parallel.* (Parallelen sind also zunächst mit einem Zeichendreieck zu zeichnen.)

°(13) 1. Satz von den Parallelen (andere Form des 3. Rechtecksatzes). Parallelen haben überall gleiche Abstände.

°(14) 2. Satz von den Parallelen (Umkehrung des 1. Satzes). Haben zwei Punkte gleiche Abstände von einer Geraden, so ist ihre Verbindungsgerade parallel zu dieser.

Man kann den 1. und 2. Satz von den Parallelen, wie oben den 2. und 3. Satz vom Rechteck, natürlich aus der Anschauung entnehmen. Doch sind jedenfalls Voraussetzung und Behauptung „mit den Zeicheninstrumenten in der Hand“ genau zu fassen. Zugleich sind die beiden Sätze das erste Beispiel eines Satzpaares (eines Satzes und seiner Umkehrung). Es ist also Gelegenheit, erstmals den Begriff des Umkehrungssatzes durch mannigfache sprachliche Beispiele zu erläutern.

°(15) 3. geometrischer Ort. Abstandsparallelen. (Die *Abstandslinie* ist ein Parallelenpaar.)

(16) Geg. g und h. Ges. ein Punkt, der von g den Abstand a, von h den Abstand b hat.

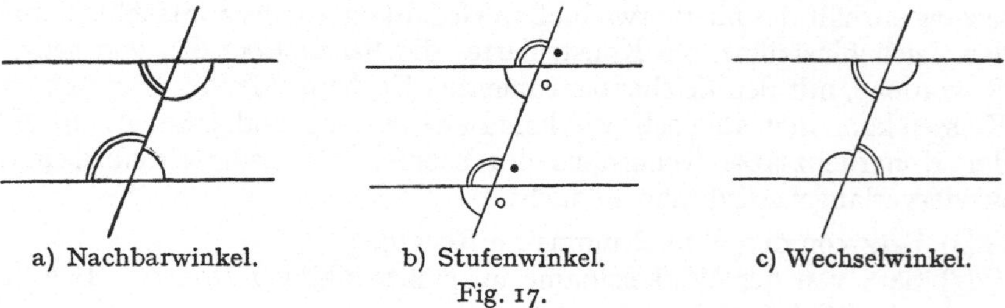

a) Nachbarwinkel. b) Stufenwinkel. c) Wechselwinkel.

Fig. 17.

°(17) 3. Satz von den Parallelen (Fig. 17). Werden zwei Parallelen von einer dritten Geraden geschnitten, so sind (a) je zwei *Nachbarwinkel* zusammen 180°, (b) je zwei *Stufenwinkel* gleich groß, (c) je zwei *Wechselwinkel* gleich groß.

°(18) 4. Satz von den Parallelen. Umkehrung des 3. Satzes. (Fig. 18.)

Der Beweis jedenfalls des ersten Teiles von (17) und (18) mittels des Satzes (7) ist schriftlich zu machen. Während der Schüler im 1. und 2. Abschnitt das Konstruieren zu lernen hatte, soll er im 3. Abschnitt erstmals das *Beweisen* lernen. Die Namen *Nachbarwinkel* und *Stufenwinkel* empfehlen sich durch ihre Kürze. Andere als die in der Fig. 17 bezeichneten Winkel brauchen und sollen nicht betrachtet werden. Der Name *Gegenwinkel* sollte unbedingt wirklichem Gegenüberliegen vorbehalten bleiben (Seite und Gegenwinkel im 3-, 5-, . . ., $2n+1$-Eck; Winkel und Gegenwinkel im 4-, 6-, . . ., $2n$-Eck). Die Namen gleichliegende, halbgleichliegende und ungleichliegende Winkel, die W. DIECK an mehreren Stellen gebraucht, sind gewiß von logischer Feinheit, aber warum so viel Systematik bei einer so einfachen Sache?

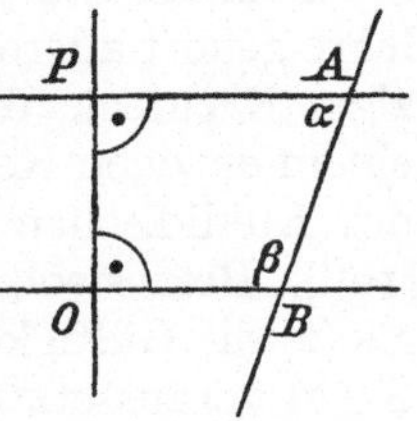

Fig. 18.

(19) Konstruktion von Parallelen mittels Stufen- und Wechselwinkeln. (a) mit dem Zirkel, (b) mit den Zeichendreiecken.

(20) Aufgaben zur Anwendung von (15) und (19), z. B. △ aus a, β, h_a (zwei Konstruktionen). △ aus a, h_a, h_b; β, h_a, s_a.

°(21) △ aus a, α, β. Zwei Konstruktionen mittels Parallelen.

°(22) 5. *Kongruenzsatz*. Eine Seite, ein anliegender und der Gegenwinkel, *sww*.

(23) Wiederholende Übersicht über die Kongruenzsätze. Anordnung nach dem Dualitätsprinzip. Der Fall *www*.

(22) und (23) bringen den Abschluß der Kongruenzlehre. Daß dieser jetzt erst erfolgt, ist wirklich kein Nachteil. Im Gegenteil: zeigt er doch deutlich, daß die Sätze der Geometrie nicht in einer Kette, sondern in einem Netz zusammenhängen.

Während der wissenschaftliche Beweis des 5. Kongruenzsatzes (s. o. I. Kap. § 4 (19)) vom Parallelenaxiom unabhängig ist, beruht die Konstruktion der entsprechenden Dreiecksaufgabe (21) auf dem Parallelenaxiom. Ein Beweis, daß dies notwendig ist, steht noch aus.

Trapez, erster Teil.

(24) Definition des *Trapezes*.

(25) Zahlreiche Konstruktionen des Trapezes aus Hauptstücken.

(26) Das *gleichschenklige Trapez*, *Achsentrapez* oder Giebelviereck.

(27) Aufgaben hierüber.

Der 3. Abschnitt schließt mit leichter Kost. Vor Beginn des 4. Abschnitts empfiehlt sich im Unterricht eine gründliche zusammenhängende Wiederholung der drei bisherigen Abschnitte.

§ 3. Schlußbemerkungen.

Überblickt man den Lehrgang des § 2, so erkennt man, daß vom Nichtschneiden oder im Unendlichen Schneiden zweier Parallelen überhaupt nicht die Rede zu sein brauchte. Ferner sind die Beweise der vier Parallelensätze bei diesem Aufbau der Parallelenlehre viel einfacher als bei irgendeinem andern. Zur systematischen Vollständigkeit der Parallelenlehre gehört allerdings noch (1) die Einschränkung von [19''] auf ein einziges Rechteck, d. h. der Beweis des Satzes: Ist die Winkelsumme in einem einzigen Rechteck 360^0, so ist sie es in jedem, und (2) der Beweis des Euklidischen oder Hilbertschen Parallelenaxioms auf Grund von [19'']. Beides soll aber der Oberstufe vorbehalten bleiben, um so mehr, als (2) die Gültigkeit eines weiteren Axioms, des sog. Eudoxischen (s. u. S. 57) voraussetzt.

Vierter Abschnitt.

Zentrische Symmetrie, zentrische Spiegelung oder Umdrehung. Parallelogramm, Trapez.

Im Anschluß an den 7. Satz von § 3 des I. Kapitels, d. h. an die Umwendungsaxiome, ergibt sich die Existenz einer Zuordnung $P \mathrm{N} P'$ zwischen zwei Punkten P und P', die sich aus zwei Umwendungen an zwei zueinander senkrechten Geraden mit dem Schnittpunkt Z zusammensetzt, die *zentrische Symmetrie* oder *zentrische Spiegelung* am Zentrum Z oder die *Umdrehung*[1]) um den Punkt Z.

Andererseits ist sie eine selbstverständliche Folge des Kongruenzaxioms [13'].

Lehrgang.

Zentrische Symmetrie, Parallelogramm.

^{0}(1) Geg. Z und P. Ges. $P' \mathrm{N} P$.

^{0}(2) Geg. Z und $\overline{PQ}$. Ges. $\overline{P'Q'} \mathrm{N} \overline{PQ}$ (Z außerhalb oder auf PQ).

(3) Geg. Z und $\triangle ABC$. Ges. $\triangle A'B'C' \mathrm{N} \triangle ABC$. ($Z$ außerhalb $\triangle ABC$, auf $\overrightarrow{BC}$, auf $\overline{BC}$, in B, innerhalb $\triangle ABC$.)

(4) Geg. Z und g. Ges. $g' \mathrm{N} g$. Zwei Konstruktionen, die zweite mittels des Lotes von Z auf g. Folgerung: $g \uparrow\downarrow g'$.

^{0}(5) Geg. P und P'. Ges. Z.

(6) Geg. g und g'. Ges. Z.

^{0}(7) Satz. Ist $g \uparrow\downarrow g'$, so besitzen g und g' unendlich viele Umdrehungszentren. Diese bilden die Umwendungsachse von $g \uparrow\uparrow g'$.

---

1) Umdrehung bedeutet also hier nicht Drehung um 360^0, sondern um 180^0.

°(8) Definition. Die Figur zweier Parallelen heißt *Streifen*, ihre Achse *Streifenachse* (*Mittelparallele*), ihre Breite *Streifenbreite*, eine beliebige Strecke, deren Endpunkte auf den Parallelen liegen, *Querstrecke*.

°(9) Besonderer Fall des 2. geometrischen Ortes: Mittelparallele.

(10) Geg. Z und ein Vieleck. Ges. das an Z zentrisch-symmetrische Vieleck. Wie muß das Vieleck beschaffen sein, daß es mit seinem Bild zusammenfällt?

°(11) Einfachster Fall. Das zentrisch-symmetrische Viereck oder *Parallelogramm* (Pgr.) (Spateck, Streifeneck).
Erklärung: Das Schnittviereck zweier Streifen heißt Parallelogramm.

°(12) 1. Satz vom Pgr. Das Pgr. besitzt ein Symmetriezentrum.

°(13) 2. Satz vom Pgr. Eigenschaft der Nachbar- und Gegen(!)winkel. Folgerung: Winkel mit parallelen und zwei Paar gleichsinnigen oder zwei Paar gegensinnigen Schenkeln sind gleich, solche mit parallelen und einem Paar gegensinnigen Schenkeln ergänzen sich zu 180^0.

°(14) 3. Satz vom Pgr. Eigenschaft der Seiten. Folgerung: Parallelen zwischen Parallelen sind gleich.

°(15) 4. Satz vom Pgr. Eigenschaft der Eckenlinien.

Durch die Erklärung (11) tritt die wesentliche Eigenschaft des Parallelogramms in den Vordergrund. Aus ihr ergeben sich mit einem Schlag die in den vier Pgr.-Sätzen ausgesprochenen Pgr.-Eigenschaften. Es empfiehlt sich, die Beweise nur mündlich durchzusprechen.

(16) Pgr. aus a, b, β; a, b, e. Zwei Konstruktionen: a) nach (11), b) nach (14).

°(17) 5. Satz vom Pgr. Umkehrung des 3. Satzes. Beweis schriftlich.

(18) Pgr. aus e, f, ε; a, e, f. Konstruktion nach (15).

°(19) 6. Satz vom Pgr. Umkehrung des 4. Satzes. Beweis schriftlich.

(20) Pgr. aus a, e, α. Konstruktion: $\overline{AD}$ parallel und gleich $\overline{BC}$.

°(21) 7. Satz vom Pgr. Ein Viereck, in dem z w e i Gegenseiten parallel und gleich sind, ist ein Parallelogramm. Beweis schriftlich.

Während die direkten Sätze sich alle auf einmal aus der Definition (11) ergeben, sind die Umkehrungen mittels der Kongruenzsätze zu beweisen. Zuvor sind aber jeweils Voraussetzung und Behauptung genau anzugeben und mit ihrer Hilfe ist das Wesen der Umkehrung eines Satzes aufs neue eindringlich klarzustellen.[1]) Zugleich zeigt sich, daß für die *Anwendungen* die Umkehrungssätze viel wichtiger sind, als die direkten Sätze.

---

1) Man wird z. B. (14) und (17) ausführlich so aussprechen: Ein Viereck, in dem je zwei Gegenseiten parallel sind, hat je zwei gleiche Gegenseiten. In einem Viereck, das je zwei gleiche Gegenseiten hat, sind je zwei Gegenseiten parallel.

Besondere Parallelogramme.

°(22) Das *Rechteck* als besonderer Fall des Pgr. Die Streifen bilden vier gleiche, d. h. rechte Winkel miteinander. Wiederholung der Rechtecksätze (1), (2), (3) des 3. Abschnittes. Der zweite wird jetzt so ausgesprochen:

°(23) 2. Satz vom Rechteck. Das Rechteck besitzt zwei Achsen, die Achsen seiner Streifen, seine Mittelparallelen.

Der dritte wird als überflüssig getilgt. An seine Stelle tritt der

°(24) 3. Satz vom Rechteck. Im Rechteck sind die Eckenlinien gleich. Es besitzt einen Umkreis.

(25) Rechteck aus *e*, *ε*; *a*, *e*.

°(26) 4. Satz vom Rechteck. Umkehrung des 3. Satzes. Sind in einem Pgr. die Eckenlinien gleich, so ist es ein Rechteck.

*Oder: Der Winkel im Halbkreis ist ein Rechter.

Der aus dem 2. Satz vom Rechteck entspringende 5. Satz vom Rechteck: Im Rechteck stehen die Mittelparallelen auf je zwei Gegenseiten senkrecht, und seine Umkehrung, der 6. Satz vom Rechteck: Steht in einem Pgr. eine Mittelparallele auf einer Seite senkrecht, so ist es ein Rechteck, können im Gegensatz zu den dual entsprechenden Sätzen (33) und (35) von der Raute wegbleiben.

°(27) Die *Raute* als besonderer Fall des Pgr. Die vier Streifenbreitenhälften sind gleich, die Streifen kongruent. Wiederholung des Rautensatzes (15) des ersten Abschnitts. Er wird zerlegt in folgende Sätze:

°(28) 1. Satz von der Raute. Die Raute besitzt vier gleiche Seiten.

°(29) 2. Satz von der Raute. Die Raute besitzt zwei Achsen, ihre Eckenlinien.

°(30) 3. Satz von der Raute. In der Raute sind die Eckenlinienwinkel gleich, d. h. die Eckenlinien stehen senkrecht aufeinander.

(31) Raute aus *e*, *f*; *a*, *e*.

°(32) 4. Satz von der Raute. Umkehrung des 3. Satzes. Stehen in einem Pgr. die Eckenlinien senkrecht aufeinander, so ist es eine Raute.

°(33) 5. Satz von der Raute. In der Raute halbiert jede Eckenlinie zwei Gegenwinkel.

(34) Raute aus *β*, *f*.

°(35) 6. Satz von der Raute. Umkehrung des 5. Satzes. Halbiert in einem Parallelogramm eine Eckenlinie einen Winkel, so ist es eine Raute.

Man erkennt die vollkommene *Dualität* zwischen Rechteck und Raute. Vereinigen sich beide, so entsteht ein *Quadrat*.

°(36) Satz vom Quadrat. Das Quadrat besitzt vier Achsen.

(37) Quadrat aus *a*; *e*.

(38) Stammbaum der Vierecke auf Grund der axialen Symmetrie.

Allgemeines Viereck

/ \

Achsentrapez Drachenviereck

|

Rechteck Raute

\ /

Quadrat

Hier ordnen sich Achsentrapez und Drachenviereck in das System der besonderen Vierecke ein. Damit ist zugleich die Lehre vom Pgr. zum Abschluß gebracht. Sie stellt ein ganz ausgezeichnetes Beispiel eines logisch in sich abgeschlossenen Begriffsystems dar.

Wie der 3., so dient auch der 4. Abschnitt dazu, den Schüler in die logische Seite der Geometrie einzuführen. Ein geometrischer Satz ist dabei für diese Stufe als eine *Prophezeiung* hinzustellen, deren Eintreffen als notwendig zu erweisen ist. So läßt sich verhältnismäßig leicht das logische Bedürfnis des Schülers wecken. Sollten sich aber irgendwelche ungeahnte Schwierigkeiten ergeben, so ist es immer möglich, die Beweise ganz oder teilweise aus der Anschauung zu entnehmen. Das entbindet aber nicht von der Aufgabe, dem Schüler die Sätze selbst und ihren Zusammenhang eindringlich klarzumachen.

Trapez, zweiter Teil.

°(39) 1. Satz vom Trapez. Im *Trapez* halbiert die Achse des von den Grundlinien gebildeten Streifens beide Schenkel, und umgekehrt: die Verbindungsgerade der Schenkelmitten ist die Achse des Streifens der Grundlinien.

°(40) 2. Satz vom Trapez. Die Größe der Mittelparallelen.

°(41) Satz von der *Mittelparallelen* im Dreieck. Das Mittendreieck.

*(42) Beweis der Existenz des Höhenschnittpunkts nach Gauss.[1]) Er ist der Umkreismittelpunkt des Dreiecks, dessen Mittendreieck das gegebene ist.

*(43) Satz. Verbindet man in einem Viereck die Seitenmitten, so entsteht ein Parallelogramm. Wie muß das Viereck beschaffen sein, daß ein Rechteck, eine Raute, ein Quadrat entsteht?

(44) Geg. $\sphericalangle A$ und P innerhalb. Die Strecke $\overline{XPY}$ so zwischen den Schenkeln zu ziehen, daß $\overline{XP} = \overline{PY}$ wird.

°(45) Der Schwerpunktsatz. (Beweis der Existenz des *Schwerpunkts*.)

(46) Aufgaben: $\triangle$ aus a, s_b, s_c^{*}; a, s_a, s_b; s_a, s_b, s_c; $*s_a, s_b, h_b$.

*(47) Der Feuerbachsche Kreis und andere merkwürdige Eigenschaften des Dreiecks.[2])

1) S. Q. Nr. 21.

2) Vgl. z. B. Pflieger, Elementare Planimetrie. 1. Auflage des 2. jetzt von Bohnert verfaßten Bandes der Sammlung Schubert, Leipzig 1901, § 35 S. 190.

Der Schwerpunkt und die aus ihm folgenden Dreieckseigenschaften gehören *nicht* in das Kapitel vom Streckenverhältnis. Das hieße mit Kanonen nach Spatzen schießen.

°(48) Der Satz von der Streifenschar. Eine Schar aneinander grenzender Streifen gleicher Breite teilt jede Quergerade in dieselbe Anzahl gleicher Querstrecken.

°(49) Die Teilungsaufgabe. Eine Strecke in eine Anzahl gleicher Teile zu teilen.

Fünfter Abschnitt.

Die geometrische Aufgabe.

Am Stoff der vier vorangehenden Abschnitte muß der Schüler die zeichnerische und sprachliche Darstellung von Konstruktionen gründlich gelernt haben. Von der Analysis ist nur die Figur als sog. Überlegungsfigur aufgetreten. Jetzt ist es Zeit, daß der Schüler die *Analysis* selbst kennen lerne und erfahre, daß diese stets das Geheimnis einer geometrischen Aufgabe enthüllt, daß aus ihr hervorgehen muß, wie man zur Lösung der Aufgabe kommt. Zur Analysis hinzu tritt noch die sie ergänzende *Determination*, welche die Möglichkeit der Aufgabe und die Frage nach der Zahl der Lösungen erörtert. Bei den meisten Aufgaben der folgenden Abschnitte sind Analysis und Determination zu verlangen. Doch gibt es tatsächlich Aufgaben, wie z. B. die über Flächenverwandlung und Teilung, bei denen man zweckmäßiger die *Konstruktion*, dann aber auch den *Beweis* verlangt. Von den Aufgaben des gegenwärtigen Abschnitts aber sollen einige vollständig erledigt werden, d. h. es soll bei ihnen Analysis, Determination, Konstruktion und Beweis durchgeführt werden. Der Schüler muß also auch noch lernen, wie man bei einer Aufgabe den Beweis verfaßt. Dabei ist die einzelne Aufgabe Selbstzweck. Ein Zusammenfassen verschiedener Aufgaben unter dem Gesichtspunkt der gleichen Lösungsart, d. h. eine Methodik der geometrischen Aufgabe, kommt hier noch nicht in Frage. Ferner geben wir nur einige wenige Beispiele an, die sich zur vollständigen Durchführung besonders gut eignen. Der Leser wird ihre Zahl leicht vervielfachen.

Aufgaben.

△ aus

(1) b, c, s_a.
(2) h_a, s_b, a.
(3) h_a, s_b, c.
(4) h_a, s_b, β.
(5) c, s_a, α.
(6) s_a, s_b, h_c.
(7) $a + b = s, \beta, h_c$.
(8) $a - b = d, \beta, h_c$.
(9) $a + b, c, \alpha$.
(10) $a - b, c, \alpha$.
(11) $a + c, b, h_a$.
(12) $a - c, b, h_a$.
(13) $b + c, a, \alpha$.
(14) $b - c, a, \alpha$.
(15) $a + b, \alpha, \gamma$.
(16) $a - b, \alpha, \gamma$.

Trapez aus (17) a, b, c, d. Viereck aus *(21) a, b, c, α, δ.
(18) b, c, d, β. *(22) b, d, e, f, ε.
(19) b, d, β, γ.
(20) b, d, e, f.

*Sechster Abschnitt.

Die Bewegungen.

§ 1. Zusammensetzung der Umwendungen.

Mit dem vorigen Abschnitt ist der Pflichtstoff der Klasse IV erledigt. Indessen bliebe die wissenschaftliche Darstellung des Untertertiastoffes unvollständig, wenn wir die in § 3—5 des I. Kapitels begonnene Untersuchung der *Umwendungen* einerseits, der *Kongruenz* andererseits nicht zu einem gewissen Abschluß bringen würden. Wir wollen zunächst wieder an die Umwendungen anknüpfen.

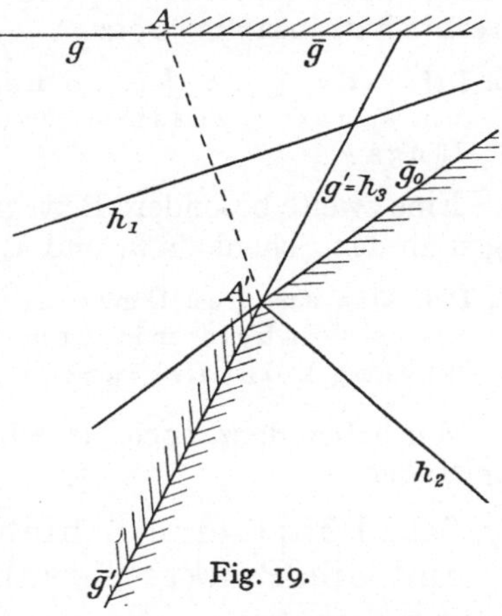

Fig. 19.

1. **Satz.** Es gibt eine eindeutige Folge von Umwendungen, die eine gegebene Gerade g in eine andere Gerade g', den Punkt A auf g in den Punkt A' auf g', eine der durch A bestimmten Halbgeraden, $\bar{g}$, von g in eine der durch A' bestimmten Halbgeraden, $\bar{g}'$, von g', und eine der durch g bestimmten Halbebenen, $\bar{\varepsilon}$, in eine der durch g' bestimmten Halbebenen, $\bar{\varepsilon}'$, überführt.

Bew. (Fig. 19.) Ist $A \neq A'$, so ist die erste Umwendungsachse h_1 das Mittellot von $\overline{AA'}$ (Ist $A = A'$, so ist $h_1 \equiv g$). Geht $\bar{g}$ durch die Umwendung um h_1 in $\bar{g}_0$ über, so ist die Halbierende des $\sphericalangle (\bar{g}', \bar{g}_0)$ die zweite Umwendungsachse h_2. Geht dabei $\bar{\varepsilon}$ nicht in $\bar{\varepsilon}'$ über, so ist g' die dritte Umwendungsachse h_3.

Daraus folgt sofort

2. **Satz.** Axiom [13'].
3. **Satz.** Axiom [16'].
4. **Satz.** Axiom [18'].
5. **Satz.** Jede Folge von Umwendungen kann durch eine solche von zwei oder drei Umwendungen ersetzt werden.

Die Eindeutigkeit folgt für alle fünf Sätze aus dem Axiom [17]. Wir erklären nun

1. **Def.** Jede Folge von Umwendungen heißt *Bewegung*

und haben den

6. Satz. Die Bewegungen bilden eine *Gruppe*.

Das bedeutet: Die Zusammensetzung zweier Bewegungen ist wieder eine Bewegung.

Unter diesen Zusammensetzungen kommt die *Identität* $\mathfrak{J}$ vor, d. h. die Bewegung, die alle Punkte der Ebene in Ruhe läßt. Zu jeder Bewegung $\mathfrak{B}$ gibt es eine *inverse*, $\mathfrak{B}^{-1}$, d. h. eine solche, die mit $\mathfrak{B}$ zusammengesetzt $\mathfrak{J}$ ergibt.

Eine erste besondere Bewegung erhält man, wenn man die Umwendungen an zwei Achsen h_1 und h_2, die beide zur selben Geraden g senkrecht sind, zusammensetzt.

2. **Def.** Ist $h_1 \perp g$, $h_2 \perp g$, so nennt man die aus den Umwendungen um h_1 und h_2 zusammengesetzte Bewegung eine *Schiebung* $\mathfrak{S}$ längs g.

Eine zweite besondere Bewegung entsteht, wenn man die Umwendungen an den Schenkeln h_1 und h_2 eines Winkels zusammensetzt.

3. **Def.** Die aus den Umwendungen an den Schenkeln h_1 und h_2 eines Winkels mit dem Scheitel S zusammengesetzte Bewegung heißt *Drehung* $\mathfrak{D}$ um S.

Wir haben dann noch die beiden folgenden Sätze, die wir ohne Beweis mitteilen.

7. Satz. Führt eine Schiebung die Gerade g in sich über, und die Punkte A und B auf g in A' und B', so ist $\overline{AB} = \overline{A'B'}$.

8. Satz. Führt eine Drehung um S die von S ausgehenden Halbgeraden h und k in die Halbgeraden h' und k' über, so ist $\sphericalangle (h, k) = \sphericalangle (h', k')$.

§ 2. Das Gruppenaxiom.

Es war in der Lehre von den Umwendungen nirgends von Parallelen die Rede, auch nicht bei der Erklärung des Begriffes *Schiebung*. Aber gerade dieser Begriff — das sagt schon sein Name — ist für unsere Anschauung scheinbar vom Begriff des *Parallelismus* nicht zu trennen. Gälte indessen das Euklidische Parallelenaxiom nicht, so wäre der Ort der Punkte gleichen Abstands von einer Geraden keine Gerade. Wie die Bahnkurven der Drehung keine Geraden, sondern Kreise sind, so wären die Bahnkurven der Schiebung keine Geraden, sondern ebenfalls Kurven zweiter Ordnung, die sog. *Abstandslinien*. Ferner wäre die Zusammensetzung zweier Schiebungen nicht wieder eine Schiebung. Dagegen ist in der Euklidischen Geometrie die Zusammensetzung zweier Schiebungen stets wieder eine solche. Wir können die Euklidische Geometrie geradezu durch diese Eigenschaft definieren. Das Hilbertsche Parallelenaxiom [19′] läßt sich also ersetzen durch das sog.

Gruppenaxiom **[20]**.[1]) Zwei Schiebungen setzen sich zu einer Schiebung zusammen.

Wir haben zunächst die

4. **Def.** Zwei Geraden einer Ebene ohne gemeinsamen Punkt heißen *parallel*.

9. **Satz.** Geht durch eine Schiebung $\mathfrak{S}$ die Gerade k in die Gerade k' über, so steht jede Senkrechte auf k auch senkrecht auf k'. Oder: Ein Lot auf der einen von zwei Parallelen steht auch senkrecht auf der andern.

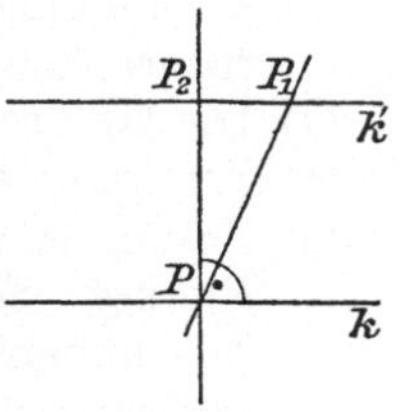

Fig. 20.

Bew. (Fig. 20.) Es sei P ein Punkt von k und $P\,\{\mathfrak{S}\}\,P_1$. Ist PP_2 das Lot in P auf k, so sei $\mathfrak{S}'$ die Schiebung, die k' in sich selbst und P_2 in P_1 überführt, und $\mathfrak{S}''$ die Schiebung, die PP_2 in sich selbst und P_2 in P überführt. Nach [20] ist $\mathfrak{S}'\mathfrak{S}^{-1}$ eine Schiebung. Sie führt k' in k und P_2P in sich selbst über. Nach [17] ist sie $\mathfrak{S}''$, da $\mathfrak{S}'\mathfrak{S}^{-1}\mathfrak{S}''^{-1} = \mathfrak{J}$ ist, und nach Kap. I, § 3, 15. Satz, ist dann $PP_2 \perp k'$.

Daraus folgt sofort der

10. **Satz.** Geht durch eine Schiebung die Gerade k in die Gerade k' über, so fällt entweder k' auf k oder k und k' haben keinen Punkt gemeinsam.

Als letzten Satz erwähnen wir noch ohne Beweis den

11. **Satz.** Die Schiebungen bilden eine sog. *Abelsche Gruppe*, d. h. zwei Schiebungen sind miteinander vertauschbar.

§ 3. Lehrgang.

Kommt man nicht von der Lehre von den Umwendungen, sondern von der Kongruenzlehre her, so kann man die Lehre von den Bewegungen mit noch geringerer Mühe aufbauen. Wir haben schon im § 5 des I. Kapitels die Umwendungsaxiome bis auf das Axiom [17] auf Grund der Kongruenzaxiome bewiesen. [17] ist eine unmittelbare Folge der Eindeutigkeit der Bewegungen, wie sie sich auf Grund der Kongruenzaxiome im folgenden Lehrgang ohne weiteres ergibt. Dieser Lehrgang bildet — ganz

---

1) Vgl. H. Willers a. a. O.

oder mit Auswahl — einen trefflichen Übungsstoff für Klasse IV und trägt jedenfalls mehr zur mathematischen Ausbildung bei als eine Vermehrung der künstlichen Dreiecks- und Vierecksaufgaben.

(1) Die Umwendung. Wiederholung.

(2) Zusammensetzung zweier Umwendungen um zwei parallele Achsen: Schiebung.

(3) Die Schiebung selbständig.

Satz. Bei einer Schiebung beschreiben alle Punkte parallele und gleiche Strecken.

(4) Zerlegung einer Schiebung in zwei Umwendungen.

(5) Zusammensetzung zweier Schiebungen.

Satz. Die Schiebungen bilden eine vertauschbare Gruppe.

(6) Zusammensetzung zweier Umwendungen um zwei zueinander senkrechte Achsen: Umdrehung.

(7) Die Umdrehung selbständig.

(8) Zerlegung einer Umdrehung in zwei Umwendungen.

(9) Zusammensetzung zweier Umdrehungen um zwei verschiedene Punkte: Schiebung.

(10) Zusammensetzung einer Schiebung und einer Umdrehung: Umdrehung.

(11) Zusammensetzung zweier Umwendungen um Achsen, die einen beliebigen Winkel miteinander bilden: Drehung.

(12) Die Drehung selbständig.
1. Satz von der Drehung. Bei einer Drehung wird jeder Punkt um den gleichen Winkel gedreht. Die Achse eines Punkts und seines Bildpunkts geht durch den Drehpunkt.

(13) 2. Satz von der Drehung. Bei einer Drehung bleibt der Abstand einer Geraden vom Drehpunkt unverändert.

(14) 3. Satz von der Drehung. Bei einer Drehung wird jede Gerade um den gleichen Winkel gedreht. Gibt man der Geraden einen bestimmten Durchlaufsinn, so besitzt auch die Bildgerade einen solchen. Die Achse des Nebenwinkels einer Geraden mit Durchlaufsinn (eines *Speeres*) und ihrer Bildgeraden geht durch den Drehpunkt.

(15) Zerlegung einer Drehung in zwei Umwendungen.

(16) Geg. A und A'. Ges. der Drehpunkt. Neue Bedeutung der Achse zweier Punkte.

(17) Geg. g und g', beide mit einem bestimmten Durchlaufsinn. Ges. der Drehpunkt. Neue Bedeutung der Achse zweier Geraden. Besondere Fälle: $g \uparrow\downarrow g'$ und $g \uparrow\uparrow g'$.

(18) Geg. A auf g, A' auf g', g und g' mit bestimmtem Durchlaufsinn. Ges. der Drehpunkt. Besondere Fälle: $g \uparrow\downarrow g'$, $g \uparrow\uparrow g'$.

(19) Geg. zwei gleiche Strecken a und a' ohne Durchlaufsinn. Ges. der Drehpunkt. (Zwei Lösungen!) Besonderer Fall: $a \parallel a'$.

(20) Geg. zwei gleiche Winkel mit gleichem Drehsinn[1]) (zwei *gleichwendige* Winkel). Ges. der Drehpunkt. (Eine Lösung.)

(21) Geg. zwei beliebige kongruente Figuren der Ebene mit gleichem Umlaufsinn (zwei *gleichwendige* Figuren). Durch welche Bewegung kann man sie ineinander überführen?

(22) Zusammensetzung einer Drehung und einer Schiebung. (Nicht vertauschbar!)

(23) Zusammensetzung zweier Drehungen. (Nicht vertauschbar!) Besondere Fälle: Drehung und Umdrehung; gleiche und entgegengesetzte Drehungen um zwei verschiedene Punkte.

(24) Geg. zwei beliebige kongruente Figuren mit entgegengesetztem Umlaufsinn (zwei *gegenwendige* Figuren). Durch welche Bewegung[2]) kann man sie ineinander überführen? Eine solche Bewegung heiße *Umlegung*.

(25) Geg. zwei gleiche *gegenwendige* Winkel. Die Umlegung des einen in den andern. Ihre Zerlegung in eine Drehung und eine Umwendung.

(26) Zerlegung einer Umlegung in eine Umwendung und eine Schiebung parallel zur Umwendungsachse. (Vertauschbar!) Benützung der Mittelgeraden. (Fig. 21.)

Fig. 21.

(27) Zusammensetzung einer Umwendung und einer beliebigen Schiebung.

(28) Zusammensetzung einer Umwendung und einer Umdrehung.

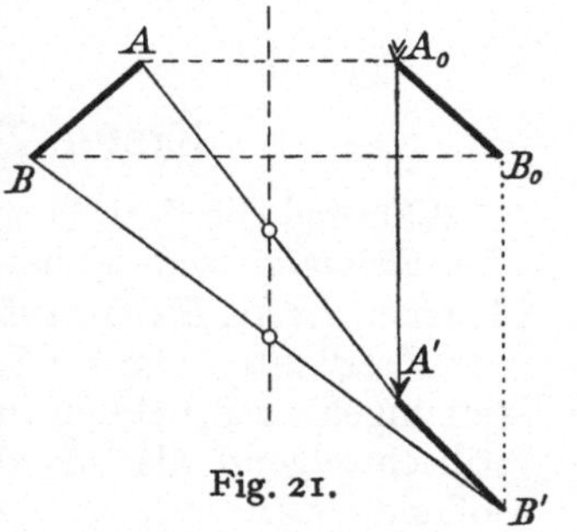

(29) Zusammensetzung einer Umwendung und einer Drehung. Bei (27), (28) und (29) ist Zurückführung auf (26) verlangt.

(30) Haupt- und Schlußsatz. Jede ebene Bewegung läßt sich aus höchstens drei Umwendungen zusammensetzen.

*Siebenter Abschnitt.

Geometrische Konstruktionen von Kurven.

Der Schüler hat es im ganzen bisherigen Lehrgang immer nur mit Geraden und Kreisen zu tun gehabt. Ihre Wichtigkeit in allen Ehren, aber die Beschränkung auf sie ist ganz einseitig. Der Schüler sollte schon im Geometrieunterricht der Klasse IV wenigstens eine Ahnung davon bekommen, wie groß die Zahl der geometrischen Gebilde ist, die den Raum

1) Man beachte, daß sich ein Drehsinn für die ganze Ebene eindeutig festsetzen läßt.

2) Wir bezeichnen also mit dem Wort „Bewegung" die allgemeinste Transformation, die Figuren in kongruente überführt.

oder hier die Ebene bevölkern. Er soll durch geometrische Konstruktion eine Auswahl aus den wichtigsten und interessantesten Kurven höheren Grades kennenlernen und sich an ihnen erfreuen. Dazu gehören die folgenden:

(1) Die Kegelschnitte auf Grund der Brennpunktsdefinitionen.
(2) Die Kissoide des Diokles.
(3) Die Konchoide des Nikomedes.
(4) Die Pascalsche Schnecke und Kardioide.
(5) Die Strophoide.
(6) Die Astroide.

Drittes Kapitel.

Der Lehrstoff der Obertertia (Klasse V).

Erster Abschnitt.

Erster Teil der Kreislehre: Sehne.

Während die drei Themen der Klasse IV *Symmetrie*, *Kongruenz* und *Parallelismus* waren, beschäftigen wir uns in Klasse V mit den drei Themen *Kreis*, *Flächeninhalt* und *Verhältnisgleichheit*. Wir beginnen mit der Kreislehre. Um sie logisch sicherzustellen, sind noch zwei Voraussetzungen ausdrücklich in Worte zu fassen, die im folgenden Lehrgang stillschweigend als aus der Anschauung entnommene Axiome gelten sollen.

1. Voraussetzung. Liegt von einer Geraden ein Punkt innerhalb und einer außerhalb eines Kreises, so trifft sie den Kreis in mindestens einem Punkt.

2. Voraussetzung. Liegt von einem Kreis ein Punkt innerhalb und einer außerhalb eines anderen Kreises, so trifft er diesen in mindestens einem Punkt.

Von diesen beiden Voraussetzungen läßt sich die erste auf Grund der beiden Hilbertschen oder des Dedekindschen Stetigkeitsaxioms[1]) beweisen, die zweite auf die erste zurückführen.[2]) Ist die Gerade Kreisdurchmesser, so steht die Existenz ihrer Schnittpunkte mit dem Kreis schon gemäß [13'] fest.

---

1) Vgl. dazu unten S. 57 und 70.

2) Wegen des Beweises sei auf Weber-Wellstein, Enzyklopädie der Elementarmathematik, Bd. I, Leipzig 1907, S. 235—238, Killing-Hovestadt, Handbuch des mathematischen Unterrichts, Bd. I, Leipzig 1910, S. 270—275 und Thieme, Die Elemente der Geometrie, Leipzig 1909, S. 41—43, 49—50 und 61 verwiesen.

Lehrgang.

^{0}(1) 4. geometrischer Ort. Der Kreis.

^{0}(2) Satz. Zu einem Bogen gehört eine Sehne, zu einem Mittelpunktswinkel gehört eine Sehne, zu einer Sehne gehören zwei Bögen und zwei Mittelpunktswinkel.

^{0}(3) Satz vom Sehnenlot. Die von einem Kreis und einer Sehne gebildete Figur besitzt eine Achse. Diese geht durch den Kreis-, den Sehnen- und die Bogenmittelpunkte, steht senkrecht auf der Sehne und halbiert die zur Sehne gehörigen Mittelpunktswinkel.

(4) Andere Bedeutung des 1. geometrischen Ortes: Ort der Mittelpunkte aller Kreise, die durch zwei gegebene Punkte gehen.

(5) ⊙ aus P, Q, ϱ.

(6) ⊙ aus P, Q, R. Vgl. II. Kapitel, 1. Abschnitt (13).

(7) Satz. Die drei Seitenmittellote eines Dreiecks gehen durch einen Punkt, den Umkreismittelpunkt. Vgl. II. Kapitel, 2. Abschnitt (22).

(8) Satz. Die drei Höhen eines Dreiecks gehen durch einen Punkt. Vgl. II. Kapitel, 4. Abschnitt (42).

(9) Satz. Zu gleichen Sehnen gehören gleiche Mittelpunktsabstände und umgekehrt.

(10) Der Kreis als Umhüllungskurve gleicher Sehnen.

(11) Geg. ⊙ (M, r) und P. Durch P eine Sekante zu ziehen, die aus dem Kreis eine Sehne von der Länge s ausschneidet. (Lösung durch Drehung des Punktes P.)

Zweiter Abschnitt.

Zweiter Teil der Kreislehre: Umfangswinkel.

Die Lehre vom *Umfangswinkel* ist von verschiedenen Ausgangspunkten aus behandelt worden. Stellt man an die Beweise die Forderung der Leichtverständlichkeit und der Einfachheit, wobei die zweite das Vermeiden von Fallunterscheidungen bedeuten soll, so ergibt sich folgende Anordnung nach wachsenden Vorzügen.

1. Euklid beweist zuerst den Satz, daß der Umfangswinkel die Hälfte des Mittelpunktswinkels ist und unterscheidet dabei die bekannten drei Fälle, von denen der dritte, wo der Umfangswinkel als Differenz erscheint, dem Verständnis des Schülers Schwierigkeiten bereitet, die durch Benützung der formalen (!) Algebra nur noch größer werden.

2. Dobriner[1]) und Thaer-Lony[2]) beweisen zuerst den Satz vom Sehnenviereck, wobei sie ebenfalls drei Fälle unterscheiden müssen, von denen

1) Leitfaden der Geometrie, Leipzig 1898.

2) Lehrbuch der Mathematik, Ausgabe B, I, Breslau 1915.

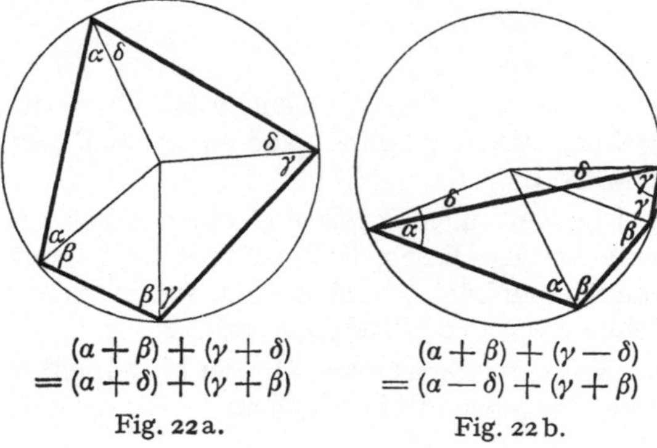

Fig. 22a. Fig. 22b.

der dritte — der Kreismittelpunkt liegt außerhalb des Vierecks — leichter verständlich ist als der Euklidische dritte Fall. (In Figur 22 sind nur zwei Fälle gezeichnet.)

3. Beinhorn[1]) beweist auf Grund des Satzes: Bogen zwischen parallelen Sehnen sind gleich, und seiner Umkehrung den Satz von der Gleichheit der Umfangswinkel über einem gegebenen Bogen. (Es ist (Fig. 23) $\widehat{AA'} = \widehat{A'D} = \widehat{BB'} = \widehat{CC'} = \frac{1}{2}\widehat{AD}$, also $\alpha' = \alpha$; ferner $A'B' \parallel DB$, $A'C' \parallel DC$, also $\alpha' = \delta$.) Er hat keine Fallunterscheidungen nötig, muß aber die zwei Hilfssätze vorausnehmen.

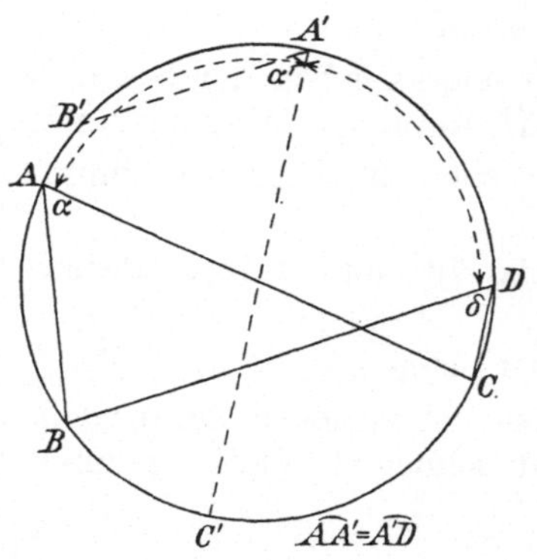

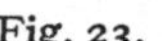

Fig. 23.

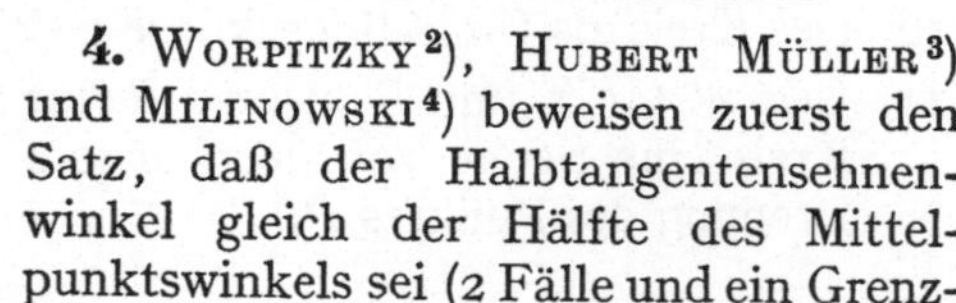

4. Worpitzky[2]), Hubert Müller[3]) und Milinowski[4]) beweisen zuerst den Satz, daß der Halbtangentensehnenwinkel gleich der Hälfte des Mittelpunktswinkels sei (2 Fälle und ein Grenzfall) und dann die Gleichheit von Umfangswinkel und halbem Mittelpunktswinkel. ($\sphericalangle BAC = \sphericalangle BAT - \sphericalangle CAT = \frac{1}{2} \sphericalangle BMA$ [Bogen $\widehat{BCA}$] $- \frac{1}{2} \sphericalangle CMA = \frac{1}{2} \sphericalangle BMC$). Der Beweis erfordert drei Figuren, aber nur einen Text. (In Fig. 24 ist nur ein Fall gezeichnet.)

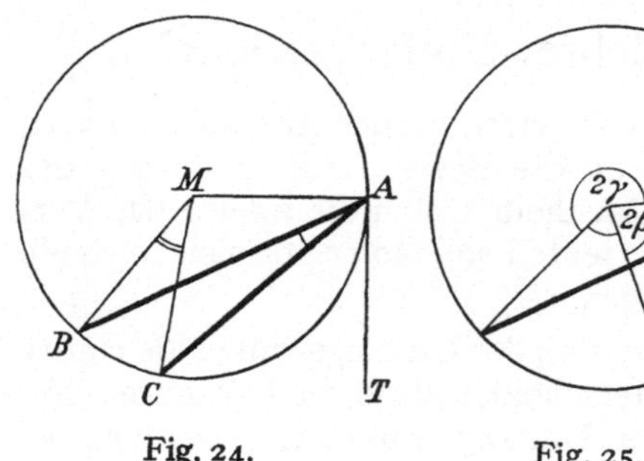

Fig. 24. Fig. 25.

1) Lehrbuch der Mathematik, Ausgabe A, 1. Teil, Unterstufe I, Berlin 1915.

2) Elemente der Mathematik, 3. Heft, Planimetrie, Berlin 1874.

3) Die Elemente der Planimetrie, Metz 1888.

4) Die Geometrie für Gymnasien und Realschulen, 1. Teil, Planimetrie, Leipzig 1881.

5. Henrici-Treutlein [1]) beginnen wie die vorigen, beweisen aber den zweiten Satz, indem sie die ganze Tangente ziehen. Auch sie brauchen drei Figuren, aber nur einen Text. (In Fig. 25 ist nur ein Fall gezeichnet.)

6. König und Freise [2]) machen den ersten Satz von Nr. 4 dadurch überflüssig, daß sie auch noch in B und C die Tangenten ziehen. Sie brauchen nur noch eine Figur und der Beweis kann ganz in Worten, d.h. ohne algebraische Zeichen dargestellt werden. Ihnen schließt sich unser Lehrgang an.

Lehrgang.

°(1) Satz von der Tangente. (II. Kapitel, 1. Abschnitt (7).)

°(2) Begriff des *Halbtangentensehnenwinkels*. Satz. Jede Sehne bestimmt vier paarweise gleiche Halbtangentensehnenwinkel (Fig. 26).

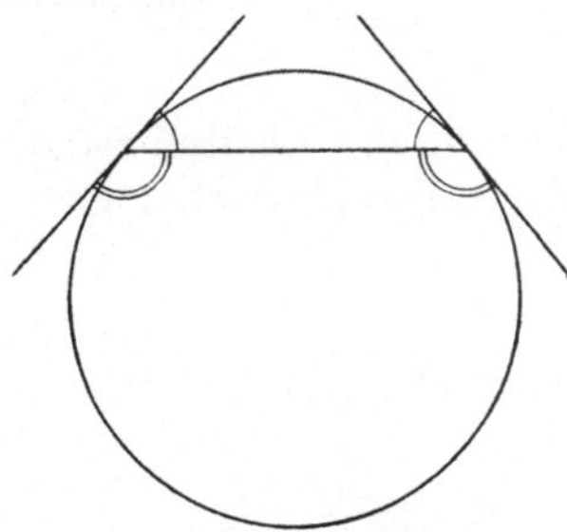

Fig. 26.

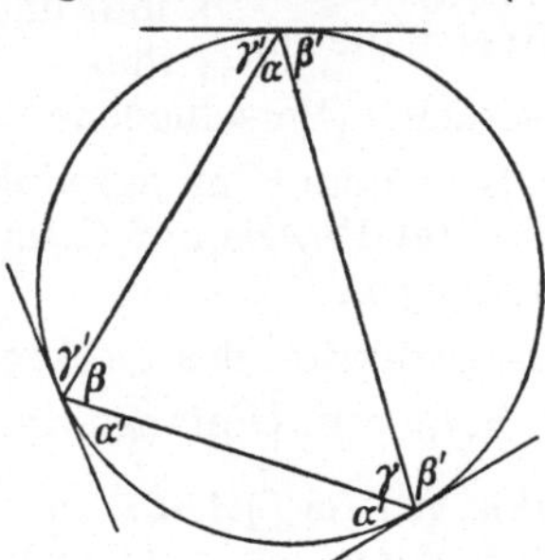

Fig. 27.

(3) Satz. Ein Sehnendreieck bestimmt sechs paarweise gleiche Halbtangentensehnenwinkel. Jedes Paar ist gleich dem nicht anliegenden Dreieckswinkel.

Bew. (Fig. 27) Die Summe aller 9 bezeichneten Winkel ist 6 R. Nimmt man die Dreieckswinkel fort, so bleibt $2\alpha' + 2\beta' + 2\gamma' = 4$ R oder $\alpha' + \beta' + \gamma' = 2$ R. Aber es ist auch $\alpha + \beta' + \gamma' = 2$ R.
Daraus folgt $\alpha' = \alpha$.

°(4) Begriff des Umfangswinkels. Satz. Zu einem Umfangswinkel gehört ein Bogen, über dem er steht, und eine Sehne. Zu einem Bogen gehören beliebig viele Umfangswinkel, die über ihm stehen. Zu einer Sehne gehören zweimal beliebig viele Umfangswinkel.

°(5) 1. Satz vom Umfangswinkel. Andere Form von (3). Satz vom Halbtangentensehnenwinkel. Der Winkel zwischen einer Sehne und einer Halbtangente ist gleich dem Umfangswinkel über dem zwischen ihnen liegenden Bogen.

---

1) Lehrbuch der Elementargeometrie, 1. Teil, Leipzig 1910.

2) ZMNU 52, 1921, S. 73 u. 260.

°(6) 2. Satz vom Umfangswinkel. Gleichheit der Umfangswinkel über einem Bogen.

(7) Sehnenvieleck mit allen möglichen Umfangswinkeln.

°(8) 3. Satz vom Umfangswinkel. Umfangswinkel $= \frac{1}{2}$ Mittelpunktswinkel.

°(9) 4. Satz vom Umfangswinkel. Satz des Thales.

°(10) 5. Satz vom Umfangswinkel. Satz vom *Sehnenviereck*. Zwei Fassungen. Zweite Fassung: Im Sehnenviereck ist ein Außenwinkel gleich dem Gegenwinkel seines Innenwinkels.

(11) Satz. Ein Winkel, dessen Scheitel $\left\{\begin{array}{c}\text{innerhalb}\\ \text{außerhalb}\end{array}\right\}$ eines Kreises liegt, ist gleich der $\left\{\begin{array}{c}\text{Summe}\\ \text{Differenz}\end{array}\right\}$ der Umfangswinkel über den Bogen, die von $\left\{\begin{array}{l}\text{ihm und seinem Scheitelwinkel}\\ \text{ihm}\end{array}\right\}$ ausgeschnitten werden. (Verschiedene Figuren.)

°(12) 6. Satz vom Umfangswinkel. Umkehrung des zweiten Satzes. Indirekter Beweis auf Grund von (11). 5. geometrischer Ort. *Faßkreisbogen.*

°(13) Konstruktion des Faßkreisbogens.

°(14) 7. Satz vom Umfangswinkel. Umkehrung des 5. Satzes.

Bew.[1]) (Fig. 28.) Im $\square ABCD$ sei $\alpha + \gamma = \beta + \delta$. Wir tragen an AB in A den $\sphericalangle \beta$, an DC in D den $\sphericalangle \gamma$ an. Dann entstehen die gleichschenkligen Dreiecke EAB und FCD, deren Achsen die $\sphericalangle E$ und F halbieren. Nun folgt aus $\alpha - \beta = \delta - \gamma$, daß auch $\triangle GAD$ gleichschenklig ist. Seine Achse halbiert den $\sphericalangle G$. Die drei Achsen sind die Winkelhalbierenden des $\triangle EFG$, schneiden sich somit in einem Punkt M, für den $\overline{MA} = \overline{MB} = \overline{MC} = \overline{MD}$ ist.

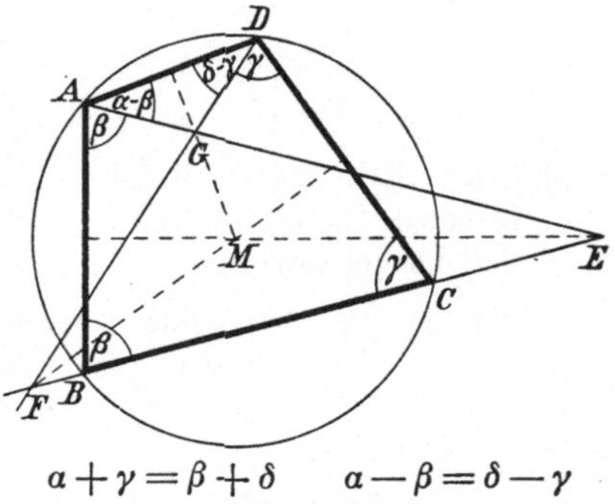

$\alpha + \gamma = \beta + \delta \qquad \alpha - \beta = \delta - \gamma$

Fig. 28.

(15) Welche besonderen Vierecke sind Sehnenvierecke?

°(16) 8. Satz vom Umfangswinkel. Zu gleichen Umfangswinkeln gehören gleiche Sehnen.

°(17) 9. Satz vom Umfangswinkel. Zusammenfassung.

(a) Zu einem Kreis und einer Sehne gehören der Größe nach zwei Umfangswinkel, deren Summe $2R$ ist.

(b) Zu einem Kreis und einem Umfangswinkel gehört der Größe nach eine Sehne.

---

1) Thaer-Lony a. a. O. S. 60.

(c) Zu einem Umfangswinkel und einer Sehne gehört der Größe nach ein Kreis.

Wir unterlassen es hier, Aufgaben anzugeben. Unter den zahlreichen im Unterricht zu lösenden darf aber jedenfalls die Snelliussche nicht fehlen (Viereck aus $a, b, \beta, \sphericalangle (c, f), \sphericalangle (d, f)$).

Dritter Abschnitt.

Dritter Teil der Kreislehre: Berührung.

Lehrgang.

Ein Kreis.

°(1) 1 Satz von der Berührung. Satz von der *Tangente.* (2. Abschnitt (1).) Die von einem Kreis und einer Tangente gebildete Figur hat eine Achse. Diese geht durch den Kreismittelpunkt und den Berührungspunkt und steht senkrecht auf der Tangente.

°(2) 1. Grundaufgabe. Tangente in einem Kreispunkt.

(3) Aufgaben. Tangenten parallel und senkrecht zu einer Geraden.

°(4) Umkehrung der 1. Grundaufgabe. 6. geometrischer Ort. Ort der Mittelpunkte aller Kreise, die eine Gerade g oder einen $\odot (M, r)$ im Punkt B berühren.

(5) $\odot$ aus P auf g und Q.

(6) $\odot$ aus P auf $\odot (M, r)$ und Q.

*(7) $\odot$ aus P, $\odot (M, r)$ und $\odot (M', r)$.

*(8) $\odot$ aus P, $\odot (M, r)$ und $\odot (M', r')$.

*(9) $\odot$ aus P auf g und $\odot (M, r)$.

*(10) Einen Kreis zu beschreiben, der drei gleiche Kreise berührt, deren Mittelpunkte ein gleichseitiges Dreieck bilden. (Besonders schöner Fall des Kreisberührungsproblems, 3 Figuren.)

°(11) 7. geometrischer Ort. Ort der Mittelpunkte aller Kreise vom Radius ϱ, die (a) durch einen Punkt gehen, (b) eine Gerade berühren, (c) einen Kreis berühren.

(12) Problem. $\odot$ aus ϱ, $\odot (M, r)$ und $\odot (M', r')$.

Dieses Problem, das reichlichen Stoff für das Linearzeichnen liefert und sehr einfach zu sein scheint, gibt in Wahrheit zu einer langwierigen Determination Anlaß, vollends, wenn man die Grenzfälle hinzunimmt, in denen einer oder beide Kreise zu Punkten oder Geraden werden.

°(13) 2. Grundaufgabe. Tangenten von einem Punkt an einen Kreis.

Für diese Aufgabe gibt es vier Lösungsarten. Der Zeichner wird die Tangenten stets durch Anlegen des Lineals an den Kreis, ihre Berührungspunkte durch Lote vom Kreismittelpunkt auf die Tangente finden.

Euklid hat im 3. Buch seiner Elemente, Satz 17, eine Konstruktion angegeben, die nur auf der Dreieckskongruenz beruht, also auch in den beiden nichteuklidischen Geometrien gilt (Fig. 29). Sie ist fast vollständig verdrängt worden von der Konstruktion des Clavius (1537—1612) mittels des Thaleskreises (Fig. 30), die nur in der Euklidischen Geometrie

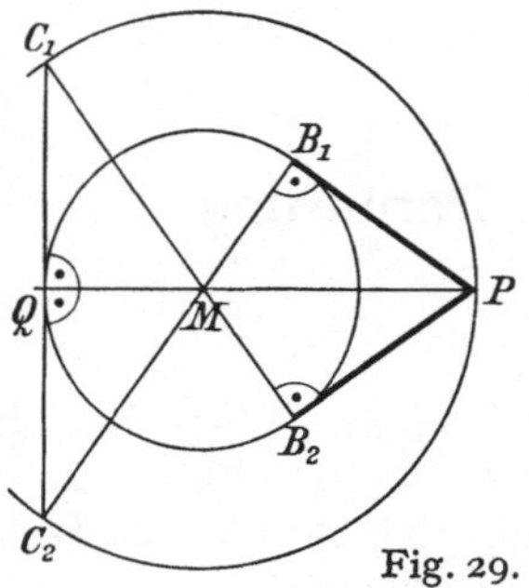

Fig. 29.

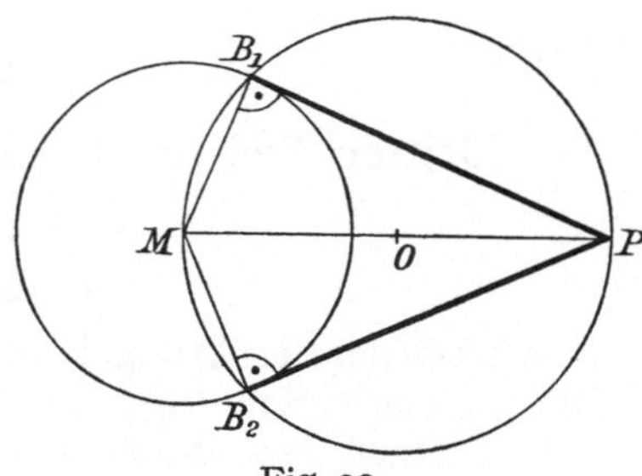

Fig. 30.

gilt, da nur in ihr der Satz des Thales richtig ist. Eine weitere Konstruktion, die wiederum in allen drei Geometrien gilt, hat A. Tellkampf in seiner Vorschule der Mathematik, Berlin 1829, angegeben (Fig. 31).

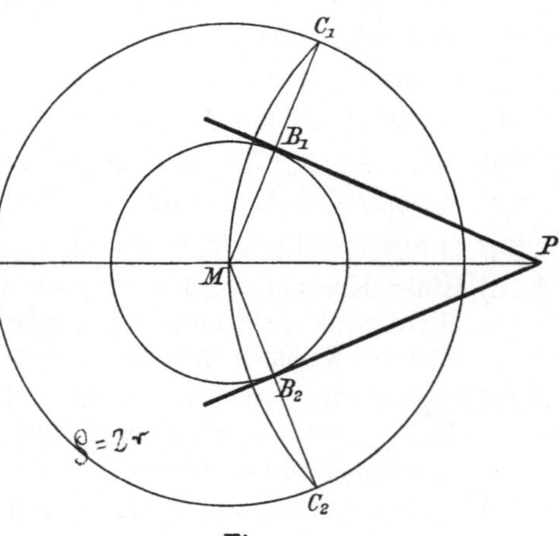

Fig. 31.

°(14) 2. Satz von der Berührung. Tangentenabschnitte von einem Punkt.

°(15) Andere Form des 2. geometrischen Orts. Ort der Mittelpunkte aller Kreise, die zwei Gerade g und h berühren. Besonderer Fall: $g \parallel h$.

(16) ⊙ aus P auf g, h.

*(17) ⊙ aus P auf ⊙ (M, r), und g.

(18) Dreiecksaufgaben, die (15) benützen, z. B. △ aus b, α, ϱ; a, h_b, ϱ_a; β, h_c, ϱ_a.

(19) Tangentenvierecksaufgaben, die (21) nicht benützen, z. B. Tangentenviereck aus a, b, α, β; a, e, ϱ, α; $\varrho, \alpha, \beta, \gamma$.

°(20) 3. Satz von der Berührung. *Tangentenviereck.*

*Drei Figuren und zwei Sätze, je nachdem das Viereck ein gewöhnliches, eines mit einem erhabenen Winkel oder ein überschlagenes ist.

°(21) 4. Satz von der Berührung. Umkehrung des 3. Satzes.

Bew.[1]) (Fig. 32.) Im □ $ABCD$ sei $a + c = b + d$. Wir tragen auf $\overline{BC}$ die Strecke $\overline{BE} = a$ und auf $\overline{DC}$ die Strecke $\overline{DF} = d$ ab und erhalten die gleichschenkligen Dreiecke BAE und DAF, deren Achsen die Seiten $\overline{AF}$ und $\overline{AE}$ halbieren. Nun folgt aus $c - d = b - a$, daß auch △ CEF gleichschenklig ist. Seine Achse halbiert $\overline{EF}$. Die drei Achsen sind also die Mittellote des △ AEF, schneiden sich somit in einem Punkte M, der von allen vier Seiten gleiche Abstände hat.

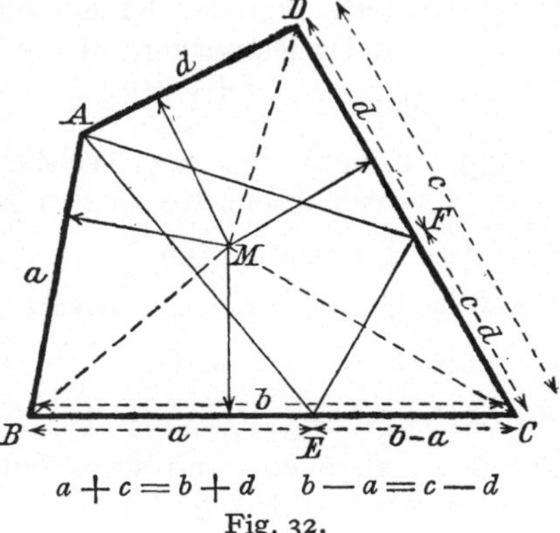

$a + c = b + d \qquad b - a = c - d$

Fig. 32.

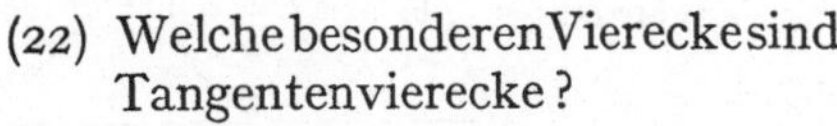

(22) Welche besonderen Vierecke sind Tangentenvierecke?

(23) Tangentenvierecksaufgaben, die (21) benützen, z. B. Tangentenviereck aus a, b, c, α; a, d, e, b.

Zwei Kreise.

(24) Lage zweier Kreise zueinander.
Satz. Die von zwei Kreisen gebildete Figur besitzt (mindestens) eine Achse.

*(25) 3. Grundaufgabe. Gemeinsame äußere Tangenten zweier Kreise.

*(26) 4. Grundaufgabe. Gemeinsame innere Tangenten zweier Kreise.

Bei (25) und (26) können die Konstruktionen mit Zirkel und Lineal auch übergangen werden, da man in der Praxis die Tangenten stets durch Anlegen des Lineals zeichnen wird.

(27) 5. Satz von der Berührung. Tangentenabschnitte der äußeren Tangenten oder der inneren Tangenten zwischen den Berührungspunkten oder zwischen den Schnittpunkten.

(28) 6. Satz von der Berührung. Die Abschnitte der äußeren Tangenten zwischen den Berührungspunkten sind gleich den Abschnitten der inneren Tangenten zwischen den Schnittpunkten.

*(29) 7. Satz von der Berührung. Äußere Abschnitte einer inneren Tangente.

*(30) 8. Satz von der Berührung. Die Abschnitte der inneren Tangenten zwischen den Berührungspunkten sind gleich den Abschnitten der äußeren Tangenten zwischen den Schnittpunkten.

(31) In- und Ankreise eines Dreiecks. Besonderer Fall: *Einend* (Dreieck mit einer unendlich fernen Ecke).

(32) Der 6. Satz von der Berührung als Dreieckssatz. Eine Dreiecksseite ist gleich den Tangentenabschnitten auf den beiden andern Seiten zwischen den Berührungspunkten des Inkreises und des zur ersten Seite gehörigen Ankreises.

---

1) Thaer-Lony a. a. O. S. 69.

(33) Dreiecksaufgaben, welche die Sätze (27) bis (30) benützen, z. B. $\triangle$ aus a, ϱ, ϱ_a; a, α, ϱ; * a, ϱ_b, ϱ_c.

(34) 9. Satz von der Kreisberührung. Die Tangentenabschnitte von den Dreiecksecken an die gegenüberliegenden Ankreise sind alle gleich $s = \frac{a+b+c}{2}$.

(35) 10. Satz von der Kreisberührung. Tangentenabschnitte an den Inkreis.

1. Bew. Aus (32) und (34).

2. Bew. (Fig. 33.) Dreieck als Grenzfall des Tangentenvierecks[1]): $\overline{AF} + \overline{BC} = \overline{BF} + \overline{AC} = \frac{u}{2} = s$, $\overline{AF} = s - a$.

3. Bew. Algebraisch aus dem System $y + z = a$, $z + x = b$, $x + y = c$.

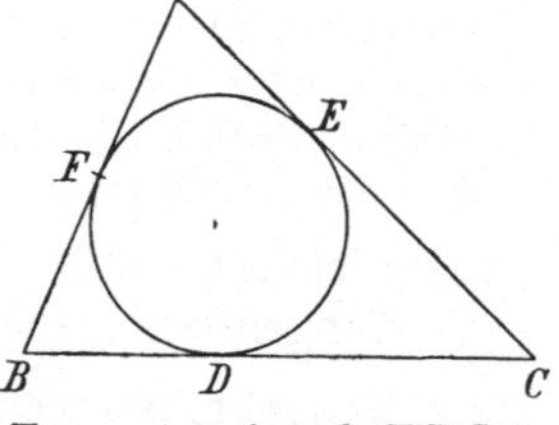

Tangentenviereck $FBCA$

Fig. 33.

(36) Dreiecksaufgaben, welche die Sätze (34) und (35) benützen, z. B. $\triangle$ aus s, α, ϱ; s, w_α, α; h_a, s, α.

Vierter Abschnitt.

Erster Teil der Flächenlehre: Allgemeine Flächensätze.

§ 1. Der Begriff Flächeninhalt.

1. Euklid hat den Begriff *Flächeninhalt* als einen Größenbegriff aufgefaßt, der, an sich klar, nur den fünf Euklidischen Axiomen[2]) genügen muß. Unter diesen Axiomen sagt das letztere: „Und das Ganze ist größer als sein Teil" gegenüber den Axiomen eines heutigen Axiomensystems etwas Neues aus und es wird dadurch der Anschein erweckt, als sei zur Begründung der Lehre vom Flächeninhalt ein weiteres Axiom nötig. Daß das nicht der Fall ist, gehört zu den wichtigsten Ergebnissen der modernen Axiomatik.

2. Die erste Frage ist: Wann sagen wir von zwei Flächen, sie seien *flächengleich*? Zwei Fälle erscheinen unmittelbar klar: (a) Kongruente Flächen sind flächengleich. (b) Flächen, die in paarweise kongruente zerlegbar sind, sind flächengleich. Somit wäre alles auf die Aufgabe zurückgeführt, zwei Flächen, deren Gleichheit man nachweisen will, in paarweise kongruente Stücke zu zerlegen. Da erhebt sich aber die zweite Frage: Ist das möglich? Die Antwort lautet: Wenn man die Axiome der Lage und die bis jetzt verwendeten Axiome des Maßes voraussetzt, ist es *nicht* möglich. Es muß vielmehr noch ein weiteres Maßaxiom dazukommen, das erste der *Hilbertschen Stetigkeitsaxiome*, das fälschlicher-

---

1) Worpitzky a. a. O. S. 222.

2) S. Anhang.

weise den Namen des ARCHIMEDES (287—212) trägt und statt seiner den Namen des EUDOXUS VON KNIDOS (410?—356?) tragen sollte. Es lautet in der Fassung von HILBERT:[1])

[20'] Es sei A_1 ein Punkt auf einer Geraden zwischen den Punkten A und B. Liegt A_1 zwischen A und A_2, A_2 zwischen A_1 und A_3, A_3 zwischen A_2 und A_4 u. s. w., so daß $\overline{AA_1} = \overline{A_1A_2} = \overline{A_2A_3} = \cdots$ ist, dann gibt es einen Punkt A_n, daß B zwischen A und A_n liegt.

Man kann aber sogar ohne [20'] auskommen, wenn man den Begriff der Flächengleichheit etwas erweitert. Nennt man mit Hilbert zwei Flächen, die in paarweise kongruente Stücke zerlegt werden können, *zerlegungsgleich*, so wird man zwei Flächen auch dann noch *flächengleich* nennen, wenn sie zwar nicht selbst zerlegungsgleich sind, sich aber wenigstens als *Differenzen* zerlegungsgleicher Flächen darstellen lassen. Das tut schon Euklid, wenn er beim Beweise seines ersten Flächensatzes (Buch I der Elemente, Satz 35) die Flächengleichheit zweier Parallelogramme dadurch nachweist, daß er von beiden dasselbe Flächenstück wegnimmt. Hilbert beschränkt[2]) den Ausdruck flächengleich auf zwei zerlegungsgleiche Flächen und nennt solche Flächen, die sich als Differenz zerlegungsgleicher Flächen darstellen lassen, *inhaltsgleich*. Wir wollen die Begriffe *zerlegungsgleich* und *inhaltsgleich* in der Bezeichnung *flächengleich* zusammenfassen.

3. Nun erhebt sich aber eine dritte Frage. Da es, wie Beispiele zeigen, möglich ist, zerlegungsgleiche Vielecke nicht bloß auf eine Art in kongruente Teile zu zerschneiden, ist dann der „Flächeninhalt" der auf verschiedene Weise zerlegten Figuren stets derselbe? Derjenige, der den Begriff „Flächeninhalt" als etwas in aller seiner Veränderungsfähigkeit doch Handgreifliches betrachtet, wird das als selbstverständlich bezeichnen. Aber für uns ist der Begriff Flächeninhalt so lange noch etwas „Unbegriffenes", als er nicht durch eine scharfe Definition an die vorhandenen geometrischen Begriffe angeschlossen ist. Das gelingt nun folgendermaßen: Man ordnet einem Dreieck das halbe Produkt aus einer Seite und der zugehörigen Höhe als Inhaltsmaß zu und beweist der Reihe nach: (a) Zerlegt man ein Dreieck in eine endliche Anzahl von Teildreiecken, so ist die Summe von deren Inhaltsmaßen gleich dem Inhaltsmaß des Dreiecks. (b) Die Summe der Inhaltsmaße endlich vieler Dreiecke, in die man ein Vieleck zerlegen kann, ist von der Art der Zerlegung unabhängig. Man definiert dann das Inhaltsmaß eines Vielecks als Summe der Inhaltsmaße der Dreiecke, in die das Vieleck bei einer beliebigen Zerlegung zerfällt, und beweist weiter: (c) Inhaltsgleiche Vielecke haben gleiches Inhaltsmaß, und die Umkehrung: (d) Zwei Vielecke von gleichem Inhaltsmaß sind inhaltsgleich. Damit ist gezeigt, daß der mathematische Be-

---

1) Grundlagen der Geometrie, 3. Aufl. 1909, S. 22.

2) a. a. O. S. 57.

griff *Inhaltsmaß* den naiven Begriff *Flächeninhalt* in allen mathematischen Fragen ersetzen kann und muß, und damit ist die Flächenlehre ohne ein neues Axiom, ja selbst ohne ein Stetigkeitsaxiom begründet, — falls noch eine vierte Frage beantwortet ist:

4. Das Inhaltsmaß eines Dreiecks war als halbes Produkt seiner Grundlinie und Höhe erklärt. Was versteht man unter dem „Produkt zweier Strecken"? Die naive Antwort lautet: das Produkt ihrer Maßzahlen. Dann setzt der Begriff des *Streckenprodukts* aber die Theorie des Messens von Strecken voraus. Diese wird uns erst im 6. Abschnitt beschäftigen. Dort werden wir sehen, daß zwar die schulgemäße Art des Messens das Eudoxische Postulat voraussetzt, daß sich aber auch ohne dieses Postulat eine Theorie des Messens aufbauen läßt. Erst dann ist erwiesen, daß die Flächenlehre unabhängig von jedem Stetigkeitsaxiom ist. Darum werden wir auch das Flächenproblem im 6. Abschnitt nochmals aufnehmen.

Im Lehrgang des 4. und 5. Abschnitts verstehen wir unter dem Produkt zweier Strecken das Produkt ihrer Maßzahlen. Dabei sind, wie im ganzen seitherigen Lehrgang, die vorkommenden Strecken gewöhnlich durch ihre rational angenommenen Maßzahlen gegeben. Ist aber eine gezeichnet vorliegende Strecke zu messen, so soll das ebenfalls wie seither in naiver Weise, d. h. mit einer gewissen Genauigkeit geschehen, so daß sich die Maßzahl als eine rationale Näherungszahl ergibt.

Theoretisch betrachtet brauchte ja im seitherigen Lehrgang nirgends von einer Maßzahl die Rede zu sein, während im folgenden Lehrgang auch theoretisch Maßzahlen unvermeidlich sind. Theoretisch sollte also die Lehre vom Flächeninhalt erst hinter der Lehre von der Verhältnisgleichheit der Strecken kommen. Aber praktisch ist sie leichter als diese und wird mit Recht vor ihr durchgenommen.

§ 2. Lehrgang.

°(1) Erklärung. Eine Fläche *messen* heißt angeben, wie oft eine Flächeneinheit in ihr enthalten ist.

°(2) Flächeninhalt des Quadrats.

°(3) Flächeninhalt des Rechtecks.

Bei (2) und (3) ist sorgfältig auf den Fall einzugehen, wo die Maßzahlen der Seiten Brüche, insbesondere endliche Dezimalbrüche sind.

°(4) Flächeninhalt des rechtwinkligen Dreiecks.

Während man die Fläche des Quadrats und Rechtecks auf Grund der Erklärung (1) bestimmen konnte, ist das bei der Fläche des rechtwinkligen Dreiecks nicht mehr möglich. Die Lösung des Rätsels — ein Ei des Kolumbus — besteht darin, daß das Rechteck durch eine Eckenlinie halbiert wird.

(5) Flächeninhalt eines beliebigen Dreiecks } durch Zerlegung in
(6) Flächeninhalt eines beliebigen Vielecks } rechtwinklige Dreiecke.

°(7) 1. Satz von der Flächengleichheit. Trapeze von gleichen Mittelparallelen und Höhen sind flächengleich.

Bew. Man legt die Mittelparallelen aufeinander, dann fallen die Trapeze in den gleichen Streifen.

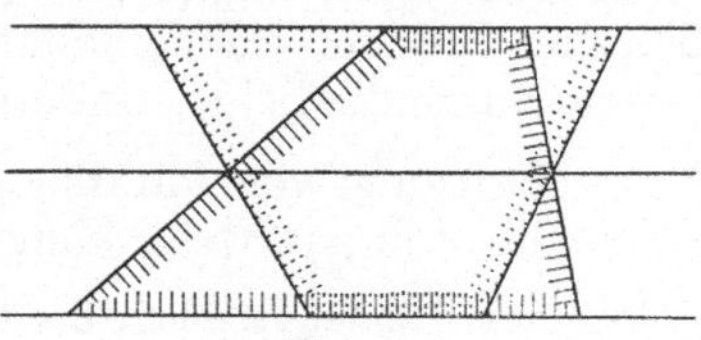
Fig. 34.

Es ist für den Schüler lehrreich, einmal an einem hinreichend einfachen Beispiel, wie den Sätzen von der Flächengleichheit, den allgemeinsten Satz zuerst bewiesen und aus ihm die andern Sätze als besondere Fälle abgeleitet zu bekommen (Fig. 34 gibt nur den einfachsten Fall an).

°(8) 2. Satz von der Flächengleichheit. Parallelogramme von gleichen Grundlinien und Höhen sind flächengleich.

°(9) 3. Satz von der Flächengleichheit. Dreiecke von gleicher Grundlinie und Höhe sind flächengleich (Beispiele: 35a u. b).

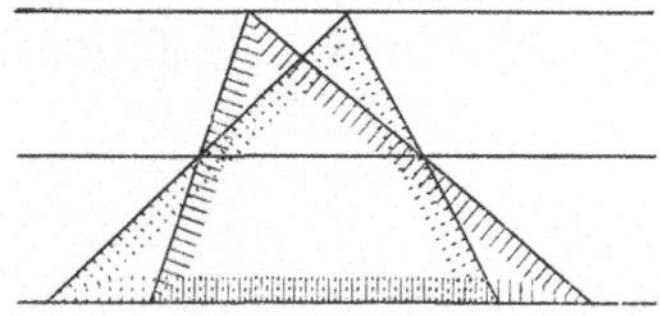
Fig. 35a.

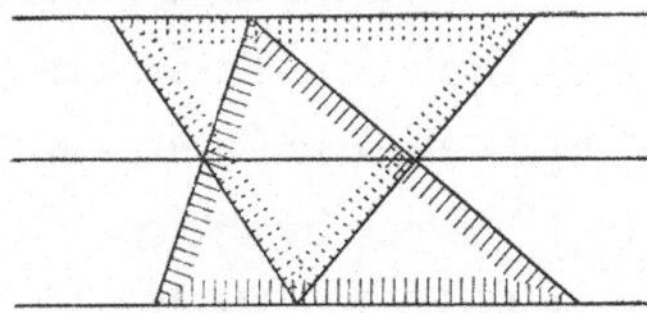
Fig. 35b.

(10) Ein Trapez in ein Rechteck zu verwandeln.

°(11) Flächeninhalt des Trapezes.

(12) Ein Parallelogramm in ein Rechteck zu verwandeln.

°(13) Flächeninhalt des Parallelogramms.

(14) Ein Dreieck in ein Rechteck zu verwandeln.

°(15) Flächeninhalt des Dreiecks. Allgemeine Formel.

°(16) 4. Satz von der Flächengleichheit. $\triangle = \frac{1}{2}$ Pgr.

*(17) Dreiecksinhalt $F = \varrho \cdot s = \varrho_a(s - a)$.
Zwei Beweise; der zweite nach Fig. 36 gehört der Ähnlichkeitslehre an.

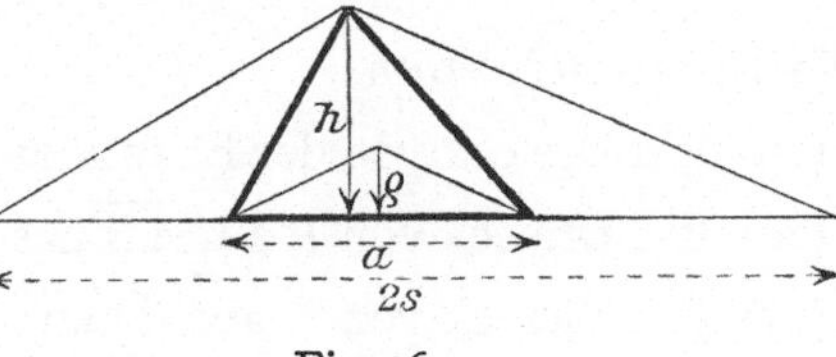

Fig. 36.

°(18) Der *Gnomonsatz*. (Satz von den Ergänzungsparallelogrammen.)[1]

Dieser berühmte und für den weiteren Aufbau der Geometrie (s. u. S. 93) so wichtige Satz darf nicht fehlen.

1) S.Q. Nr. 27.

^{0}(19) Umkehrung des 3. Satzes von der Flächengleichheit. 8. geometrischer Ort: Ort der Spitzen flächengleicher Dreiecke über derselben Grundlinie.

Es ist zweckmäßig, (9) und (19) auch in der Form auszusprechen: Von den drei Größen, Flächeninhalt, Grundlinie und Höhe eines Dreiecks ist je eine durch die beiden andern bestimmt.

*(20) Zerlegung von Parallelogrammen, Dreiecken und beliebigen Vierecken in paarweise kongruente Teile.

Der Leser findet reichlich Stoff bei GERWIEN, Zerschneidung jeder beliebigen Anzahl von gleichen geradlinigen Figuren in dieselben Stücke, Journal für die reine und angewandte Math. Bd. X, 1833, S. 228. GÖPEL, Über Teilung und Verwandlung einiger ebener Figuren, Archiv der Mathematik und Physik (1), 4, 1844, S. 237. SCHÖNEMANN, Die mechanische Verwandlung der Polygone, Progr. Soest 1884. GUSSEROW, Leitfaden für den Unterricht in der Stereometrie, Berlin 1885. SCHÖNEMANN, Über die gegenseitige mechanische Verwandlung gleicher Dreiecke und Parallelogramme mittels unmittelbarer Konstruktionen, Progr. Soest 1888. DOBRINER, Leitfaden der Geometrie, Leipzig 1898.

Verwandlungsaufgaben.

^{0}(21) Dreieck in Dreieck mit b. Zwei verschiedene Konstruktionen.

^{0}(22) Dreieck in Dreieck mit a, b.

(23) Viereck in Dreieck.

^{0}(24) Viereck in Rechteck.

(25) Vieleck in Rechteck.

(26) Dreieck in Dreieck mit h_a. Zwei verschiedene Konstruktionen.

^{0}(27) Parallelogramm in Parallelogramm mit a. Zwei verschiedene Konstruktionen, vgl. (21).

^{0}(28) Parallelogramm in Parallelogramm mit a, b.

Zahlreiche weitere Aufgaben.

Teilungsaufgaben.

(29) Ein Dreieck von der Ecke A aus (a) zu halbieren, (b) zu dritteln.

(30) Ein Dreieck von P auf $\overline{AB}$ aus (a) zu halbieren, (b) zu dritteln.

(31) Ein Viereck von A aus (a) zu halbieren, (b) zu dritteln.

(32) Ein Viereck von P auf $\overline{AB}$ aus (a) zu halbieren, (b) zu dritteln.

(33) Ein Dreieck von P im Innern aus zu halbieren, so daß $\overline{PA}$ ($\overline{PQ}$, Q auf $\overline{AB}$) Stück der Teilungslinie ist.

Weitere Aufgaben.

Fünfter Abschnitt.

Zweiter Teil der Flächenlehre: Flächensätze beim rechtwinkligen Dreieck und beim Kreis.

Lehrgang.

Die Satzgruppe des Pythagoras.[1])

°(1) Wortlaut des *Pythagoras*.

°(2) Besonderer Fall des gleichschenklig-rechtwinkligen Dreiecks mit Beweis.

°(3) Besonderer Fall des Dreiecks mit den Seiten 3, 4, 5 mit Beweis.

(4) Pythagoreische Zahlen.[2])

Hypotenuse	5	13	17	25	29	37	41	53
kl. Kathete	3	5	8	7	20	12	9	28
gr. Kathete	4	12	15	24	21	35	40	45
Hypotenuse	61	65	65	73	85	85	89	97
kl. Kathete	11	16	33	48	13	36	39	65
gr. Kathete	60	63	56	55	84	77	80	72

(5) Beweise des Pythagoras.[3])

Der pythagoreische Lehrsatz, kurz der Pythagoras, ist als wichtigster Satz der Elementargeometrie im Laufe der Zeiten auf sehr viel verschiedene Arten bewiesen worden, die neueste Zusammenstellung solcher Beweise führt deren 96 auf.[4]) Sieht man sie aber kritisch durch, so findet man, daß nur wenige von ihnen wesentlich verschieden sind. Die wesentlich verschiedenen aber lassen sich in folgende vier Gruppen einteilen, wobei wir wegen der Beweise selbst gemäß dem „Siehe!" der Inder auf die Figuren verweisen.[5])

1. Gruppe. Beweise mittels Flächenvergleichung (Verwandlungsbeweise[6])).

---

1) Vgl. auch Q. Nr. 28.

2) Näheres bei H. Rath, Die rationalen Dreiecke, Archiv d. Math. u. Phys. (1), 56, 1874, S. 188—224 und F. Gauß, Über die pythagoreischen Zahlen, Progr. Bunzlau 1894.

3) Vgl. zum Pythagoras auch das hübsche Bändchen von W. Lietzmann, Der pythagoreische Lehrsatz, Math.-phys. Bibl. Nr. 3, 3. Aufl. 1926 und Böttcher, ZMNU 52, 1921, S. 153.

4) Versluys, Zes en negentig bewijzen voor het theorema van Pythagoras, Amsterdam 1914.

5) Vgl. übrigens auch die Bemerkungen zum Pythagoras in drei Abh. von Ernst Müller im 10. u. 12. Band der Ann. der Naturphilosophie.

6) Nach Böttcher a. a. O.

°1. Beweis. Erster indischer Beweis. Der „Stuhl der Braut". Fig. 37. Kürzester Verwandlungsbeweis, der zu der Überdeckung Fig. 38 der Ebene Anlaß gibt. Durch zwei Viertelsdrehungen um B und C' folgt $\square C''BCC' = \text{Sechseck}\, A'''A''BAA'C' = \square A'''DA'C' + \square DA''BA$.

°2. Beweis. Zweiter indischer Beweis. Fig. 39.

*3. Beweis. TEMPELHOFF 1769. Fig. 40. Folgt aus dem 2. Beweis.

4. Beweis. Auf Grund des Kathetensatzes (6). Fig. 41.

2. Gruppe. Beweise mittels Flächenzerlegung (Zerschneid- oder Mosaikbeweise[1])).

°5. Beweis. ANNAIRIZI 900 n. Chr. Zerschneidung der Figur des 1. Beweises. Fig. 42. Zerlegt man in Fig. 42 die Vierecke 2 und 5 noch in Dreiecke, so zerfällt das Hypotenusenquadrat in Dreiecke. Daß dies die kleinste Zahl von Dreiecken ist, die bei einem Zerlegungsbeweis des Pythagoras vorkommen kann, hat H. BRANDES bewiesen.[2]) Er hat dazu den Begriff der *axiomatischen Einfachheit* eingeführt. Wird bei einem Beweise oder bei einer Aufgabe a_1-mal das Axiom A_1, a_2-mal das Axiom $A_2, \ldots$ a_n-mal das Axiom A_n verwendet, so ist $\overset{n}{\underset{i=1}{S}} a_i \cdot A_i$ das Symbol, $\overset{n}{\underset{i=1}{S}} a_i$ der Einfachheitsgrad des Beweises oder der Aufgabe.

*6. Beweis. EPSTEIN 1906.[3]) Fig. 43. Zerschneidung der Figur des 3. Beweises in Dreiecke.

*7. Beweis. GUTHEIL 1914.[4]) Fig. 44. Verallgemeinerung von (2).

*8. Beweis. PERIGAL 1830. Fig. 45.

3. Gruppe. Beweise mittels Berechnung.

*9. Beweis. BHASKARA, geb. 1114. Fig. 46. $a^2 = (b-c)^2 + 4\frac{bc}{2} = b^2 + c^2$.

*10. Beweis. HAWKINS 1909.[5]) Fig. 47. Viereck $B'BC'C = \triangle BC'B' + \triangle CB'C' = \frac{1}{2}\overline{BD} \cdot a + \frac{1}{2}\overline{DC} \cdot a = \frac{a^2}{2}$ oder $= \triangle AC'C + \triangle AB'B = \frac{b^2}{2} + \frac{c^2}{2}$.

---

1) Nach Böttcher a. a. O.

2) H. Brandes, Über die axiomatische Einfachheit mit besonderer Berücksichtigung der auf Addition beruhenden Zerlegungsbeweise des pythagoreischen Lehrsatzes, Diss. Halle 1908. Vgl. auch Bernstein, ZMNU 55, 1924, S. 204.

3) ZMNU 37, 1906, S. 27.

4) ZMNU 45, 1914, S. 564.

5) Math. Gaz. Okt. 1909.

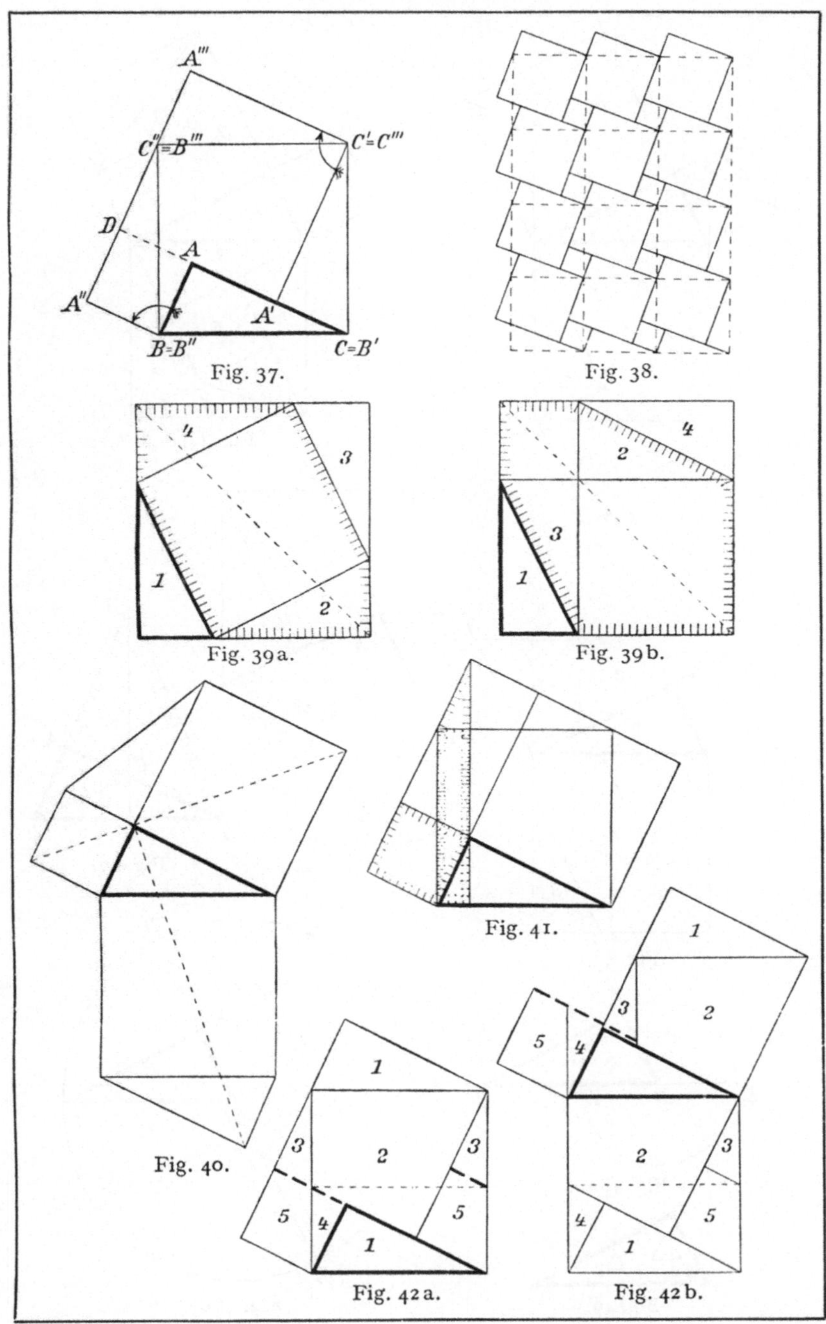

Fig. 37.

Fig. 38.

Fig. 39a.

Fig. 39b.

Fig. 40.

Fig. 41.

Fig. 42a.

Fig. 42b.

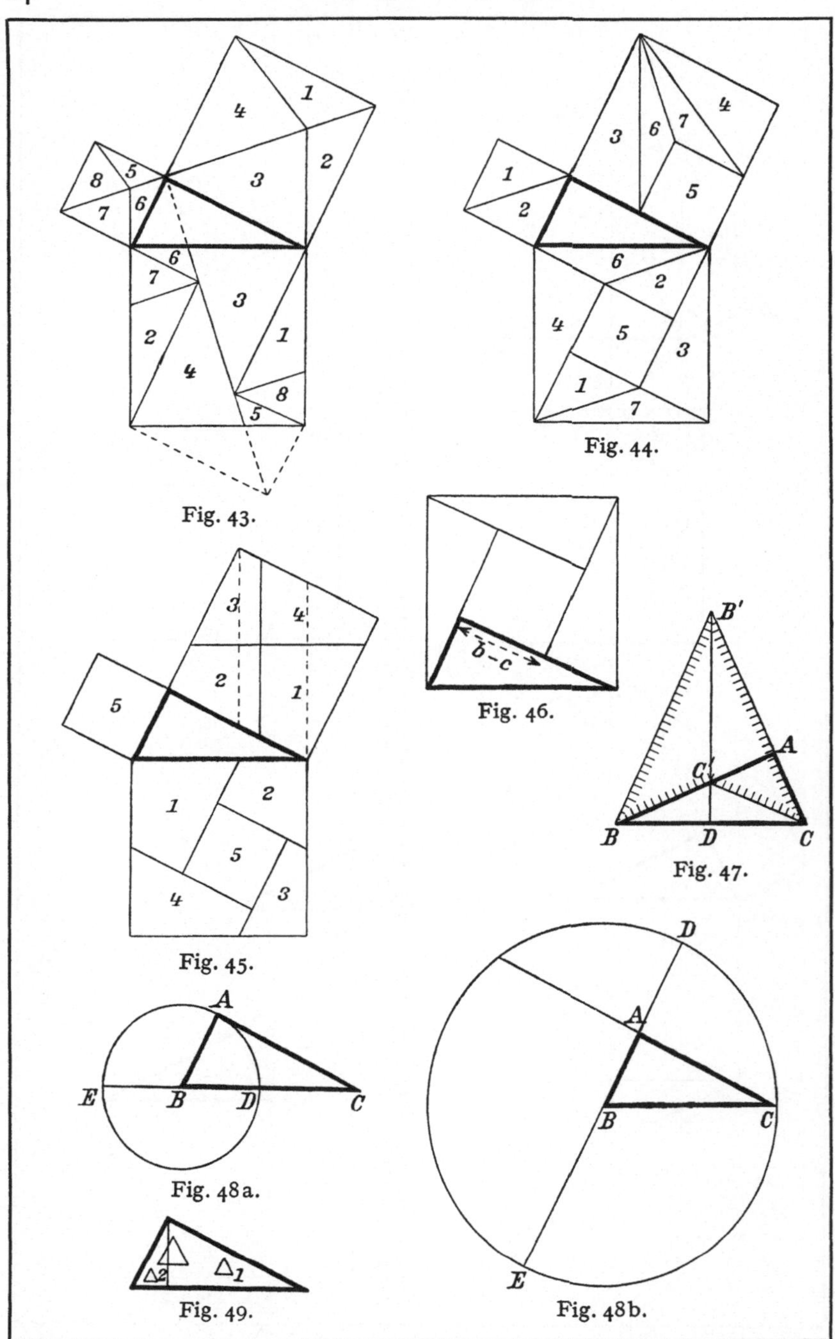

Fig. 43.

Fig. 44.

Fig. 45.

Fig. 46.

Fig. 47.

Fig. 48a.

Fig. 48b.

Fig. 49.

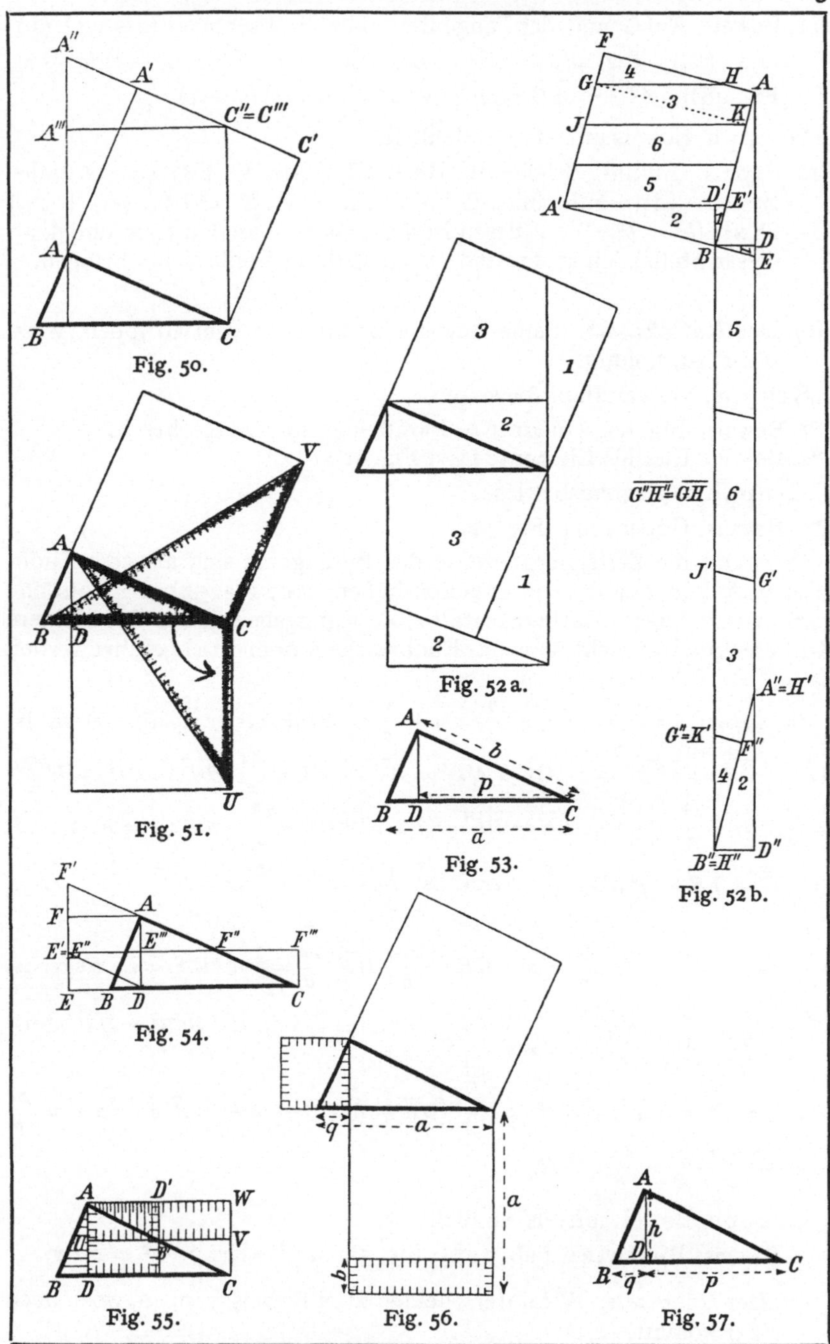

Fig. 50. Fig. 51. Fig. 52a. Fig. 52b. Fig. 53. Fig. 54. Fig. 55. Fig. 56. Fig. 57.

11. Beweis. Auf Grund des Tangenten- oder Halbsehnensatzes, vgl. (20) und (24), Fig. 48a: $\overline{AC}^2 = \overline{DC} \cdot \overline{EC}$ oder $b^2 = (a - c)(a + c)$, Fig. 48b: $\overline{AC}^2 = \overline{AD} \cdot \overline{AE}$ oder $b^2 = (a - c)(a + c)$.

4. Gruppe. Beweis mittels Ähnlichkeit.

12. Beweis. Euklid, Elemente Buch VI, Satz 8. Fig. 49. Genialer Beweis: eine Hilfslinie. $\triangle : \triangle_1 : \triangle_2 = a^2 : b^2 : c^2$, $\triangle : (\triangle_1 + \triangle_2) = a^2 : (b^2 + c^2)$. Von diesen Beweisen wird man den 1., 2. und 5. an dieser Stelle, den 4., 11. und 12. an späterer Stelle sicher bringen.

(6) Der *Kathetensatz*. Seine Beweise zerfallen in drei Gruppen, wozu noch (19) kommt.

1. Gruppe. Verwandlungsbeweise.

°1. Beweis. Fig. 50. Quadrat = Parallelogramm = Rechteck.

*2. Beweis. Euklids Elemente I 47. Fig. 51.

2. Gruppe. Zerlegungsbeweise.

*3. Beweis. Göpel 1844. Fig. 52.

Während die Zerlegungsbeweise des Pythagoras sich als vom Eudoxischen Axiom unabhängig erwiesen haben, läßt Fig. 52b die Tatsache vermuten, daß beim Kathetensatz der Zerlegungsbeweis für das kleinere Kathetenquadrat nicht ohne das Eudoxische Axiom durchgeführt werden kann.

In diesem Fall sei $c < b$, $\frac{b}{c} = n + \frac{r}{c}$ (Eudoxisches Axiom!). Dann ist $\overline{AB} = \overline{A'B} = \overline{A''B''} = c$, $\overline{AD} = \overline{A'D'} = \overline{A''D''} = h = \frac{bc}{a}$, $\overline{BD} = \overline{BD'} = \overline{B''D''} = \frac{c^2}{a}$, $\overline{BE} : \frac{c^2}{a} = a : b$, $\overline{BE} = \overline{BE'} = \overline{JG} = \overline{J'G'} = \frac{c^2}{b}$, $\overline{AE} : c = a : b$, $\overline{AE} = \overline{A'E'} = \overline{JK} = \overline{J'K'} = \frac{ac}{b}$. Ferner ist $\frac{\overline{BA}}{\overline{BE'}} = \frac{c}{\frac{c^2}{b}} = \frac{b}{c} = n + \frac{r}{c}$, $\frac{\overline{KA}}{\overline{BE'}} = \frac{r}{c}$, $\overline{KA} = \overline{FG} = \frac{rc}{b}$, $\overline{GH} : \frac{rc}{b} = a : c$, $\overline{GH} = \frac{ra}{b}$, $\overline{HF} : \frac{rc}{b} = b : c$, $\overline{HF} = r$. Weiter ist $\frac{\overline{BB''}}{\overline{AE}} = \frac{a}{\frac{ac}{b}} = \frac{b}{c} = n + \frac{r}{c}$, $\frac{\overline{G''H''}}{\overline{AE}} = \frac{r}{c}$, $\overline{G''H''} = \frac{ar}{b} = \overline{GH}$, $\overline{H''F''} = \overline{HF}$, $\overline{F''G''} = \overline{FG}$, $\overline{H'F''} = \overline{HA}$ und $\overline{G'H'} = a - (\overline{DE} + \overline{A''D''}) - (n - 1)\,\overline{A'E'} = a - n \cdot \frac{ac}{b} = a - \frac{b - r}{c} \cdot \frac{ac}{b} = \frac{ra}{b} = \overline{GH}$.

3. Gruppe. Beweis mittels Ähnlichkeit.

4. Beweis. Bhaskara, geb. 1114, Fig. 53. $a : b = b : p$, $b^2 = a \cdot p$.

(7) Der *Höhensatz*. Wir unterscheiden zwei Beweisgruppen, wozu noch (23) kommt.

1. Gruppe. Verwandlungsbeweise.

°1. Beweis. Fig. 54. Quadrat = Parallelogramm = Parallelogramm = Rechteck.

2. Beweis. Fig. 55. Mittels Gnomonsatzes.

*3. Beweis. Fig. 56. Mittels des Pythagoras und des Kathetensatzes.

2. Gruppe. Beweis mittels Ähnlichkeit.

4. Beweis. Fig. 57. $p : h = h : q$, $h^2 = p \cdot q$.

°(8) Grundaufgabe. Ein Rechteck in ein Quadrat zu verwandeln. 1. Konstruktion, mittels Kathetensatzes.

°(9) Dieselbe Aufgabe. 2. Konstruktion, mittels Höhensatzes.

(10) Ein Vieleck in ein Quadrat zu verwandeln. Bemerkung über die „Quadratur" des Kreises.

(11) Ein Quadrat zu ver-n-fachen.

(12) Ein Quadrat zu n-teln.

Die geometrische Entdeckung des Irrationalen.

(13) Die pythagoreische Entdeckung: $\sqrt{2}$.

°(14) Geometrische Konstruktionen von Quadratwurzeln. (a) mittels Höhen-, (b) mittels Kathetensatzes, (c) mittels Pythagoras.

°(15) Das gleichschenklig-rechtwinklige Dreieck. $a = b\sqrt{2}$, $b = \frac{a}{2}\sqrt{2}$.

°(16) Das gleichseitige Dreieck. $h = \frac{a}{2}\sqrt{3}$, $F = \frac{a^2}{4}\sqrt{3}$.

Die Satzgruppe des Sekantensatzes.

(17) Der *Sekantensatz*. Flächenbeweis nach Fig. 58.

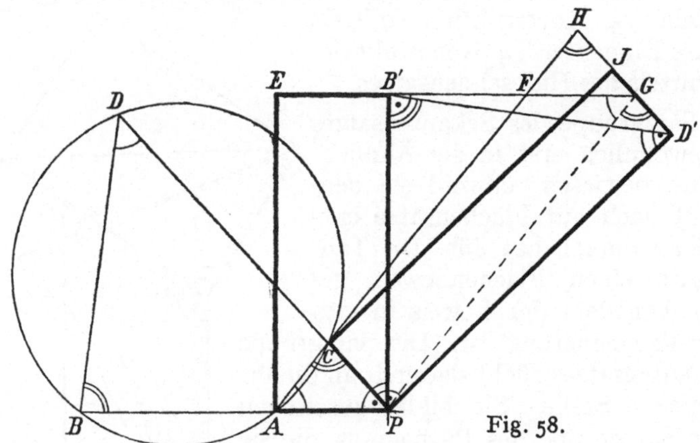

Fig. 58.

Es ist $\triangle B'PD' \cong \triangle BPD$, $ABDC$ und $B'PD'G$ sind Sehnenvierecke. Daher ist $\sphericalangle A = \sphericalangle D = \sphericalangle D' = \sphericalangle B'GP$ und $\sphericalangle C = \sphericalangle B = \sphericalangle B' = \sphericalangle D'GP$. Also sind $FAPG$ und $HCPG$ Parallelogramme. Nunmehr ist Rechteck $EAPB'$ = Pgr. $FAPG$ = Pgr. $HCPG$ = Rechteck $JCPD'$.

(18) Der Tangentensatz als besonderer Fall des Sekantensatzes.

(19) Der Kathetensatz als besonderer Fall des Tangentensatzes. Fig. 59.

(20) Der Pythagoras als besonderer Fall des Tangentensatzes. Siehe (5), 11. Beweis.

(21) Der Sehnensatz. Beweis entweder nach einer Figur analog der Fig. 58 oder nach Fig. 60 durch Zurückführung auf (17): $AB'D'C$ Sehnenviereck.

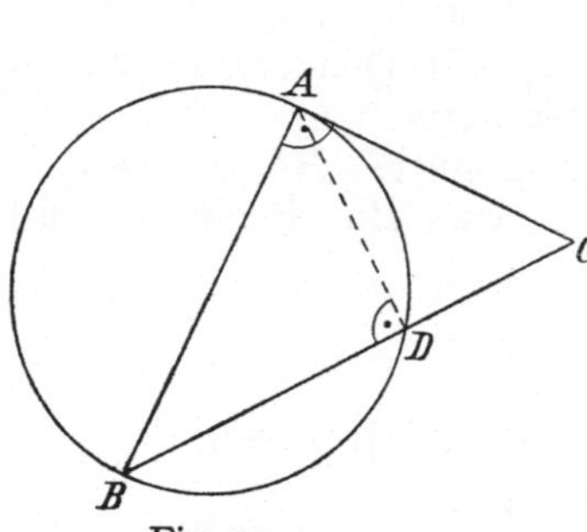

Fig. 59.

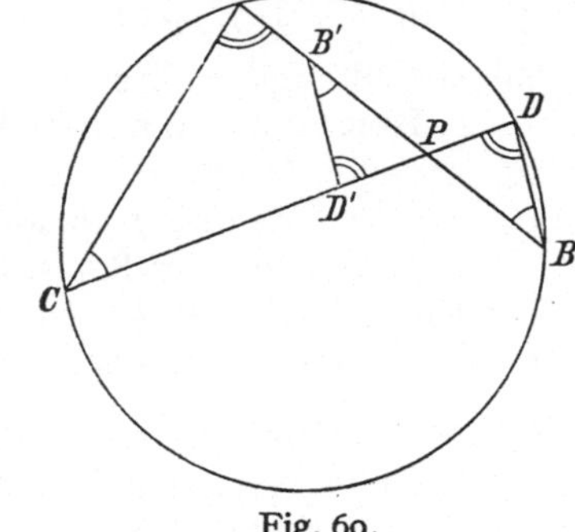

Fig. 60.

(22) Der Halbsehnensatz als besonderer Fall des Sehnensatzes. Fig. 61. $\overline{PA}^2 = \overline{PC} \cdot \overline{PD}$.

(23) Der Höhensatz als besonderer Fall des Halbsehnensatzes.

(24) Der Pythagoras als besonderer Fall des Halbsehnensatzes. Siehe (5), 11. Beweis.

(25) Ein Rechteck in ein Quadrat zu verwandeln. 3. Konstruktion, mittels des Tangenten-, 4. Konstruktion, mittels des Halbsehnensatzes.

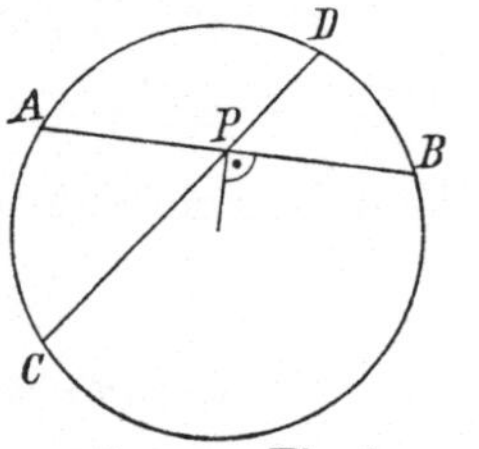

Fig. 61.

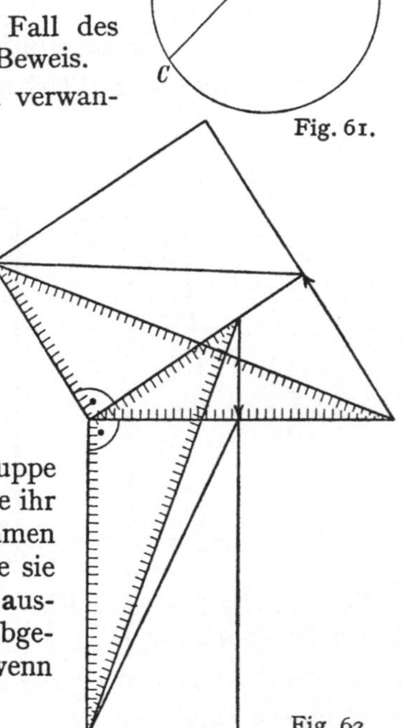
Fig. 62.

Die Satzgruppe des Sekantensatzes wird gewöhnlich erst in der Ähnlichkeitslehre bewiesen, obwohl sie dem Wortlaut nach nur Flächensätze enthält. KOMMERELL hat für den Tangentensatz einen Flächenbeweis gegeben[1]), von dem der Beweis in (17) die Verallgemeinerung ist. Die Satzgruppe des Sekantensatzes rückt dadurch an die ihr zukommende Stelle. Sie bildet zusammen mit der Satzgruppe des Pythagoras, die sie als besonderen Fall in sich enthält, ein ausgezeichnetes Beispiel einer in sich abgeschlossenen Theorie. Der Lehrer kann, wenn

1) 6. Beiheft zur ZMNU, S. 52.

er will, für das konstante Sekanten- oder Sehnenprodukt den Namen *Potenz* einführen. Doch gehört dieser Begriff m. E. erst auf die Oberstufe an die Stelle, wo aus der elementaren Geometrie die Inversionsgeometrie entspringt.

Der Projektionssatz.

*(26) Der *Projektionssatz* (Fig. 62.) Sein Beweis ist die Erweiterung des Euklidischen Beweises des Kathetensatzes.

*(27) Der erweiterte Pythagoras oder Kosinussatz. Er folgt durch dreimalige Anwendung des Projektionssatzes.[1])

Natürlich kann man den Projektionssatz auch an die Spitze des ganzen Abschnitts stellen, daraus den Kathetensatz und aus diesem erst den Pythagoras ableiten. Auf eine weitere Verallgemeinerung des pythagoreischen Satzes, den Lehrsatz des Pappus (Ende des 3. Jahrhunderts), gehen wir nicht ein.

Sechster Abschnitt.

Die Verhältnisgleichheit der Strecken.

§ 1. Die Proportionenlehre Euklids.

1. Die unheimlichste und folgenschwerste Entdeckung der pythagoreischen Schule ist das *Irrationale:* die Tatsache, daß es Streckenpaare ohne gemeinsames Maß, *inkommensurable* Streckenpaare gibt. Sie ist den Pythagoreern zuerst bei der Seite und Eckenlinie des Quadrats entgegengetreten als unmittelbare Folge des pythagoreischen Lehrsatzes. Bis dahin war es ja gerade der Kernpunkt ihrer Lehre gewesen, daß alle Dinge im Himmel und auf Erden sich durch die ganzen Zahlen messen lassen, einfache rationale Zahlenverhältnisse aufweisen. Sie hatten das auch bei den Strecken vorausgesetzt und darauf eine Lehre von den Streckenverhältnissen, eine *Proportionenlehre* gegründet, deren Abbild das VII. Buch der Euklidischen Elemente ist. Mittels dieser Proportionenlehre hatten sie geometrisches Neuland erobert und die Flächensätze beim rechtwinkligen Dreieck bewiesen. Mit der Entdeckung der $\sqrt{2}$ aber waren alle diese Beweise hinfällig, und es bedurfte neuer eindringender Gedankenarbeit, um die Gültigkeit der Sätze sicherzustellen. Es wird berichtet, Eudoxus von Knidos (410?—356?) habe diese Arbeit, wohl die tiefsinnigste mathematische Leistung der Griechen, vollbracht, und Euklid habe des Eudoxus Theorie der Proportionen sorgfältig ausgearbeitet und ergänzt als V. Buch in seine Elemente aufgenommen.

1) Man kann den erweiterten Pythagoras auch durch Verallgemeinerung der Figuren des 1. und 2. Beweises in (5) gewinnen. Vgl. dazu A. Witting, ZMNU 42, 1911, S. 158, R. Hunger, ZMNU 44, 1913, S. 379 und ZMNU 52, 1921, S. 160, E. Staiger-Klein, ZMNU 49, 1918, S. 347.

2. Von den Definitionen dieses Buches enthält die vierte ein nicht besonders ausgesprochenes Axiom: daß es überhaupt möglich ist, daß das Vielfache einer Größe eine andere übertrifft. Dieses Axiom, das Eudoxische, haben wir in der Hilbertschen Fassung schon oben S. 58 angegeben.[1]) Die fünfte Definition des V. Buches der Elemente ist die wichtigste. In modernen Zeichen lautet sie:

Zwei gleichartige Größen A und B haben das gleiche Verhältnis wie zwei (unter sich, aber nicht notwendig mit A und B) gleichartige Größen C und D, wenn der Beziehung $mA \gtreqless nB$ die Beziehung $mC \gtreqless nD$ für jedes Paar von ganzen Zahlen m und n entspricht.

Das ist nichts anderes als die Dedekindsche Definition der irrationalen Zahl. Gebraucht man zur Bezeichnung des Verhältnisses den Bruchstrich, so ist sowohl die Zeichenverbindung $\frac{A}{B}$ als die „Proportion" $\frac{A}{B} = \frac{C}{D}$ erklärt durch die Forderung, daß für $\frac{A}{B} \gtreqless \frac{m}{n}$ stets $\frac{C}{D} \gtreqless \frac{m}{n}$ sein soll, wo $\frac{m}{n}$ irgendeine rationale Zahl ist. Für alle rationalen Zahlen $\frac{m}{n}$, für welche $\frac{A}{B} > \frac{m}{n}$ ist, ist auch $\frac{C}{D} > \frac{m}{n}$. Für alle rationalen Zahlen $\frac{m}{n}$, für welche $\frac{A}{B} < \frac{m}{n}$ ist, ist auch $\frac{C}{D} < \frac{m}{n}$. Die „Zahlen" $\frac{A}{B}$ und $\frac{C}{D}$ rufen also unter den rationalen Zahlen dieselbe Klasseneinteilung, denselben *Dedekindschen Schnitt* hervor.[2]) Gilt das Gleichheitszeichen, so ist das Verhältnis $\frac{A}{B}$ gleich der rationalen Zahl $\frac{m}{n}$, also das, was man sich gewöhnlich unter einem Größenverhältnis vorstellt. Die Größen A und B haben dann das gemeinsame Maß $\frac{A}{m} = \frac{B}{n}$. Da es aber Größen ohne gemeinsames Maß gibt, so ist ihr Verhältnis nicht immer als eine rationale Zahl erklärbar. Eudoxus hat erstmals erkannt, wie die Definition des Verhältnisses zweier Größen zu erweitern ist, damit sie auch inkommensurable Größen umfaßt.

---

1) Dazu kommt bei Hilbert (a.a.O. S. 22) als letztes Maßaxiom noch das sog. *Vollständigkeitsaxiom*: **[21']**. Zu dem System der Punkte, Geraden, Ebenen ist es nicht möglich, ein anderes System von Dingen hinzuzufügen, so daß in dem durch Zusammensetzung entstehenden System sämtliche bis jetzt aufgeführten Axiome erfüllt sind. — Statt der beiden Hilbertschen Stetigkeitsaxiome zusammen kann man auch das eine *Dedekindsche Stetigkeitsaxiom* wählen, das bei Willers (a.a.O.) das letzte Maßaxiom ist: **[21]**. Zerfallen die Punkte einer Strecke $\overline{AB}$ in zwei Klassen $C_1, C_2, C_3, \ldots$ und $D_1, D_2, D_3, \ldots$ derart, daß jeder Punkt C_i auf jeder Strecke $\overline{AD_k}$ und jeder Punkt D_i auf jeder Strecke $\overline{C_k B}$ liegt, so existiert ein Punkt X derart, daß jeder Punkt C_i der Strecke $\overline{AX}$, kein Punkt C_i der Strecke $\overline{XB}$, jeder Punkt D_i, der Strecke $\overline{XB}$, kein Punkt D_i der Strecke $\overline{AX}$ angehört.

2) Vgl. dazu das Dedekindsche Stetigkeitsaxiom der vorigen Anm.

3. Die Sätze des V. Buches der Elemente sind alle in einer fast ungenießbaren Sprache abgefaßt.[1]) Beschränken wir uns auf die Größenklasse der *Strecken*, so können wir die für uns wichtigen unter diesen Sätzen zusammen mit dem sog. *Proportionallehrsatz*, den Euklid erst im VI. Buch der Elemente mit einem ganz andern Beweis bringt, nach Schur[2]) in der heutigen mathematischen Sprache folgendermaßen darstellen:

1. **Satz.** Liegen auf den Schenkeln eines Winkels je vier Punkte A, B, C, D und A', B', C', D' so, daß $AA' \parallel BB' \parallel CC'$ und $\overline{AB} = \overline{CD}$ ist, so folgt aus $DD' \parallel AA'$, daß $\overline{A'B'} = \overline{C'D'}$ ist, und umgekehrt.

2. **Satz.** Liegen auf zwei Strahlen durch S je zwei Punkte A, B und A', B' so, daß $AA' \parallel BB'$ ist, so ist erstens, wenn $\overline{SA} \gtreqless \overline{SB}$ ist, auch $\overline{SA'} \gtreqless \overline{SB'}$ und zweitens, wenn $\overline{SA} \gtreqless \overline{SA'}$ ist, auch $\overline{SB} \gtreqless \overline{SB'}$.

Bew. Das Erste folgt daraus, daß sich sonst nach Kap. I, § 2, Satz 4 $\overline{AA'}$ und $\overline{BB'}$ schneiden müßten. Um das Zweite zu beweisen, tragen wir $\overline{SA}$ und $\overline{SB}$ als $\overline{SA''}$ und $\overline{SB''}$ auf dem zweiten Strahl auf, dann sind AA' und BB'' als Lote zur Achse des $\sphericalangle ASA'$ parallel. Je nachdem $\overline{SA''} \gtreqless \overline{SA'}$, d. h. $\sphericalangle SAA'' \gtreqless \sphericalangle SAA'$, ist auch $\sphericalangle SBB'' \gtreqless \sphericalangle SBB'$, d. h. $\overline{SB''} \gtreqless \overline{SB'}$.

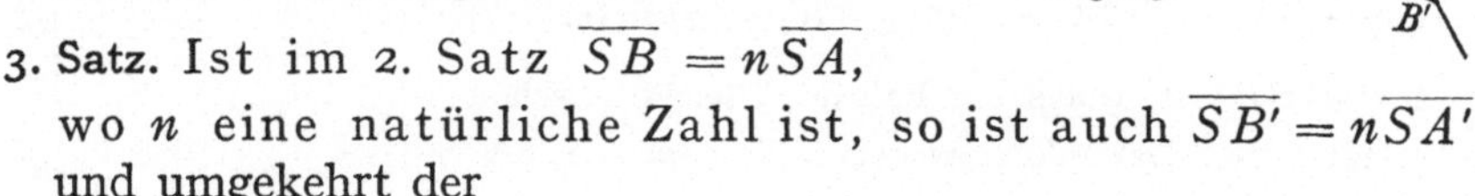

Fig. 63.

Aus dem 1. Satz folgt sofort der

3. **Satz.** Ist im 2. Satz $\overline{SB} = n\overline{SA}$, wo n eine natürliche Zahl ist, so ist auch $\overline{SB'} = n\overline{SA'}$ und umgekehrt der

4. **Satz.** Liegen auf zwei Strahlen durch S je zwei Punkte A, B und A', B' so, daß $\overline{SB} = n\overline{SA}$ und $\overline{SB'} = n\overline{SA'}$ ist, wo n eine natürliche Zahl ist, so ist $AA' \parallel BB'$.

Aus dem 4. Satz folgt der

5. **Satz.** Sind auf zwei Strahlen durch S je vier Punkte A, B, C, D und A', B', C', D' so gewählt, daß $AA' \parallel BB'$, $\overline{SC} = m\overline{SA}$, $\overline{SD} = n\overline{SB}$, $\overline{SC'} = m\overline{SA'}$, $\overline{SD'} = n\overline{SB'}$ ist, wo m und n natürliche Zahlen sind, so ist $CC' \parallel DD'$.

---

1) Näheres über sie bringt Enriques, Fragen der Elementargeometrie, Bd. I, Leipzig 1910, S. 203—213.

2) Lehrbuch der analytischen Geometrie, Leipzig 1912.

Aus dem 5. und 2. Satz ergibt sich der

6. Satz. (Proportionallehrsatz). Sind auf zwei Strahlen durch S je zwei Punkte A, B und A', B' so angenommen, daß $AA' \parallel BB'$ ist, so ist, wenn m und n irgendwelche natürlichen Zahlen sind, für $m\overline{SA} \gtreqless n\overline{SB}$ auch $m\overline{SA'} \gtreqless n\overline{SB'}$.

Von grundlegender Wichtigkeit ist nun aber die Umkehrung des 6. Satzes. Sie lautet:

7. Satz (Umkehrung des Proportionallehrsatzes). Liegen auf zwei Strahlen durch S je zwei Strecken $\overline{SA}, \overline{SB}$ und $\overline{SA'}, \overline{SB'}$ so, daß für $m\overline{SA} \gtreqless n\overline{SB}$ auch $m\overline{SA'} \gtreqless n\overline{SB'}$ ist, was für natürliche Zahlen auch m und n sein mögen, so ist $AA' \parallel BB'$.

Bew. Sind $\overline{SA}$ und $\overline{SB}$ kommensurabel, d. h. gilt $m\overline{SA} = n\overline{SB}$ und damit auch $m\overline{SA'} = n\overline{SB'}$, so folgt der Satz aus der Einzigkeit der Parallelen durch B zu AA'. Sind $\overline{SA}$ und $\overline{SB}$ aber inkommensurabel, so beweisen wir den Satz so: Angenommen, die Parallele durch B zu AA' schneide AA' in C' und es sei etwa $\overline{SB'} < \overline{SC'}$, so sei $\overline{SA'}$ gemäß dem Eudoxischen Axiom und mit Benützung des 3. Satzes (der Teilungsaufgabe) so in n gleiche Teile geteilt, daß jeder Teil $\frac{\overline{SA'}}{n} = \overline{SN'} \leqq \overline{B'C'}$ ist. Dann gibt es nach demselben Axiom eine Zahl m so, daß $m\overline{SN'} = \frac{m}{n}\overline{SA'} = \overline{SD'} \geqq \overline{SB'}$, dagegen $(m - 1)\,\overline{SN'} < \overline{SB'}$ ist, wobei der Fall der Gleichheit schon erledigt ist. Dann folgt wegen $\overline{SB'} > (m - 1)\,\overline{SN'}$ und $\overline{B'C'} \geqq \overline{SN'}$ aus $\overline{SC'} = \overline{SB'} + \overline{B'C'}$ sofort $\overline{SC'} > m\overline{SN'}$ oder $\overline{SC'} > \overline{SD'}$. Schneidet daher die Parallele durch D' zu $A'A \parallel C'B$ den ersten Strahl in D, so ist nach dem 2. Satz $\overline{SD} \leqq \overline{SB}$. Da aber nach dem 6. Satz $\overline{SD} = \frac{m}{n}\,\overline{SA}$ sein muß, so wäre gegen die Voraussetzung $m\overline{SA} \leqq n\overline{SB}$, $m\overline{SA'} > n\overline{SB'}$.

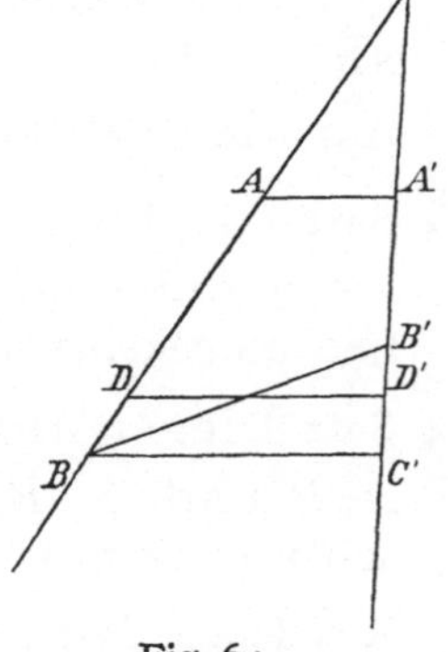

Fig. 64.

Ebenso beweist man, daß die Annahme $\overline{SB'} > \overline{SC'}$ auf einen Widerspruch führt. Also muß $\overline{SB'} \equiv \overline{SC'}$, $BB' \parallel AA'$ sein.

Wir sehen — und das ist das Wesentliche — daß der Beweis des Satzes und damit der Satz von der Größe des $\sphericalangle ASA'$ ganz unabhängig ist.

4. Jetzt ist es möglich, folgende *rein geometrische* Definition aufzustellen:

1. Def. $\overline{SA}$ hat zu $\overline{SB}$ dasselbe *Verhältnis*, wie $\overline{SA'}$ zu $\overline{SB'}$, wenn die zweimal zwei Strecken auf zwei Strahlen durch S abgetragen zur Folge haben, daß $AA' \parallel BB'$ ist.

Daß diese Definition erlaubt ist, folgt daraus, daß sie, wenn für eine bestimmte, so für jede Größe des $\sphericalangle ASA'$ besteht. Gilt sie nämlich für einen bestimmten Winkel, so folgt nach dem 6. Satz aus $AA' \parallel BB'$ sofort: $m\overline{SA} \gtreqless n\overline{SB}$ und $m\overline{SA'} \gtreqless n\overline{SB'}$ gelten gleichzeitig. Ändert man die Größe des Winkels, so bleiben die letzten Beziehungen bestehen und aus ihnen folgt nach dem 7. Satz wiederum $AA' \parallel BB'$.

Wir bezeichnen das Verhältnis „$\overline{SA}$ zu $\overline{SB}$" zunächst mit $(\overline{SA}, \overline{SB})$, um zu vermeiden, daß sich mit der üblichen Bezeichnung $\overline{SA} : \overline{SB}$ der Gedanke an einen Rechenausdruck verbindet. Die *Verhältnisgleichheit* oder *Proportion* $(\overline{SA}, \overline{SB}) = (\overline{SA'}, \overline{SB'})$ bedeutet nur die in der 1. Definition ausgesprochene geometrische Tatsache $AA' \parallel BB'$.

5. Jetzt ergeben sich sofort folgende Eigenschaften der Proportionen

(I) Ist $\overline{SA} = \overline{SA'}$ und $\overline{SB} = \overline{SB'}$, so ist $(\overline{SA}, \overline{SB}) = (\overline{SA'}, \overline{SB'})$.

(II) Ist $(\overline{SA}, \overline{SB}) = (\overline{SA'}, \overline{SB'})$ und $(\overline{SA}, \overline{SB}) = (\overline{SA''}, \overline{SB''})$, so ist auch $(\overline{SA'}, \overline{SB'}) = (\overline{SA''}, \overline{SB''})$.

(I) ist selbstverständlich,

(II) folgt aus dem 6. und 7. Satz.

(III) Vertauschungssatz. Aus $(\overline{SA}, \overline{SB}) = (\overline{SA'}, \overline{SB'})$ folgt $(\overline{SA}, \overline{SA'}) = (\overline{SB}, \overline{SB'})$.

Bew. Aus $(\overline{SA}, \overline{SB}) = (\overline{SA'}, \overline{SB'})$ folgt, da nach dem 5. Satz $(\overline{SA}, \overline{SB}) = (m\overline{SA}, m\overline{SB})$ und $(\overline{SA'}, \overline{SB'}) = (n\overline{SA'}, n\overline{SB'})$ ist, nach (II) $(m\overline{SA}, m\overline{SB}) = (n\overline{SA'}, n\overline{SB'})$. Das bedeutet aber nach dem 2. Satz, daß gleichzeitig $m\overline{SA} \gtreqless n\overline{SA'}$ und $m\overline{SB} \gtreqless n\overline{SB'}$ ist. Aber nach dem 7. Satz folgt daraus, daß, wenn man $\overline{SA}$, $\overline{SA'}$ und $\overline{SB}$, $\overline{SB'}$ je auf einem Strahl durch S abträgt, $AB \parallel A'B'$ wird. Das bedeutet aber $(\overline{SA}, \overline{SA'}) = (\overline{SB}, \overline{SB'})$.

(IV) Ist $(\overline{SA}, \overline{SB}) = (\overline{SA'}, \overline{SB'})$, so ist auch $(\overline{SA} + \overline{SB}, \overline{SB}) = (\overline{SA'} + \overline{SB'}, \overline{SB'})$.

Der Beweis folgt aus dem 1. Satz.

Unter der *Addition der Strecken* ist dabei ihr Aneinanderlegen zu verstehen gemäß der

2. Def. Es ist $\overline{SC} = \overline{SA} + \overline{SB}$, wenn $\overline{AC} = \overline{SB}$ ist.

Aus dem Kongruenzaxiom [13'] folgt $\overline{SB} = \overline{CA}$ und $\overline{BA} = \overline{AB}$, also nach [15'] und [13'] $\overline{SA} = \overline{CB} = \overline{BC}$. Man hat daher entweder $\overline{SC} = \overline{SA} + \overline{AC} = \overline{SA} + \overline{SB}$ oder $\overline{SC} = \overline{SB} + \overline{BC} = \overline{SB} + \overline{SA}$, d. h.

(1) $$\overline{SA} + \overline{SB} = \overline{SB} + \overline{SA}.$$

Die Streckenaddition gehorcht also dem *Vertauschungsgesetz*. Ebenso leicht zeigt man, daß sie auch dem *Verschmelzungsgesetz*

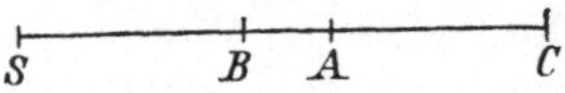

(2) $$(\overline{SA} + \overline{SB}) + \overline{SC} = \overline{SA} + (\overline{SB} + \overline{SC})$$

Fig. 65.

genügt. Damit erfüllt sie die zwei *Additionsgesetze* der *Arithmetik*.[1]) Man ist daher ohne weiteres geneigt, die Strecken als Bilder der Zahlen aufzufassen.

6. Wir können nun aber auch auf Grund unserer Proportionenlehre die *Multiplikation* und *Division der Strecken* erklären. Wir wählen eine Längeneinheit $\overline{SE}$ und definieren:

3. Def. Die Produktstrecke oder das *Produkt* $\overline{SC}$ der Strecken $\overline{SA}$ und $\overline{SB}$, in Zeichen $\overline{SC} = \overline{SA} \cdot \overline{SB}$ heißt die Strecke $\overline{SC}$, für welche $(\overline{SC}, \overline{SB}) = (\overline{SA}, \overline{SE})$ ist.[2])

Diese Erklärung ist rein geometrisch und hat mit der arithmetischen Erklärung eines Produktes nichts gemein. Darum ist ihr Erfolg, die Gültigkeit der *Multiplikationsgesetze*, um so merkwürdiger. Das Multiplikationszeichen ist also nur das Zeichen für eine geometrische Konstruktion. Daß es aber alle Eigenschaften des arithmetischen Multiplikationszeichens besitzt, ergibt sich folgendermaßen:

Aus (III) folgt sofort $(\overline{SC}, \overline{SA}) = (\overline{SB}, \overline{SE})$. Das bedeutet aber $\overline{SC} = \overline{SB} \cdot \overline{SA}$. Also gilt

(3) $$\overline{SA} \cdot \overline{SB} = \overline{SB} \cdot \overline{SA},$$

d. h. das *Vertauschungsgesetz*. Zugleich liefert (III) einen sehr wichtigen Satz.

Nimmt man (Fig. 66) auf zwei Strahlen durch S die Punkte A, B, E und A', B', E' so an, daß $AA' \parallel BB' \parallel EE'$ ist, und schneidet die Parallele durch A' zu $E'B$ den andern Strahl in C, so ist $(\overline{SC}, \overline{SB}) = (\overline{SA'}, \overline{SE'}) = (\overline{SA}, \overline{SE})$, also $\overline{SC} = \overline{SA} \cdot \overline{SB}$. Da aber auch nach (III) $(\overline{SC}, \overline{SA}) = (\overline{SB}, \overline{SE}) =$ (nach Konstruktion) $(\overline{SB'}, \overline{SE'})$ ist, so ist auch $CB' \parallel AE'$. Das gibt den

1) Auf die Subtraktion gehen wir der Kürze halber nicht besonders ein.

2) Das Produkt zweier Strecken ist also wieder als Strecke, nicht als Fläche dargestellt.

Satz von Pascal[1]**):** Liegen die Ecken eines Sechsecks $AA'BC'BE'$ abwechselnd auf zwei Geraden, so daß zwei Paar Gegenseiten parallel sind ($AA' \parallel B'B$ und $A'C \parallel BE'$), so ist auch das dritte Paar parallel ($CB' \parallel E'A$).|

Seine Umkehrung folgt durch indirekten Beweis. Könnte man ihn statt mittels (III) anderweitig beweisen, so ließe sich umgekehrt aus ihm (III) folgern (s. weiter unten) und damit das Vertauschungsgesetz der Streckenmultiplikation. Zunächst folgt aus ihm der Satz, der die Verhältnisgleichheit der Strecken mit ihrer Multiplikation verknüpft:

(V) Ist $(\overline{SA}, \overline{SB}) = (\overline{SA'}, \overline{SB'})$, so ist $\overline{SA} \cdot \overline{SB'} = \overline{SA'} \cdot \overline{SB}$ und umgekehrt.

Bew. Sei $\overline{SA} \cdot \overline{SB'} = \overline{SA'} \cdot \overline{SB} = \overline{SC}$, so gilt $(\overline{SC}, \overline{SB'}) = (\overline{SA}, \overline{SE})$ und $(\overline{SC}, \overline{SB}) = (\overline{SA'}, \overline{SE})$. Wählt man in Fig. 66 $\overline{SE'} = \overline{SE}$, so zeigt sie unmittelbar, daß $(\overline{SA}, \overline{SB}) = (\overline{SA'}, \overline{SB'})$ ist. Die Umkehrung folgt indirekt.

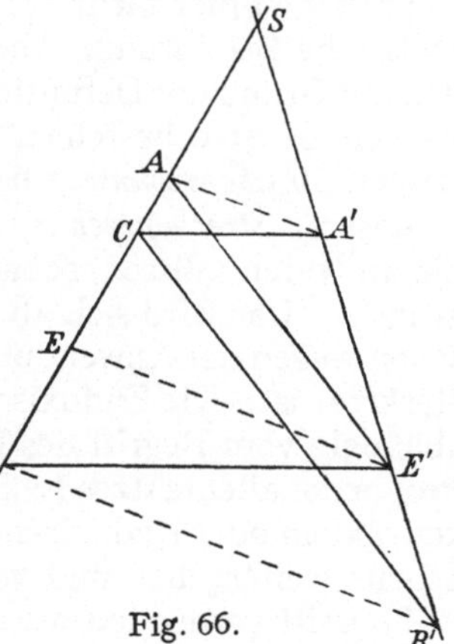

Fig. 66.

Aus (V) folgt weiter das *Verschmelzungsgesetz*

$$(4) \qquad (\overline{SA} \cdot \overline{SB}) \cdot \overline{SC} = \overline{SA} \cdot (\overline{SB} \cdot \overline{SC}).$$

Bew. Sei $\overline{SA} \cdot \overline{SB} = \overline{SA'}$, $\overline{SB} \cdot \overline{SC} = \overline{SC'}$, so ist $(\overline{SA'}, \overline{SB}) = (\overline{SA}, \overline{SE})$ oder $(\overline{SA'}, \overline{SA}) = (\overline{SB}, \overline{SE})$ und $(\overline{SC'}, \overline{SC}) = (\overline{SB}, \overline{SE})$. Daraus folgt $(\overline{SA'}, \overline{SA}) = (\overline{SC'}, \overline{SC})$, d. h. $\overline{SA'} \cdot \overline{SC} = \overline{SA} \cdot \overline{SC'}$.

Endlich gilt das *Verteilungsgesetz*

$$(5) \qquad (\overline{SA} + \overline{SB}) \cdot \overline{SC} = \overline{SA} \cdot \overline{SC} + \overline{SB} \cdot \overline{SC}.$$

Bew. Sei $\overline{SA} \cdot \overline{SC} = \overline{SA'}$ und $\overline{SB} \cdot \overline{SC} = \overline{SB'}$, so daß $(\overline{SC}, \overline{SE}) = (\overline{SA'}, \overline{SA}) = (\overline{SB'}, \overline{SB})$, also $(\overline{SA'}, \overline{SB'}) = (\overline{SA}, \overline{SB})$, so ist nach (IV) $(\overline{SA'} + \overline{SB'}, \overline{SB'}) = (\overline{SA} + \overline{SB}, \overline{SB})$ oder $(\overline{SA'} + \overline{SB'}, \overline{SA} + \overline{SB}) = (\overline{SB'}, \overline{SB}) = (\overline{SC}, \overline{SE})$, d. h. $\overline{SA'} + \overline{SB'} = (\overline{SA} + \overline{SB}) \cdot \overline{SC}$.

Hat sich so die Gültigkeit der Multiplikationsgesetze ergeben, so zeigt sich damit zugleich, daß man statt des Zeichens $(\overline{SC}, \overline{SA})$ auch das Zeichen $\overline{SC} : \overline{SA}$ oder $\frac{\overline{SC}}{\overline{SA}}$ benützen darf, oder daß das „Verhältnis" zweier Strecken gleich ihrem „Quotienten" ist:

1) Er heißt so, weil er der Grenzfall des Pascalschen Satzes der Kegelschnittslehre ist, wenn 1. der Kegelschnitt in zwei Gerade (SE und SE') zerfällt und 2. die Pascalsche Gerade mit der unendlich fernen Geraden zusammenfällt.

4. **Def.** $\frac{\overline{SC}}{\overline{SA}}$ oder $\overline{SC} : \overline{SA}$ bedeutet diejenige Strecke $\overline{SB}$, die mit der Einheitsstrecke $\overline{SE}$ zusammen die Figur $(\overline{SC}, \overline{SA}) = (\overline{SB}, \overline{SE})$ hervorruft. Danach ist $\frac{\overline{SC}}{\overline{SE}}$ gleich $\overline{SC}$ selbst zu setzen.

Das Divisionszeichen oder der Bruchstrich hat also wie das Multiplikationszeichen hier nicht die gewöhnliche arithmetische, sondern rein geometrische Bedeutung. Aber die Gesetze (1) bis (5) zeigen, daß zwischen den auf Grund der Definitionen 1 bis 4 hergestellten Strecken die arithmetischen Gesetze bestehen. Wir haben also eine „formale", rein geometrische *Streckenrechnung* begründet.[1]) Das ist ein großer Gewinn. Denn in unserer *Streckenrechnung* treten nirgends die *irrationalen Zahlen* auf, die auftreten müssen, sobald man die Proportionenlehre auf das Messen gründet. Das wird sich aber für die Schule nie vermeiden lassen, da hier schon wegen der Anwendungen die *Maßzahl* einer Strecke ihr wichtigstes Merkmal ist. Die Eudoxische Proportionenlehre ist aber keineswegs unabhängig vom Begriff des Maßes. Denn der Beweis der Umkehrung des Proportionallehrsatzes (7. Satz) erforderte das erste Hilbertsche Stetigkeitsaxiom oder Eudoxische Axiom [20']. Man kann nun aber noch einen Schritt weitergehen und verlangen, daß auch bei der Begründung jeder Maßbegriff vermieden werde. Diese Forderung hat die moderne Axiomatik erfüllt und eine auch von jedem Stetigkeitsaxiom freie, d. h. *rein geometrische* Proportionenlehre geschaffen. Von ihr soll jetzt die Rede sein.

§ 2. Die „stetigkeitsfreie" Proportionenlehre.

1. Wir gehen aus von der ersten Definition des vorigen Paragraphen, die wir aber enger fassen:

1. **Def.**[2]) $\overline{SA}$ hat zu $\overline{SB}$ dasselbe Verhältnis wie $\overline{SA'}$ zu $\overline{SB'}$, in Zeichen $(\overline{SA}, \overline{SB}) = (\overline{SA'}, \overline{SB'})$, wenn die zweimal zwei Strecken auf zwei *zueinander senkrechten* Geraden durch S liegend zur Folge haben, daß $AA' \parallel BB'$ ist.

Nun ergeben sich der Reihe nach der

1. **Satz.** Aus $(\overline{SA}, \overline{SB}) = (\overline{SA'}, \overline{SB'})$ folgt $(\overline{SB}, \overline{SA}) = (\overline{SB'}, \overline{SA'})$ und $(\overline{SA'}, \overline{SB'}) = (\overline{SA}, \overline{SB})$.

2. **Satz.** Ist $\overline{SA} = \overline{SA'}$ und $\overline{SB} = \overline{SB'}$ und liegen A und B einerseits, A' und B' andererseits auf derselben Seite oder auf verschiedenen Seiten von S, so ist $(\overline{SA}, \overline{SB}) = (\overline{SA'}, \overline{SB'})$.

Bew. AA' und BB' sind parallel als Lote der Winkelhalbierenden.

---

1) Der einzige arithmetische Rest liegt in dem Auftreten der ganzen Zahlen m und n im 6. und 7. Satz.

2) Vgl. dazu Schur, Die Grundlagen der Geometrie, Leipzig 1909, S. 135.

3. Satz. Jedes Dreieck besitzt einen Höhenschnittpunkt,

Bew. s. II. Kap., 4. Abschn. (42).

4. Satz. (Pascalscher Satz für einen besonderen Fall). Liegen auf zwei Loten durch S je drei Punkte A, B, C und A', B', C' so, daß $AB' \parallel BA', BC' \parallel CB'$, so ist auch $CA' \parallel AC$.

Bew. (Fig. 67.) Trifft das Lot von B auf $C'A$ das zweite gegebene Lot in D', so ist B Höhenschnittpunkt von $\triangle C'D'A$, also $C'B \perp D'A$. Nun ist $B'C \parallel C'B$, also auch $B'C \perp D'A$. Daher ist C Höhenschnittpunkt des $\triangle AB'D'$. Also ist $D'C \perp B'A$. Nun ist aber $A'B \parallel B'A$, also auch $D'C \perp A'B$. C ist also Höhenschnittpunkt des $\triangle A'D'B$, d. h. es ist $A'C \perp D'B$. Da aber auch $AC' \perp D'B$ ist, so folgt $CA' \parallel AC'$.

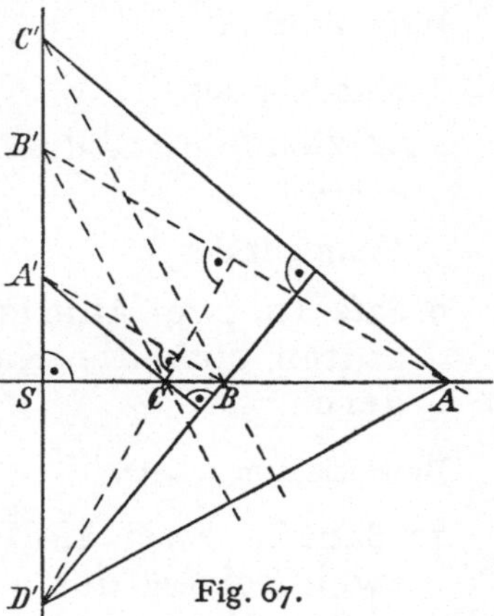

Fig. 67.

5. Satz. (Vertauschungssatz). Aus $(\overline{SA}, \overline{SB}) = (\overline{SA'}, \overline{SB'})$ folgt $(\overline{SA}, \overline{SA'}) = (\overline{SB}, \overline{SB'})$.

Bew. (Fig. 68.) Sei $\overline{SC} = \overline{SA'}$, $\overline{SC'} = \overline{SB}$, so ist nach dem 2. Satz $CA' \parallel BC'$. Da aber nach Voraussetzung $AA' \parallel BB'$ ist, so ist nach dem 4. Satz auch $AC' \parallel CB'$. Das bedeutet aber $(\overline{SA}, \overline{SC}) = (\overline{SC'}, \overline{SB'})$ oder $(\overline{SA}, \overline{SA'}) = (\overline{SB}, \overline{SB'})$.

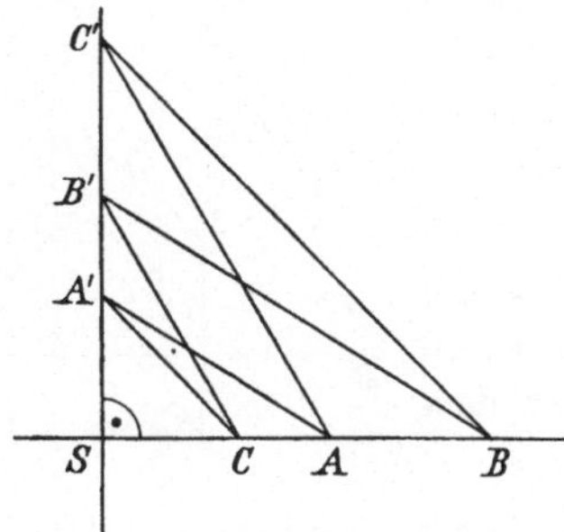

Fig. 68.

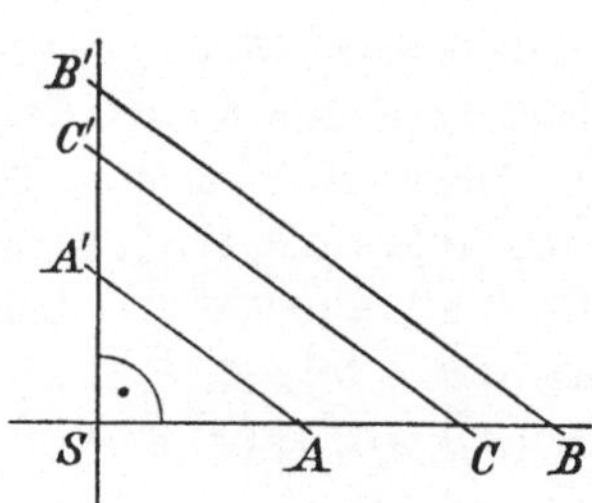

Fig. 69.

6. Satz. Ist $(\overline{SA}, \overline{SB}) = (\overline{SA'}, \overline{SB'})$ und $(\overline{SA}, \overline{SC}) = (\overline{SA'}, \overline{SC'})$, so ist $(\overline{SB}, \overline{SC}) = (\overline{SB'}, \overline{SC'})$.

Bew. aus der Definition 1. (Fig. 69.)

7. Satz. Ist $(\overline{SA}, \overline{SB}) = (\overline{SA'}, \overline{SB'})$ und $(\overline{SA}, \overline{SB}) = (\overline{SA''}, \overline{SB''})$, so ist auch $(\overline{SA'}, \overline{SB'}) = (\overline{SA''}, \overline{SB''})$.

Bew. Aus $(\overline{SA}, \overline{SB}) = (\overline{SA'}, \overline{SB'})$ und $(\overline{SA}, \overline{SB}) = (\overline{SA''}, \overline{SB''})$ folgt nach dem 5. Satz $(\overline{SA}, \overline{SA'}) = (\overline{SB}, \overline{SB'})$ und $(\overline{SA}, \overline{SA''}) = (\overline{SB}, \overline{SB''})$, und daraus nach dem 6. Satz $(\overline{SA'}, \overline{SA''}) = (\overline{SB'}, \overline{SB''})$ und wieder nach dem 5. Satz $(\overline{SA'}, \overline{SB'}) = (\overline{SA''}, \overline{SB''})$.

8. Satz. Aus $(\overline{SA}, \overline{SB}) = (\overline{SA'}, \overline{SB'})$ folgt $(\overline{SA} + \overline{SB}, \overline{SB}) = (\overline{SA'} + \overline{SB'}, \overline{SB'})$.

Bew. wie in § 1.

Nun folgt als

2. Def. Zwei Dreiecke, die in zwei Winkeln übereinstimmen, heißen *ähnlich.*

Dann gilt der

9. Satz. In zwei ähnlichen rechtwinkligen Dreiecken verhalten sich die Katheten des einen wie die des andern.

Bew. aus dem 5. Satz.

10. Satz. In zwei ähnlichen Dreiecken verhalten sich je zwei Seiten des einen wie die entsprechenden des andern.

Bew. (Fig. 70.) Zeichne in beiden Dreiecken die Inkreismittelpunkte O und O' und die Lote $\overline{OD} = \overline{OE} = \overline{OF}$ und $\overline{O'D'} = \overline{O'E'} = \overline{O'F'}$ auf die Seiten. Dann ist in rechtwinkligen Dreiecken $(\overline{AF}, \overline{OF}) = (\overline{A'F'}, \overline{O'F'})$ und $(\overline{FB}, \overline{OF}) = (\overline{F'B'}, \overline{O'F'})$, also ist nach dem 6. Satz $(\overline{AF}, \overline{FB}) = (\overline{A'F'}, \overline{F'B'})$. Daraus folgt nach dem 8. Satz $(\overline{AB}, \overline{FB}) = (\overline{A'B'}, \overline{F'B'})$, ferner nach dem 5. Satz $(\overline{AB}, \overline{A'B'}) = (\overline{FB}, \overline{F'B'}) = (\overline{OF}, \overline{O'F'})$. Ebenso ist $(\overline{AC}, \overline{A'C'}) = (\overline{OE}, \overline{O'E'}) = (\overline{OF}, \overline{O'F'})$. Daher ist nach dem 7. Satz $(\overline{AB}, \overline{A'B'}) = (\overline{AC}, \overline{A'C'})$ und nach dem 5. Satz $(\overline{AB}, \overline{AC}) = (\overline{A'B'}, \overline{A'C'})$.

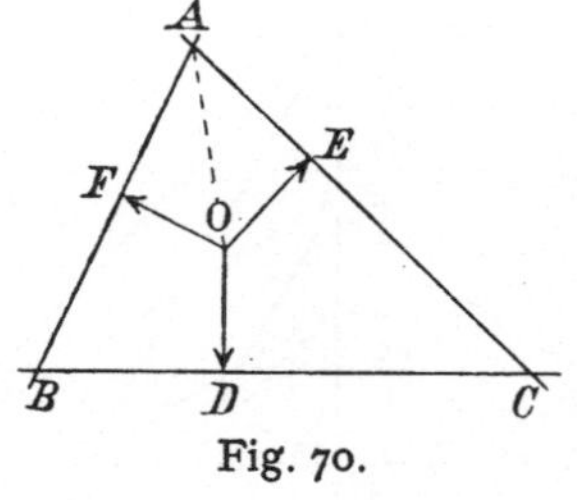

Fig. 70.

11. Satz. (Umkehrung des 10. Satzes.) Liegen A, B einerseits, A', B' andererseits mit S so in gerader Linie, daß sie gleichzeitig entweder auf derselben Seite oder auf verschiedenen Seiten von S liegen, und ist $(\overline{SA}, \overline{SB}) = (\overline{SA'}, \overline{SB'})$, so ist $AA' \parallel BB'$.

Bew. indirekt auf Grund des 10. Satzes.

Damit ist die ursprüngliche Definition des Streckenverhältnisses in § 1 wieder herstellbar: Der $\sphericalangle ASA'$ ist beliebig. Zugleich folgt die Gültigkeit aller übrigen Sätze des vorigen Paragraphen, insbesondere die Streckenrechnung, was der Leser selbst im einzelnen nachweisen mag.

2. Dies ist der SCHURsche Aufbau der „stetigkeitsfreien" Proportionenlehre. Noch kürzer ist der HILBERTsche.[1]) Wir ersetzen die 1. Definition wieder durch die allgemeinere des § 1. Dann bleiben die Sätze 1 und 2 unverändert. Satz 3 fällt weg. An die Stelle des 4. Satzes tritt der allgemeine Fall des *Pascalschen Satzes*. Liegen auf zwei Geraden durch S je die Punkte A, B, C und A', B', C' so, daß $AB' \parallel BA'$ und $BC' \parallel CB'$ ist, so ist auch $CA' \parallel AC'$.

Bew. (Fig. 71.) Wir ziehen durch A die Gerade AD' so, daß $\sphericalangle SD'A = \sphericalangle SBC'$ ist. Dann ist $C'BAD'$ Sehnenviereck, also (1) $\sphericalangle SAC' = \sphericalangle SD'B$. Da aber $\sphericalangle SBC' = \sphericalangle SCB'$, so ist auch $\sphericalangle SD'A = \sphericalangle SCB'$, also auch $B'ACD'$ Sehnenviereck. Daher ist $\sphericalangle SCD' = \sphericalangle SB'A$. Da aber $\sphericalangle SB'A = \sphericalangle SA'B$, so ist auch $\sphericalangle SCD' = \sphericalangle SA'B$, also auch $A'BCD'$ Sehnenviereck. Dabei ist (2) $\sphericalangle SCA' = \sphericalangle SD'B$. Aus (1) und (2) folgt $\sphericalangle SAC' = \sphericalangle SCA'$, d. h. $CA' \parallel AC'$. (Der Fall, daß D' mit einem der Punkte A', B', C' zusammenfällt, muß besonders erörtert werden.)

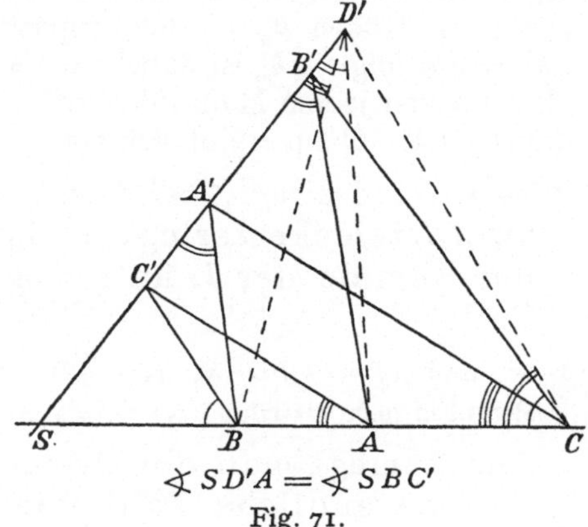

$\sphericalangle SD'A = \sphericalangle SBC'$

Fig. 71.

Die Sätze 5 und 8 bleiben für den Fall, daß $\sphericalangle ASA'$ beliebig ist, wörtlich bestehen, ebenso die 2. Definition. Der 10. Satz ist dann eine unmittelbare Folge des 5. Satzes. Der 11. Satz bleibt bestehen.

Übrigens kann man den 10. Satz jetzt auch so aussprechen, daß man die 2. Definition gar nicht braucht.

3. Der Unterschied der Methoden in § 1 und § 2 ist folgender: In § 1 wird auf Grund des Eudoxischen Axioms zuerst der 7. Satz, die Umkehrung des Proportionallehrsatzes, bewiesen und aus ihm der Pascalsche Satz gefolgert. In § 2 wird auf Grund der graphischen Axiome, der Kongruenzaxiome und des Parallelenaxioms, d. h. ohne ein Stetigkeitsaxiom zuerst der Pascalsche Satz bewiesen und aus ihm dann der Proportionallehrsatz samt Umkehrung (10. und 11. Satz) hergeleitet.

Allerdings ist die so gewonnene „stetigkeitsfreie" Proportionenlehre noch nicht elementar genug, um etwa auf der Oberstufe den Schülern verständlich zu sein, besonders deshalb, weil sie mit einer Streckenrechnung verquickt ist. Daß man sie ganz auf elementaren Boden verpflanzen kann, hat zuerst KOMMERELL gezeigt.[2]) Wir werden sie in einer noch ein-

1) Hilbert a. a. O. S. 44.

2) Math. Ann. 66, 1909, S. 558 und Jahresbericht der Deutschen Math.-Ver. 21, 1912, S. 173.

facheren Form dem Abschnitt über die perspektive Ähnlichkeit anfügen (s. u. S. 91). Unsern in § 4 folgenden Lehrgang gründen wir dagegen ganz auf den Maßbegriff. Zuvor aber müssen wir noch die „stetigkeitsfreie" Begründung der Lehre vom Flächeninhalt nachholen, die in § 1 des 4. Abschn. dieses Kapitels versprochen wurde.

§ 3. Die „stetigkeitsfreie" Lehre vom Flächeninhalt.

Wir haben in § 2 schon ähnliche Dreiecke definiert. Aus dem 10. Satz ergibt sich sofort, daß in einem Dreieck mit den Seiten a, b und den zugehörigen Höhen h_a, h_b die Proportion $(a, h_b) = (b, h_a)$ gilt, aus der $ah_a = bh_b$ folgt. ah_a ist dabei nach § 1 eine bestimmte Produktstrecke, also frei von jedem Maßzahlbegriff. Wir nennen $\frac{1}{2}ah_a$ das *Inhaltsmaß des Dreiecks*. Dann ergibt sich der

1. **Satz.** Wird ein $\triangle ABC$ durch eine Ecktransversale AD in zwei Dreiecke zerlegt, so ist sein Inhaltsmaß J gleich der Summe der Inhaltsmaße J_1 und J_2 seiner beiden Teile.

Bew. Es ist $J_1 = \frac{1}{2}\overline{BD}\cdot h_a$, $J_2 = \frac{1}{2}\overline{DC}\cdot h_a$, $J_1 + J_2 = \frac{1}{2}\overline{BD}\cdot h_a + \frac{1}{2}\overline{DC}\cdot h_a$, also nach dem Verteilungsgesetz $= \frac{1}{2}(\overline{BD} + \overline{DC})h_a = \frac{1}{2}ah_a$.

2. **Satz.** Zerlegt man ein Dreieck durch Ecktransversalen in eine endliche Zahl von Teildreiecken, so ist die Summe von deren Inhaltsmaßen gleich dem Inhaltsmaß des Dreiecks.

Durch eine umständliche Betrachtung[1]) zeigt man, daß eine *beliebige* Zerlegung eines Dreiecks einer Zerlegung durch Ecktransversalen gleichwertig ist.

Daher gilt allgemein der

3. **Satz.** Zerlegt man ein Dreieck in eine endliche Zahl von Teildreiecken, so ist die Summe von deren Inhaltsmaßen gleich dem Inhaltsmaß des Dreiecks.

Daraus folgt weiter der

4. **Satz.** Die Summe der Inhaltsmaße endlich vieler Dreiecke, in die man ein Vieleck zerlegen kann, ist von der Zerlegung unabhängig.

Nennt man sie das *Inhaltsmaß des Vielecks*, so ergibt sich als

5. **Satz.** Sowohl zerlegungsgleiche als auch inhaltsgleiche, d. h. flächengleiche Vielecke haben gleiches Inhaltsmaß.

---

1) Hilbert a. a. O. S. 63 u. 64.

Es gilt aber auch der

6. Satz. Haben zwei flächengleiche Dreiecke gleiche Grundlinien, so haben sie auch gleiche Höhen.

Bew. Flächengleiche Dreiecke haben gleiches Inhaltsmaß. Ist a die Grundlinie beider Dreiecke und sind h und h' die Höhen, so ist $\frac{1}{2}ah = \frac{1}{2}ah'$. Dafür können wir auf Grund der „stetigkeitsfreien" Proportionenlehre auch schreiben $h' : h = a : a$ und das bedeutet $h' = h$.

Daraus ergibt sich endlich die Umkehrung des 5. Satzes, der

7. Satz. Vielecke von gleichem Inhaltsmaß sind flächengleich.

Bew. Wir verwandeln die Vielecke in zwei Dreiecke von gleichen Grundlinien. Dann haben diese nach dem 5. Satz gleiches Inhaltsmaß, nach dem 6. Satz also gleiche Höhen. Die Dreiecke und damit auch die Vielecke sind daher flächengleich.

§ 4. Lehrgang.

Im Gegensatz zur Euklidischen und modernen Proportionenlehre gründen wir unsern Lehrgang nach dem Vorbilde von Legendre (1752 bis 1833), der es in seinen *Éléments de géométrie* zum erstenmal durchgeführt hat, ganz auf den Maßbegriff, wobei wir aber bewußt auf den Fall inkommensurabler Streckenpaare und irrationaler Streckenverhältnisse eingehen.[1])

(1) Erklärung. *Streifen* heißt die Figur zweier Parallelen. Jeder Streifen besitzt eine bestimmte Breite.

(2) Erklärung. *Streifenschar* heißt eine Schar aneinandergrenzender Streifen gleicher Breite.

(3) 1. Satz von der Streifenschar. Eine Streifenschar (von n Streifen) teilt jede Querstrecke in (n) gleiche Teile.

(4) Erklärung. Eine Strecke m, die in zwei anderen Strecken a und b gleichzeitig enthalten ist, heißt ein gemeinsames Maß dieser Strecken. Ist sie in der ersten Strecke p-mal, in der zweiten q-mal enthalten, $m = \frac{a}{p} = \frac{b}{q}$, so sagt man, die beiden Strecken a und b verhalten sich wie p zu q, schreibt $a : b = p : q$ oder $\frac{a}{b} = \frac{p}{q}$ und liest dies „a zu b wie p zu q" oder „a durch b gleich p durch q". Der *Streckenbruch* $\frac{a}{b}$, der durch den *Zahlenbruch* $\frac{p}{q}$ erklärt ist, heißt das *Verhältnis* der beiden Strecken a und b.

---

1) Für eine ganz strenge Begründung der Lehre vom Maß vgl. die Abh. von O. Hölder, Die Axiome der Quantität und die Lehre vom Maß, Leipziger Ber., Math.-phys. Kl. 1901.

(5) 2. Satz von der Streifenschar. Drei Parallelen einer Streifenschar bestimmen auf jeder Quergeraden zwei Strecken, die ein gemeinsames Maß besitzen. Das Verhältnis der beiden Strecken ist für jede Lage der Quergeraden dasselbe: es ist *konstant* oder *invariant* in bezug auf die Wahl der Quergeraden. Das gemeinsame Maß dagegen ist für jede Lage der Quergeraden wieder ein anderes.

(6) Aufgaben. (a) Zeichne ein Streckenpaar des Zahlenverhältnisses $p : q$. (b) Teile die Strecke l im Zahlenverhältnis $p : q$ durch Einspannen in eine Streifenschar.

(7) 1 Hauptfrage. Besitzen zwei Strecken ein gemeinsames Maß?

°(8) 1. Satz vom gemeinsamen Maß. Zwei Strecken können ein gemeinsames Maß besitzen. Sie heißen dann *kommensurabel*. Ihr Verhältnis ist eine *rationale* Zahl, d. h. eine ganze Zahl oder ein Bruch. Beispiele. Die Streckenpaare des 2. Satzes der Streifenschar.

(9) 1. Bestimmung eines gemeinsamen Maßes zweier Strecken. Das Euklidische Verfahren. Es beruht auf dem Eudoxischen Axiom.[1])

°(10) 2. Satz vom gemeinsamen Maß. Zwei Strecken brauchen kein gemeinsames Maß zu besitzen. Es ist denkbar, daß sie keines haben.

°(11) 3. Satz vom gemeinsamen Maß. Besitzen zwei Strecken ein gemeinsames Maß, so besitzen sie auch ein *größtes gemeinsames Maß* oder *Hauptmaß*. Alle andern gemeinsamen Maße sind Teiler des größten. Ist das Hauptmaß in der ersten Strecke p-mal, in der zweiten q-mal enthalten, so sind p und q *teilerfremde* Zahlen. Umgekehrt: sind p und q teilerfremd, so ist das gemeinsame Maß Hauptmaß. Welches gemeinsame Maß man aber auch nehmen möge, stets hat der Bruch $\frac{p}{q}$ denselben Wert. Sein Wert ist das Verhältnis der beiden Strecken. Das Euklidische Verfahren liefert, wenn überhaupt ein gemeinsames Maß, so das Hauptmaß.

°(12) 4. Satz vom gemeinsamen Maß. Die Entdeckung der Pythagoreer. Es gibt Strecken ohne gemeinsames Maß. Sie heißen *inkommensurabel*.

Beispiele. (a) Seite und Eckenlinie des Quadrats (Fig. 72). Zuerst muß $\overline{CA}$ auf $\overline{CB}$ abgetragen werden: $d = a + a_1$. Jetzt muß $\overline{A_1B}$ auf $\overline{CA_1}$ abgetragen werden. Nun ist aber $\overline{CA_1} = \overline{CA} = \overline{AB}$ und ebenso $\overline{A_1B} = \overline{A_1C_1} = \overline{AC_1}$. Man kann also auch $\overline{AC_1}$ auf $\overline{AB}$ abtragen: $a = 2a_1 + a_2$. Drittens muß $\overline{A_2B}$ auf $\overline{C_1A_2}$ abgetragen werden. Das ist aber eine Wiederholung des zweiten Schrittes, und

1) Vgl. dazu Kommerell, Der Begriff des Grenzwerts in der Elementarmathematik, Leipzig 1922, S. 35—45.

diese Wiederholung hört nie auf. Es kommt also nie ein gemeinsames Maß zustande. Man hat die Gleichungen $d = a + a_1$, $a = 2a_1 + a_2$, $a_1 = 2a_2 + a_3$,

$$a_2 = 2a_3 + a_4, \ldots, \quad \frac{d}{a} = 1 + \cfrac{1}{2 + \cfrac{1}{2 + \cdots}}, \quad \frac{d}{a} - 1 = \frac{1}{2 + \left(\frac{d}{a} - 1\right)},$$

$$\left(\frac{d}{a} - 1\right)\left(\frac{d}{a} + 1\right) = 1, \quad \left(\frac{d}{a}\right)^2 = 2, \quad \frac{d}{a} = \sqrt{2}.$$

* (b) Seite und Höhe des gleichseitigen Dreiecks (Fig. 73). Es ist $2a = h + a_1$, $a = 2h_1 + a_2$, $2a_1 = h_1 + a_2$. Eliminiert man aus den beiden letzten Gleichungen h_1, so folgt $a = 4a_1 - a_2$. Ebenso ist $a_1 = 4a_2 - a_3$, $a_2 = 4a_3 - a_4, \ldots$,

$$h = 2a - a_1, \quad \frac{h}{a} = 2 - \cfrac{1}{4 - \cfrac{1}{4 - \cdots}}, \quad \frac{h}{a} + 2 = 4 - \frac{1}{\frac{h}{a} + 2},$$

$$\left(\frac{h}{a} - 2\right)\left(\frac{h}{a} + 2\right) = 1, \quad \left(\frac{h}{a}\right)^2 = 3, \quad \frac{h}{a} = \sqrt{3}.$$

Der einfachste Fall, Basis und Schenkel des goldenen Dreiecks, können hier noch nicht gebracht werden.

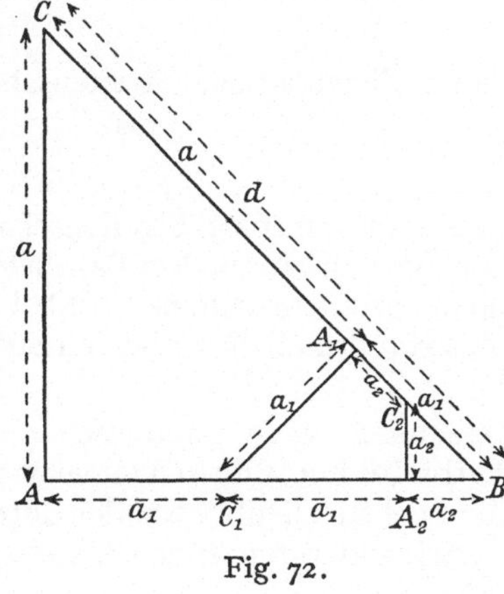

Fig. 72.

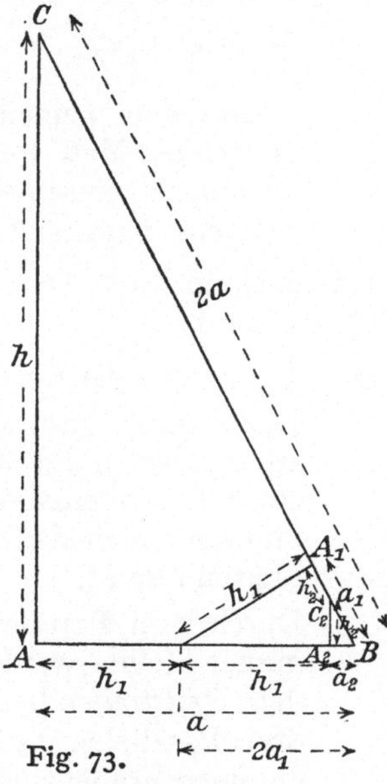

Fig. 73.

°(13) 2. Bestimmung eines gemeinsamen Maßes zweier Strecken. Praktisches Verfahren. Um ein gemeinsames Maß der Strecken a und b, $a > b$, zu bestimmen, verfährt man so: b sei in a n_0-mal enthalten. Bleibt kein Rest, so ist b selbst gemeinsames Maß, und es ist $a = n_0 b$. Bleibt ein Rest, so ist dieser, r_1, $< b$ und man hat $a = n_0 \cdot b + r_1$. Nun vergleichen wir den Rest mit einem Teil von b, etwa $\frac{b}{10}$. Es sei $r_1 = n_1 \frac{b}{10} + r_2$. Ist $r_2 = 0$, so ist $\frac{b}{10}$ gemeinsames Maß. Ist $r_2 \neq 0$, so messen wir es mit $\frac{b}{10^2}$, so daß $r_2 = n_2 \frac{b}{10^2} + r_3$. Fährt man so fort, so kommt $a = n_0 \cdot b + n_1 \frac{b}{10} + n_2 \frac{b}{10^2} + \cdots + n_p \frac{b}{10^p} + r_{p+1}$, wo $r_{p+1} < \frac{b}{10^p}$ ist. Praktisch wird ein $r_{p+1} \approx 0$. Dann nimmt man $\frac{b}{10^p}$ als gemeinsames Maß. Schreibt man statt der Summe $n_0 + \frac{n_1}{10} + \frac{n_2}{10^2} + \cdots + \frac{n_p}{10^p} + \cdots$ den Dezimalbruch $n_0, n_1 n_2 \ldots n_p \ldots$, so hat man $\frac{a}{b} = n_0, n_1 n_2 \ldots n_p \ldots$

°(14) Sätze. (a) Ist der Dezimalbruch $n_0, n_1 n_2 \ldots n_p \ldots$ *endlich* oder *periodisch unendlich* (unter Umständen mit einer Vorperiode), so sind a und b *kommensurabel.* Das Verhältnis ist *rational.*

(b) Ist der Dezimalbruch $n_0, n_1 n_2 \ldots n_p \ldots$ *unperiodisch unendlich,* so sind a und b *inkommensurabel.* Ihr Verhältnis, die Zahl $\frac{a}{b} = n_0, n_1 n_2 \ldots$ existiert trotzdem und ist *irrational.*

°(15) 5. Satz vom gemeinsamen Maß. Besitzen zwei Strecken ein gemeinsames Maß, so ist ihr Verhältnis eine rationale Zahl. Besitzen sie kein gemeinsames Maß, so ist ihr Verhältnis trotzdem vorhanden, aber eine irrationale Zahl.

(16) 2. Hauptfrage. Durch wie viele Parallelen ist eine Streifenschar bestimmt?

(17) 3. Satz von der Streifenschar.

Durch drei Parallelen ist eine und nur eine Streifenschar bestimmt, wenn die Streifenbreiten der durch die drei Parallelen bestimmten aneinandergrenzenden Streifen kommensurabel sind, und wenn man als *Scharbreite* das Hauptmaß dieser beiden Streifenbreiten nimmt.

Durch drei Parallelen sind unendlich viele Streifenscharen mit immer kleiner werdender Scharbreite und immer kleiner werdendem *Reststreifen* bestimmt, wenn die Streifenbreiten der durch die drei Parallelen bestimmten aneinandergrenzenden Streifen inkommensurabel sind.

(18) Erklärung. Zwei Reihen von Strecken heißen *proportional,* wenn das Verhältnis zweier beliebiger Strecken a und b der ersten Reihe gleich dem Verhältnis der zwei entsprechenden Strecken a' und b' der zweiten Reihe ist. Man schreibt $a : b = a' : b'$ oder $\frac{a}{b} = \frac{a'}{b'}$, und liest „$a$ zu b wie a' zu b'" oder „a durch b gleich a' durch b'". Eine solche Gleichung zwischen zwei Verhältnissen heißt *Verhältnisgleichung* oder *Proportion.* Sind $a, b, c, \ldots$ die Strecken der einen, $a', b', c' \ldots$ die der andern Reihe, so schreibt man kurz $a : b : c : \cdots = a' : b' : c' : \cdots$, und nennt dies eine *fortlaufende* Proportion.

(19) Der Proportionallehrsatz. 1. Form. Zweistreifensatz. Werden drei Parallelen von zwei Geraden geschnitten, so sind die Abschnitte der einen Geraden proportional denen der andern.

Bew. (a) Die Abschnitte seien kommensurabel.
(b) Sie seien inkommensurabel. Es sei (Fig. 74)

$$\overline{AB} = n_0, n_1 n_2 \dots n_p \cdot \overline{BC} + \overline{B_{p+1}B}, \overline{A'B'} = n_0, n_1 n_2 \dots n_p \cdot \overline{B'C'} + \overline{B'_{p+1}B'}.$$

Dann ist $n_0, n_1 n_2 \dots n_p < \frac{\overline{AB}}{\overline{BC}} < n_0, n_1 n_2 \dots n_p + 1, n_0, n_1 n_2 \dots n_p < \frac{\overline{A'B'}}{\overline{B'C'}}$

$< n_0, \overline{n_1 n_2 \dots n_p} + 1$ und $\left| \frac{\overline{AB}}{\overline{BC}} - \frac{\overline{A'B'}}{\overline{B'C'}} \right| = \left| \frac{\overline{B_{p+1}B}}{\overline{BC}} - \frac{\overline{B'_{p+1}B'}}{\overline{B'C'}} \right| < \varepsilon.$

*(20) Der Proportionallehrsatz. 2. Form. Vielstreifensatz. Wird eine Parallelenschar von einer Geradenschar geschnitten, so sind die Streckenreihen, die auf den Geraden entstehen, proportional, oder:
Die Streckenverhältnisse auf einer Geraden werden durch Parallelprojektion nicht geändert.

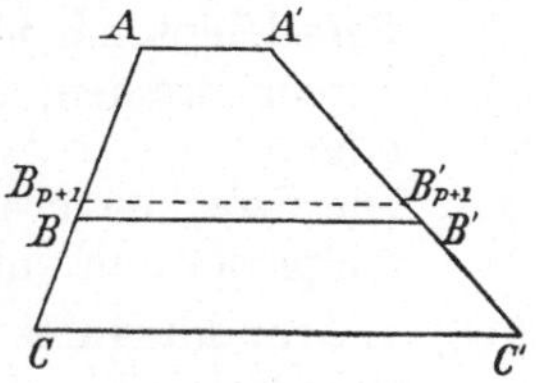

*(21) Der Proportionallehrsatz. 3. Form. *Strahlensatz.* Wird eine Parallelenschar von einem Strahlenbüschel geschnitten, so sind die Streckenreihen, die von den Parallelen und dem Scheitel des Strahlenbüschels auf den Strahlen erzeugt werden, proportional.
Zwei Figuren. Besonderer Fall: Scheitel im Unendlichen.

Fig. 74.

°(22) Der Proportionallehrsatz. 4. Form. *Winkelsatz.* Werden die Schenkel eines Winkels oder eines Winkels und seines Scheitelwinkels von zwei Parallelen geschnitten, so sind die von den beiden Parallelen und dem Scheitel des Winkels auf den Schenkeln bestimmten Abschnitte proportional, oder:

Werden die Schenkel eines Winkels oder eines Winkels und seines Scheitelwinkels von zwei Parallelen geschnitten, so verhalten sich je zwei Abschnitte des einen Schenkels wie die entsprechenden des andern.

Mit diesem Satz sind zugleich die Sätze über korrespondierende Addition und Subtraktion für Streckenproportionen bewiesen.

°(23) Umkehrung des Winkelsatzes. Die Größe des Winkels ist also beliebig.

°(24) Der Proportionallehrsatz. *Ergänzung zum Winkelsatz.* Werden die Schenkel eines Winkels oder eines Winkels und seines Scheitelwinkels von zwei Parallelen geschnitten, so verhalten sich die Abschnitte der Parallelen zwischen den Schenkeln wie die vom Scheitel aus gemessenen Abschnitte eines Schenkels.

°(25) Der *Vertauschungssatz.* Aus $\overline{SA} : \overline{SB} = \overline{SA'} : \overline{SB'}$ folgt $\overline{SA} : \overline{SA'} = \overline{SB} : \overline{SB'}$.

Bew. (a) Arithmetisch. Selbstverständlich, aber unbefriedigend.

(b) Geometrisch. Man wähle $\sphericalangle ASA' = 90^0$. Dann hat man den 5. Satz von § 2.

Folg. Sind zwei Streckenreihen proportional, so läßt sich jede Strecke der ersten Reihe als Produkt der entsprechenden Strecke der zweiten Reihe mit einem konstanten Faktor, dem *Proportionalitätsfaktor,* darstellen. Aus $a : b : c \ldots = a' : b' : c' \ldots$ folgt $a = \lambda a', b = \lambda b', c = \lambda c', \ldots$

*(26) Der Proportionallehrsatz. *Satz vom Dreistrahl.* Wird ein Strahlenbüschel von drei Strahlen, ein Dreistrahl, von zwei Parallelen geschnitten, so verhalten sich je zwei Abschnitte der einen Parallelen wie die entsprechenden der andern.

*(27) Der Proportionallehrsatz. *Ergänzung zum Strahlensatz.* Wird eine Parallelenschar von einem Strahlenbüschel geschnitten, so sind die Streckenreihen, die auf den Parallelen entstehen, proportional, oder:
Die Streckenverhältnisse auf einer Geraden werden durch Zentralprojektion auf parallele Geraden nicht geändert.

°(28) 1. Grundaufgabe. Vierte Proportionale. Besonderer Fall: Dritte Proportionale. Algebraische Form: $ax = bc$ und $ax = b^2$, d. h. die Konstruktion der vierten Proportionalen ist gleichwertig der Auflösung der allgemeinen Gleichung ersten Grades (a kann auch negativ sein!). Zwei Konstruktionsarten, die zweite mittels (26).

°(29) 2. Grundaufgabe. Eine Strecke l im Verhältnis (a) zweier Zahlen p und q, (b) zweier Strecken a und b zu teilen. Drei Konstruktionsarten, die dritte mittels (26).

Lehrreiche Beispiele. Eine Strecke in den Verhältnissen $p_1 : q_1$ und $p_2 : q_2$ zu teilen, wo $p_1q_2 - p_2q_1 = 1$ ist. Der Abstand der Teilpunkte ist $\frac{1}{(p_1 + q_1)(p_2 + q_2)}$ der Strecke.

Beispiel. $p_1 = 4, q_1 = 7; \; p_2 = 7, q_2 = 12.$

(30) Weitere Aufgaben zur Anwendung des Proportionallehrsatzes.

(31) 9. geometrischer Ort. Ort aller Punkte, deren Abstände von zwei gegebenen Geraden sich wie $p : q$ verhalten.

(32) Begriff der äußeren Teilung und der harmonischen Punkte.

(33) Satz von den Winkelhalbierenden eines Dreieckswinkels und seines Nebenwinkels. (Man findet ihn, wenn man a im Verhältnis $b : c$ teilt.)

(34) 10. geometrischer Ort. Der Kreis des Apollonius.[1])

(35) Aufgaben darüber.

---

1) Vgl. dazu Lipken, ZMNU 53, 1922, S. 20.

Viertes Kapitel.

Der Planimetrielehrstoff der Untersekunda (Klasse VI).

Erster Abschnitt.

Freie Ähnlichkeit.

Lehrgang.

Dreiecke.

°(1) Erklärung. Zwei Dreiecke heißen *ähnlich*, wenn zwei Winkel im einen so groß sind wie im andern. Das Zeichen $\sim$.

(2) Geg. zwei ähnliche Dreiecke. Ges. die Figur des Winkelsatzes mittels der zwei Dreiecke.

(3) Der Vertauschungssatz bei einer Proportion. Beweis s. III. Kap., 6. Abschn. § 4 (25).

°(4) Satz. Die Seiten ähnlicher Dreiecke sind proportional.

°(5) Satz. Im Dreieck ist durch zwei Seitenverhältnisse das dritte bestimmt.

(6) Zeichne ein Dreieck aus a, b, c und eines aus $\lambda a, \lambda b, \lambda c$.

(7) 1. Ähnlichkeitssatz. (Umkehrung von (4)). Zwei Dreiecke sind ähnlich, wenn die Seiten des einen denen des andern proportional sind.

(8) Zeichne ein Dreieck aus b, c, α und eines aus $\lambda b, \lambda c, \alpha$.

(9) 2. Ähnlichkeitssatz. Zwei Dreiecke sind ähnlich, wenn das Verhältnis zweier Seiten und der von ihnen eingeschlossene Winkel im einen so groß sind wie im andern.

(10) 3. Ähnlichkeitssatz. Erklärung (1) der Ähnlichkeit.

(11) Zeichne ein Dreieck aus a, b, α und eines aus $\lambda a, \lambda b, \alpha$ $(a > b)$.

(12) 4. Ähnlichkeitssatz. Zwei Dreiecke sind ähnlich, wenn das Verhältnis zweier Seiten und der Gegenwinkel der größeren von ihnen im einen so groß ist wie im andern.

°(13) Anderer Ausdruck für die Ähnlichkeitssätze. Die Gestalt eines Dreiecks ist bestimmt (a) durch die Verhältnisse der drei Seiten, (b) durch das Verhältnis zweier Seiten und den eingeschlossenen Winkel, (c) durch zwei Winkel, (d) durch das Verhältnis zweier Seiten und den Gegenwinkel der größeren.

(14) Wodurch ist die Gestalt eines rechtwinkligen und die eines gleichschenkligen Dreiecks bestimmt?

(15) Was ist über das gleichschenklig-rechtwinklige und das gleichseitige Dreieck zu sagen?

(16) Allgemeiner Dreiecksähnlichkeitssatz. In zwei ähnlichen Dreiecken verhalten sich je zwei entsprechende „Strecken“ wie ein Paar entsprechender Seiten. Beispiel: die Umfänge.

°(17) 1. Satz von den Höhen eines beliebigen Dreiecks (nicht „Höhensatz“!). Zwei Höhen eines Dreiecks verhalten sich umgekehrt wie die zugehörigen Seiten.

(18) 2. Satz von den Höhen eines beliebigen Dreiecks. Durch das Verhältnis einer Dreieckshöhe zu einer nicht zu ihr gehörigen Seite ist ein Dreieckswinkel bestimmt.

°(19) Die Flächen ähnlicher Dreiecke verhalten sich wie die Quadrate entsprechender Seiten.

Vielecke.

°(20) Erklärung. Zwei Vielecke heißen ähnlich, wenn sie sich von zwei entsprechenden Ecken aus in dieselbe Anzahl ähnlicher Dreiecke zerlegen lassen.

°(21) Aufgabe. Über einer gegebenen Seite (Eckenlinie) ein Vieleck zu zeichnen, das einem gegebenen ähnlich ist.

(22) Geg. zwei ähnliche Vielecke. Ges. die verallgemeinerte Figur des Winkelsatzes.

°(23) Satz. Die Seiten und Eckenlinien zweier ähnlicher Vielecke sind proportional, entsprechende Winkel gleich.

(24) Satz. In ähnlichen Vielecken verhalten sich entsprechende „Stücke“, z. B. die Umfänge, wie entsprechende Seiten.

(25) Die Flächen ähnlicher Vielecke verhalten sich wie die Quadrate entsprechender Seiten.

Die Lehre von der *freien* Ähnlichkeit ist gewiß von kleinerem geometrischem Bildungswert als die von der *perspektiven* Ähnlichkeit. Aber schon um der Trigonometrie willen, deren Grundlage sie bildet, muß sie einen Platz im Unterricht finden. Bemerkenswert ist, daß die Lehre von der Ähnlichkeit neben dem Winkelsatz wesentlich auf dem Vertauschungssatz (3) beruht. Bei der Erklärung der Ähnlichkeit der Dreiecke und Vielecke sind Überbestimmungen absichtlich vermieden. Zudem sind sie rein geometrisch, d. h. ohne den Begriff des Verhältnisses abgefaßt.

Zweiter Abschnitt.

Perspektive Ähnlichkeit.

§ 1. Lehrgang.

*(1) Satz von der *Drehstreckung*.[1]) Sind die Dreiecke SAB und $SA'B'$ ähnlich, so sind es auch die Dreiecke SAA' und SBB'.

Bew. nach Fig. 75 auf Grund der Sätze vom Umfangswinkel. Die Umkehrung dieses Satzes fällt mit ihm selbst zusammen.

1) Vgl. unten (18).

*(2) 2. Satz von der Drehstreckung. Ist $\triangle SAB \sim \triangle SA'B'$, $\triangle SBC \sim \triangle SB'C'$, so ist auch $\triangle SCA \sim \triangle SC'A'$ und $\triangle ABC \sim \triangle A'B'C'$.

Bew. Aus $\triangle SAB \sim \triangle SA'B'$ folgt $\triangle SAA' \sim \triangle SBB'$. Aus $\triangle SBC \sim \triangle SB'C'$ folgt $\triangle SBB' \sim \triangle SCC'$. Also ist auch $\triangle SAA' \sim \triangle SCC'$ und damit $\triangle SAC \sim \triangle SA'C'$, endlich durch Winkelvergleichung $\triangle ABC \sim \triangle A'B'C'$.

°(3) 1. Satz von der perspektiven Ähnlichkeit.

Satz des Desargues. Treffen sich die Geraden AA', BB', CC' in einem Punkt S und ist $AB \parallel A'B'$, $BC \parallel B'C'$, so ist auch $CA \parallel C'A'$ (↑↑ oder ↑↓) oder:

Gehen die Verbindungsgeraden entsprechender Ecken zweier Dreiecke durch einen Punkt und sind zwei Paare entsprechender Seiten parallel, so ist auch das dritte Paar parallel.

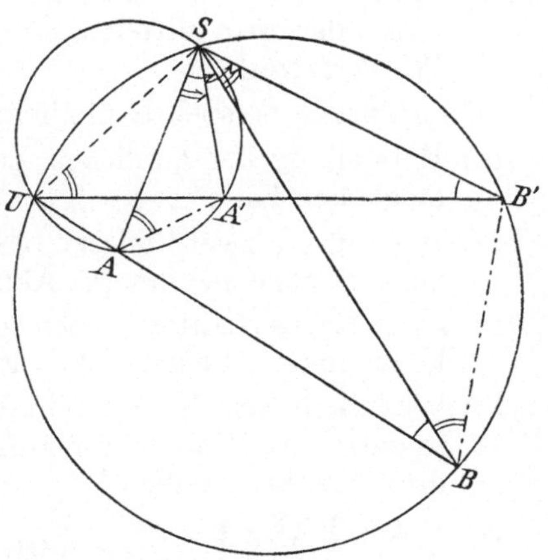

Fig. 75.

*1. Bew. Er folgt sofort aus (2), wenn man die Figur $SA'B'C'$ um S dreht, bis SA' auf SA fällt. Dieser Beweis ist unabhängig vom Begriff des Verhältnisses, aber auch unabhängig von irgend einer geometrischen Streckenrechnung. Zugrunde liegen ihm die graphischen Axiome, die Kongruenzaxiome und das Parallelenaxiom. Natürlich ist es möglich, ihn auch auf Grund des Verhältnisbegriffs zu erbringen. Dann wird er sogar viel kürzer, was aber nicht verwunderlich ist, da die ganze Arbeit dann schon im Proportionallehrsatz geleistet ist.

°(4) 2. Beweis des Satzes von Desargues. Mittels der Umkehrung des Winkelsatzes.

°(5) 2. Satz von der perspektiven Ähnlichkeit. Umkehrung des Satzes von Desargues. Sind die Seiten zweier Dreiecke paarweise parallel (↑↑ oder ↑↓), so gehen die Verbindungslinien entsprechender Ecken durch einen Punkt.

°(6) Erklärung. Zwei Dreiecke, wie die im Satz des Desargues, nennt man *ähnliche Dreiecke in ähnlicher Lage* oder *perspektiv ähnliche Dreiecke.*

°(7) Herstellung der ähnlichen Lage zweier freier ähnlicher Dreiecke. Alle möglichen Fälle. *Äußerer* und *innerer Ähnlichkeitspunkt* S. *Ähnlichkeitsstrahlen*. *Ähnlichkeitsverhältnis* oder *-maßstab* m, positiv oder negativ. Die *ähnliche Abbildung* oder *zentrische Streckung*. Die besonderen Fälle $m = \pm 1$.[1])

(8) Lösung von Aufgaben mittels der Ähnlichkeitsmethode, z. B. $\triangle$ aus $a : b : c, \varrho$; β, γ, s_a; $a : r, b, \gamma$ und viele andere.

*(9) Erweiterung des 2. Satzes von der Drehstreckung auf Vielecke.

(10) Erweiterung des Desarguesschen Satzes auf Vielecke. Zwei Beweise, der erste mittels (9), der zweite mittels der Umkehrung des Winkelsatzes.

(11) Erklärung perspektiv ähnlicher Vielecke.

(12) Herstellung der ähnlichen Lage zweier ähnlicher Vielecke. Alle möglichen Fälle.

(13) Wie müssen zwei Vielecke beschaffen sein, damit sie sowohl einen äußeren als einen inneren Ähnlichkeitspunkt besitzen?

(14) Zwei Kreise besitzen einen äußeren und einen inneren Ähnlichkeitspunkt. Alle möglichen Fälle.

(15) Weitere mittels der Ähnlichkeitsmethode zu lösende Aufgaben, besonders auch Einbeschreibaufgaben, z.B.: Einem Dreieck ein Quadrat einzubeschreiben.[2])

(16) $\odot$ aus P, Q, g } Lösung mittels perspektiver Ähnlichkeit.
(17) $\odot$ aus P, g, h }

*(18) Nähere Behandlung der Drehstreckung. Die Verwandtschaft zwischen $\triangle SAB$ und $\triangle SA'B'$ in (1) heißt *Drehstreckung*, $\sphericalangle ASA' = \alpha$, Winkel der Drehstreckung, $\frac{\overline{SA'}}{\overline{SA}} = m$, ihr Maßstab. Daran schließen sich nun die reizvollen Aufgaben: 1. Geg. S, α, m, P. Ges. P'. 2. Geg. $S, \alpha, m, \overline{PQ}$. Ges. $\overline{P'Q'}$. 3. Geg. $S, \alpha, m, \triangle ABC$. Ges. $\triangle A'B'C'$. 4. Geg. S, α, m, g. Ges. g'. 5. Geg. α, m, P, P'. Ges. S (Kreis des Apollonius!). 6. Geg. m, g, g'. Ges. S (Ort von S?). 7. Geg. P auf g, P' auf g'. Ges. S (Ort von S?). 8. Geg. $\overline{PQ}$ und $\overline{P'Q'}$. Ges. S.

---

1) Man kann die Lehre von der zentrischen Streckung wie die von der axialen und zentrischen Symmetrie (I. Kap., 1. u. 4. Abschn.) natürlich auch auf Grund von Aufgaben Schritt für Schritt aufbauen, nämlich (1) Geg. S, m, P. Ges. P'. (2) Geg. $S, m, \overline{PQ}$. Ges. $\overline{P'Q'}$. (3) Geg. $S, m, \triangle ABC$. Ges. $\triangle A'B'C'$. (4) Geg. S, m, g. Ges. g'. (5) Geg. P, P', m. Ges. S. (Neue Deutung der Teilungsaufgabe.) (6) Geg. $g \parallel g', m$. Ges. S. An diese würden sich dann noch (7) Geg. $S, m, \odot (M, r)$. Ges. $\odot (M', r')$ und (8) Geg. $\odot (M, r)$ und $\odot (M', r')$. Ges. S und m anschließen. Die Aufgabe (3) würde dann von selbst zum Satz von Desargues führen.

2) Vgl. dazu Fr. W. Frankenbach, Das dem Dreieck einbeschriebene Quadrat. Progr. Liegnitz 1889.

§ 2. Die elementare „stetigkeitsfreie" Proportionenlehre.

1. Wir wollen jetzt noch einiges über die elementare „stetigkeitsfreie" Proportionenlehre anfügen, die KOMMERELL[1]) gegeben hat, die wir aber noch mehr vereinfachen.[2])

Zunächst sind die Nr. (1) des 1. Abschnitts und (1), (2), (3), (5) des vorigen Paragraphen zu wiederholen. Dann folgen die

1. **Def.** Liegen die Punktreihen $A, B, C \ldots$ und $A', B', C' \ldots$ auf zwei Strahlen durch S so, daß $AA' \parallel BB' \parallel CC' \ldots$ ist, so heißen die Punktreihen *ähnlich:* $S, A, B, C \ldots \sim S, A', B', C'$, und *in parallelperspektivischer Lage befindlich.* Die beiden Strahlen heißen die *Träger* der Punktreihen.

2. **Def.** Auch die Streckenreihen $\overline{SA}, \overline{SB}, \overline{SC} \ldots$ und $\overline{SA'}, \overline{SB'}, \overline{SC'} \ldots$ heißen *ähnlich:* $\overline{SA}, \overline{SB}, \overline{SC} \ldots \sim \overline{SA'}, \overline{SB'}, \overline{SC'} \ldots$ und *in parallelperspektivischer Lage befindlich.*

Nr. (1) des vorigen Paragraphen führt sofort zum

1. **Satz.** (Vertauschungssatz.) Aus $\overline{SA}, \overline{SB} \sim \overline{SA'}, \overline{SB'}$ folgt $\overline{SA}, \overline{SA'} \sim \overline{SB}, \overline{SB'}$.

Bew. Ist $S, A, B \sim S, A', B'$, so drehe man $\triangle SAA'$ um S um einen beliebigen $\sphericalangle ASB$. Dann gilt § 1, (1). Man kann also das $\triangle SA'B'$ um S um den $\sphericalangle ASA'$ drehen, so daß SA' auf SA fällt. Dann wird $AB \parallel A'B'$. Das bedeutet aber $\overline{SA}, \overline{SA'} \sim \overline{SB}, \overline{SB'}$.

Wir können nun aber eine weitere wichtige Folgerung aus § 1 (1) ziehen: Ist $S, A, B \sim S, A', B'$, so drehen wir wiederum $\triangle SAA'$ um S um einen beliebigen $\sphericalangle ASB$. Dann gilt § 1 (1), d. h. es ist $\triangle SAB \sim \triangle SA'B'$. Jetzt drehen wir $\triangle SA'B'$ um S um einen weiteren Winkel in eine neue Lage. Dann bleibt natürlich $\triangle SAB \sim \triangle SA'B'$. Nach § 1 (1) ist wieder $\triangle SAA' \sim \triangle SBB'$, nur ist $\sphericalangle ASA'$ jetzt ein anderer als vorher. Dreht man dann $\triangle SAA'$ um S so lange, bis SA' auf SA fällt, so erhält man wieder $AA' \parallel BB'$. Das bedeutet den

2. **Satz.** (Fundamentalsatz.) Zwei ähnliche Punktreihen in parallelperspektivischer Lage bleiben in parallel-perspektivischer Lage, wenn man den Winkel ihrer Träger verändert.

Jetzt können wir wieder die 1. Definition vom Kap. III, Abschn. 6, § 1 anschließen, diesmal in der Form der

3. **Def.** $\overline{SA}$ hat zu $\overline{SB}$ dasselbe Verhältnis wie $\overline{SA'}$ zu $\overline{SB'}$, in Zeichen $(\overline{SA}, \overline{SB}) = (\overline{SA'}, \overline{SB'})$, wenn $\overline{SA}, \overline{SB} \sim \overline{SA'}, \overline{SB'}$ ist.

---

1) S. o. S. 74, Anm. 2.

2) Vgl. K. Fladt, über eine elementare, rein geometrische Proportionenlehre. Sitz.-Ber. d. Berl. Math.-Ges. XXVI, 1927.

Daß sie erlaubt ist, folgt eben daraus, daß sie für jede Größe des $\sphericalangle ASA'$ besteht, oder, anders ausgedrückt, daß aus $(\overline{SA}, \overline{SB}) = (\overline{SA'}, \overline{SB'})$ wieder $\overline{SA}, \overline{SB} \sim \overline{SA'}, \overline{SB'}$ folgt.

Von den Sätzen über Proportionen in Kap. III, Abschn. 6, § 1 sind (I) und (IV) wie dort zu beweisen, (II) ist nur eine andere Ausdrucksweise für den Desarguesschen Satz, (III) die Proportionsform unseres 1. Satzes.

2. Um nun eine wirklich elementare Proportionenlehre zu haben, müssen wir die Streckenrechnung, vor allem die Produktgleichung (V) jenes Paragraphen vermeiden. Es dürfen nur Proportionen verwendet werden. Daher müssen den Sätzen (I) bis (IV) über Proportionen noch alle diejenigen hinzugefügt werden, die aus (I) bis (IV) mittels (V) folgen. Diese Sätze findet man folgendermaßen:

Soll ein Beweis mittels Proportionen durchgeführt werden, so müssen immer zwei Streckenproportionen eine dritte zur Folge haben. Soll aus den beiden in der üblichen Form geschriebenen Streckenproportionen $a : b = a' : b'$ und $c : d = c' : d'$ eine neue folgen, so müssen sie in zwei Gliedern übereinstimmen. Dies führt unter Benützung von (III) auf die zwei allein möglichen Fälle

$$(1\text{a}) \quad \begin{Bmatrix} a : b = a' : b' \\ a : b = c' : d' \end{Bmatrix} \qquad (2\text{a}) \quad \begin{Bmatrix} a : b = a' : b' \\ a : c = c' : b' \end{Bmatrix}$$

mit den Folgerungen

$$(1\text{b}) \quad a' : b' = c' : d' \qquad (2\text{b}) \quad b : c = c' : a'.$$

(1a) und (1b) bedeuten nichts anderes als Proportionssatz (II), d. h. den Lehrsatz des Desargues. (2a) und (2b) dagegen ergeben die Figur des Pascalschen Satzes.

(2b) folgt aus (2a) seither durch Vermittlung von (V). Soll (V) vermieden werden, so muß diese Folgerung selbständig bewiesen werden, d. h. es muß den Proportionssätzen (I) bis (IV) noch der Satz hinzugefügt werden

3. Satz. (Pascalscher Satz.) Aus $(\overline{SA}, \overline{SB}) = (\overline{SA'}, \overline{SB'})$ und $(\overline{SA}, \overline{SC}) = (\overline{SC'}, \overline{SB'})$ folgt $(\overline{SB}, \overline{SC}) = (\overline{SC'}, \overline{SA'})$.

Kommerell gibt a. a. O. einen rein geometrischen Beweis des Pascalschen Satzes. Kürzer ist der Hilbertsche [s. o. Kap. III, Abschn. 6, § 2, (2)]. Oder aber, und das ist am kürzesten, man beweist ihn unmittelbar auf Grund von (III) (Fig. 76).

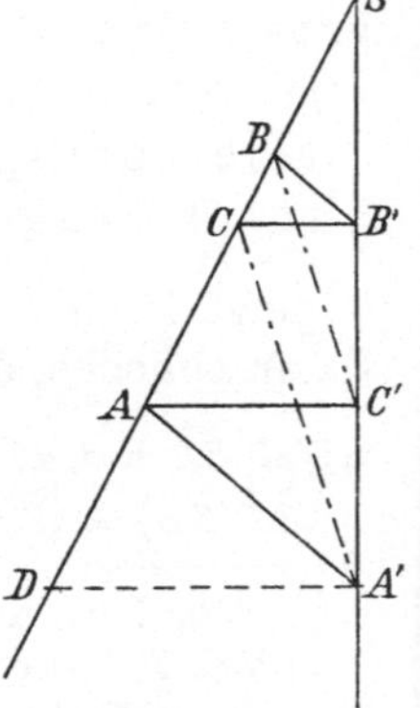

Fig. 76.

Man zieht $A'D \parallel B'C$. Dann ist $(\overline{SA}, \overline{SB}) = (\overline{SA'}, \overline{SB'})$ Voraussetzung), $(\overline{SA'}, \overline{SB'}) = (\overline{SD}, \overline{SC})$ (Konstruktion).

Daraus folgt $(\overline{SA}, \overline{SB}) = (\overline{SD}, \overline{SC})$ und daraus nach (III) $(\overline{SA}, \overline{SD}) = (\overline{SB}, \overline{SC})$. Nun ist $(\overline{SA}, \overline{SD}) = (\overline{SC'}, \overline{SA'})$ (Konstruktion), also $(\overline{SB}, \overline{SC}) = (\overline{SC'}, \overline{SA'})$, d. h. $BC' \parallel CA'$.

Nun können alle Aufgaben und Sätze der Geometrie, die auf Proportionen führen, wörtlich unverändert aus der gewöhnlichen Proportionenlehre übertragen werden. Nur bedeutet $a : b = c : d$ nicht mehr eine Maßbezeichnung, sondern nur noch die rein geometrische Lagebeziehung $(a, b) = (c, d)$ der 3. Definition. Freilich ist diese abstrakter als die Maßbeziehung, und für Klasse VI kaum brauchbar. Aber vielleicht kann auf der Oberstufe davon die Rede sein.

Dritter Abschnitt.

Proportionalität beim rechtwinkligen Dreieck und beim Kreis.

Die Satzgruppe des Sekantensatzes.

§ 1. Lehrgang.

Dieser Abschnitt ist im Grunde genommen eine Wiederholung des 5. Abschnitts von Kap. III. Nur bildete dort die *Flächengleichheit* den Beweisgrund, während ihn hier die *Ähnlichkeit* liefert. Die Satzgruppe des Sekantensatzes, die ja die Satzgruppe des Pythagoras in sich enthält, bildet die Grundlage (1) der Anwendung der Algebra auf die Geometrie, (2) der geometrischen Lösung aller quadratischen Aufgaben, d. h. der quadratischen Gleichung (§ 2) und (3) der Kreis- oder Inversionsgeometrie. Daher umfaßt sie die wichtigsten Sätze der Geometrie.

°(1) Der Produktsatz. Aus $a : b = c : d$ folgt $ad = bc$.

1. Beweis: durch Rechnung. 2. Beweis: geometrisch gemäß Fig. 77. Die Fig. 77 verbindet den Winkelsatz $(a : b = c : d)$ mit dem Gnomonsatz $(ad = bc)$ vermittels des Desarguesschen Satzes $(\triangle EAC \sim \triangle FBD)$. Für den Unterricht bedeutet ad den Flächeninhalt des Rechtecks aus a und d in Form des Produkts der Maßzahlen von a und d. Dabei sind die Schüler jetzt darauf hinzuweisen, daß a, d und ad nicht, wie im 4. und 5. Abschnitt des III. Kap., nur rationale, sondern gemäß dem 6. Abschn. des III. Kap. auch irrationale Maßzahlen haben können.

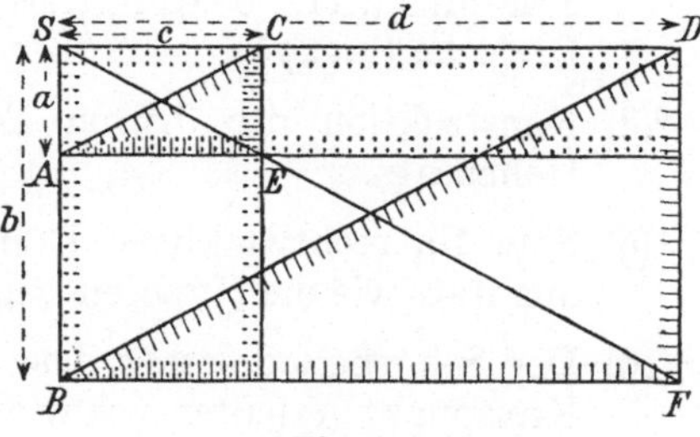

Fig. 77.

Der Satz (1) und die Fig. 77 behalten aber auch rein geometrisch, d. h. unabhängig von jedem Maßbegriff, ihre Bedeutung. Die Proportion $a : b = c : d$ oder

$(a, b) = (c, d)$, wie wir jetzt lieber schreiben, bedeutet rein geometrisch, daß die vier Strecken a, b, c, d wie in Fig. 77 liegen. Auf Grund des Desarguesschen Satzes folgt hieraus die Flächengleichheit der Rechtecke aus a, d und b, c. Führt man für den Flächeninhalt (das „Inhaltsmaß") des Rechtecks aus a, d das Symbol $a \cdot d$ oder ad ein, so ist $ad = bc$ der Ausdruck der Flächengleichheit. Daß ad den Charakter eines Produkts hat, folgt aus der Gültigkeit der beiden geometrisch einleuchtenden Gesetze $ad = da$, $a(d + e) = ad + ae$. Nirgends aber braucht im „Produkt" ad von Maßzahlen die Rede zu sein. Da umgekehrt aus $ad = bc$ vermöge des Desarguesschen Satzes $(a, b) = (c, d)$ folgt, so bedeutet $ad = ac$ dasselbe wie $(a, a) = (c, d)$. Daraus folgt aber $c = d$, d. h. der Satz: Flächengleiche Rechtecke von gleichen Grundlinien haben gleiche Höhen. Damit ist die Lehre vom Flächeninhalt der Rechtecke ohne Streckenrechnung begründet.

°(2) Erklärung der mittleren Proportionalen, des geometrischen Mittels. Vergleich mit dem arithmetischen und harmonischen Mittel.
Satz. Es ist $\frac{2pq}{p+q} < \sqrt{pq} < \frac{p+q}{2}$ (Fig. 78).

°(3) *Kathetensatz.*

°(4) *Höhensatz.*

°(5) Konstruktion der mittleren Proportionalen mit dem Kathetensatz.

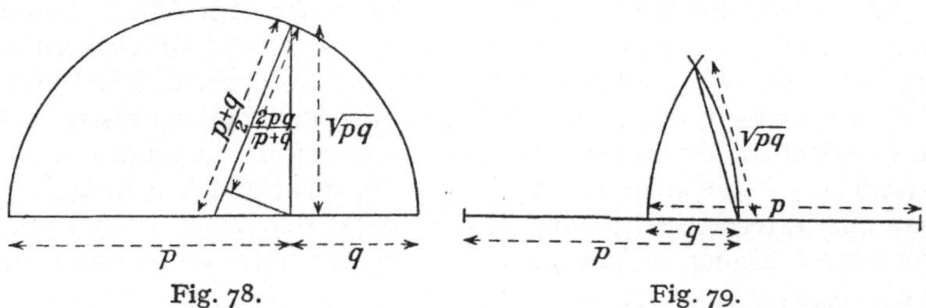

Fig. 78. Fig. 79.

°(6) Desgl. mit dem Höhensatz.

°(7) Kürzeste Konstruktion der mittleren Proportionalen nach Thomas Strode (3. 11. 1684) mittels zweier ähnlicher gleichschenkliger Dreiecke (Fig. 79).

°(8) Konstruktion der dritten Proportionalen mit Katheten- oder Höhensatz.

*(9) Satz. Im rechtwinkligen Dreieck verhalten sich die Kathetenquadrate wie die Hypotenusenabschnitte.

*(10) Der Sehnenquadratsatz. Die Quadrate der Sehnen durch einen Kreispunkt verhalten sich wie die Projektionen der Sehnen auf den Durchmesser durch den Kreispunkt.

*(11) Zeichne Strecken, die sich wie $\sqrt{1} : \sqrt{2} : \sqrt{3} : \ldots$ und solche, die sich wie $1 : 4 : 9 : \ldots$ verhalten.

*(12) Eine gegebene Strecke so zu teilen, daß sich die Abschnitte wie $p^2 : q^2$ verhalten.

*(13) Eine gegebene Strecke so zu teilen, daß sich die Quadrate der Abschnitte wie $q : p$ verhalten.

°(14) Kürzester Beweis des Pythagoras. (5. Abschnitt (5), 12. Beweis.)

°(15) Allgemeiner Pythagoras.

(16) Aufgaben darüber.

°(17a) Sekantensatz.	°(17b) Sehnensatz.
↓	↓
°(18a) Tangentensatz.	°(18b) Halbsehnensatz.
↓	↓
°(19a) Kathetensatz.	°(19b) Höhensatz.

Zusammenfassung der Satzgruppen (17) bis (19) des *Sekantensatzes* zum sog. zweiten *Strahlensatz* (der erste Strahlensatz ist die 3. Form des Proportionallehrsatzes) [III. Kap. 6. Abschn. § 4 (21)]:

°(20) Wird ein Kreis von einem Strahlenbüschel geschnitten, so ist das Produkt der beiden vom Scheitel des Büschels aus gemessenen Abschnitte jedes Strahls konstant.

(21) Konstruktion der mittleren Proportionale mit dem Tangenten- oder Halbsehnensatz.[1])

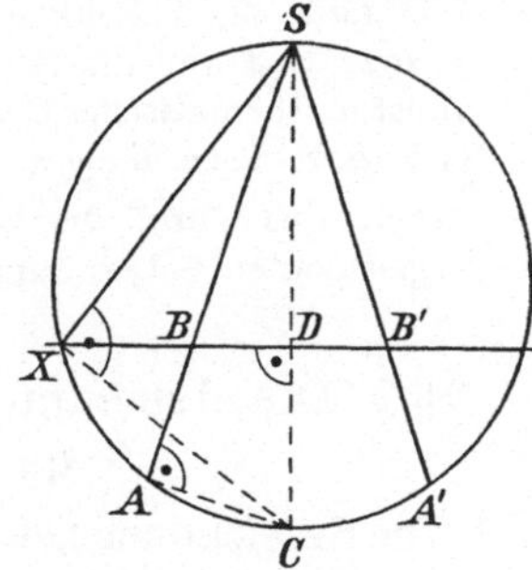

Fig. 80.

(22) ⊙ aus P, Q, g } Lösung mittels einer mittleren Proportionale

(23) ⊙ aus P, g, h } (vgl. (16) und (17), 2. Abschn. § 1).

(24) Weitere Aufgaben über die mittlere Proportionale.

*(25) Stimmen zwei Dreiecke in einer Seite und einem anliegenden Winkel überein, so verhalten sich ihre Flächeninhalte wie die andern den Winkel einschließenden Seiten.

*(26) Die Flächeninhalte zweier Dreiecke mit einem gleichen Winkel verhalten sich wie die Rechtecke aus den diesen Winkel einschließenden Seiten.

*(27) Ein Dreieck in ein anderes mit gleichem α und neuem β zu verwandeln.

*(28) Ein Dreieck in ein anderes zu verwandeln, das einem gegebenen ähnlich ist.

---

1) Eine besondere Form dieser Konstruktion, bei der keine Lote zu ziehen sind, gibt Schneider in den Unterrichtsblättern f. Math. u. Nat. XXIV, 1918, S. 89: In einen beliebigen Kreis wird $\overline{SA} = \overline{SA'} = p$ einbeschrieben und darauf $\overline{SB} = \overline{SB'} = q$ abgetragen. BB' trifft den Kreis in X, wo $\overline{SX}^2 = \overline{SC} \cdot \overline{SD} = \overline{SA} \cdot \overline{SB}$ ist (Fig. 80).

*(29) Ein Dreieck in ein gleichschenkliges mit α an der Spitze zu verwandeln.

*(30) Ein Dreieck in ein gleichseitiges zu verwandeln.

*(31) Ein Dreieck in ein gleichschenklig-rechtwinkliges zu verwandeln.

*(32) Ein Dreieck durch Parallelen zur Grundlinie in n gleiche Teile zu teilen.

*(33) Desgl. ein Trapez.

*(34) Einen Kreis durch konzentrische Kreise in n gleiche Teile zu teilen.

*(35) Desgl. einen Kreisring.

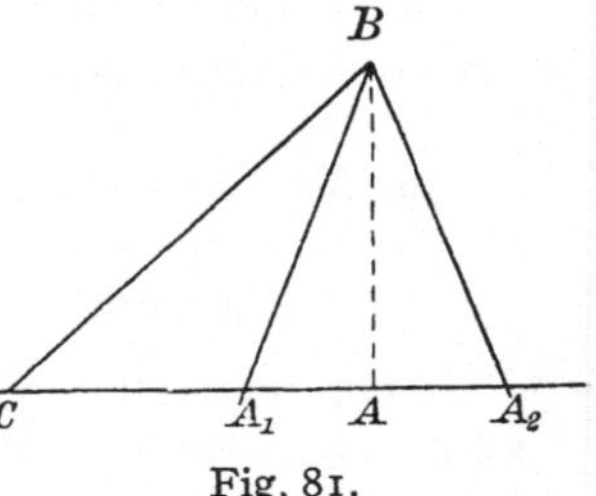

Fig. 81.

Bem. Zum Schlusse sei noch auf die Abh. von H. Dörrie, der Schenkeltransversalensatz, ZMNU 53, 1922, S. 8 und die Schrift von K. Hagge, Die Kunst mathematischer Schönheit und Einfachheit „Geometrographie", 1. Heft, Kiel 1922, S. 22 hingewiesen, wo die methodische Bedeutung und Verwendbarkeit des durch die Beziehung $\overline{BC}^2 = \overline{BA_1}^2 + \overline{CA_1} \cdot \overline{CA_2}$ in der Fig. 81 ausgedrückten Satzes dargelegt wird.

*§ 2. Die elementargeometrische Auflösung der gemischt-quadratischen Gleichung.

1. Die Bezeichnung „elementar-geometrisch" soll besagen, daß in den zu benützenden Figuren nur Gerade und Kreise, nicht auch andere Kurven, z. B. die übrigen Kegelschnitte, vorkommen sollen. Damit ist eine Schranke gegenüber der analytischen Geometrie errichtet, deren Hilfe grundsätzlich erst bei der geometrischen Lösung der kubischen und biquadratischen Gleichungen in Anspruch genommen werden muß. In einem andern Punkt jedoch ist die Grenze nicht so scharf. Die Mathematik des Altertums und die abendländische Mathematik des Mittelalters kennt keine negativen und noch viel weniger imaginäre Wurzeln. Die elementargeometrischen Lösungen der *quadratischen Gleichung* kennen also zunächst nur *positive* Wurzeln. Es stellte sich aber als möglich heraus, quadratische Gleichungen elementargeometrisch zu lösen und dabei die Vorzeichen zu berücksichtigen, ohne eigentlich analytische Geometrie zu treiben. Demgemäß zerfallen die Lösungsmethoden in zwei Gruppen, je nachdem nur die absoluten oder die mit Vorzeichen versehenen Werte der Wurzeln genommen werden.

2. Die erste Gruppe umfaßt zwei verschiedene Verfahren, von denen das erste unverdientermaßen in Vergessenheit geraten zu sein scheint. Dies erste Verfahren heiße das *Euklidische,* weil es bei Euklid organisch in den Aufbau der Elementarmathematik eingefügt ist, bei ihm die Lösungsmethode der quadratischen Gleichung schlechthin bildet. Nach dem Zeugnis des Eudemus (um 320 v. Chr.) stammt es aber schon aus der Schule des Pythagoras (um 550 v. Chr.). Es ist die *pythagoreische Flächen-*

anlegung. Bei Euklid kommt sie in einfachster Form im II. Buch der *Elemente* vor, eine Ergänzung dazu enthalten die *Data*, in ausführlicher Darstellung erscheint sie im VI. Buch der *Elemente*. Der 5. und 6. Satz des II. Buches lauten in mathematischen Zeichen (Fig. 82):

Fig. 82 a, b.

$$\text{II}\,5.\ \overline{AY}\cdot\overline{YD}+\overline{MY^2}=\overline{AM^2}\quad\text{oder}\quad (s-x)\,x+\left(\frac{s}{2}-x\right)^2=\left(\frac{s}{2}\right)^2.$$

$$\text{II}\,6.\ \overline{AY}\cdot\overline{YD}+\overline{AM^2}=\overline{MY^2}\quad\text{oder}\quad (s+x)\,x+\left(\frac{s}{2}\right)^2=\left(\frac{s}{2}+x\right)^2.$$

Die Beweise erfolgen mittels des Gnomonbegriffs. In den Fig. 83 ist $ABXY = ABNM + MNXY = MNCD + XA'B'C$
$= \text{Gnomon}\; MNXA'B'D = \pm\,(MSB'D - NSA'X)$.

Schreiben wir die beiden Gleichungen in der Form

$$sx - x^2 = \left(\frac{s}{2}\right)^2 - \left(\frac{s}{2}-x\right)^2$$

$$sx + x^2 = \left(\frac{s}{2}+x\right)^2 - \left(\frac{s}{2}\right)^2,$$

so sehen wir, daß mit ihnen die „quadratische Ergänzung“ auf geometrische Weise gewonnen ist.

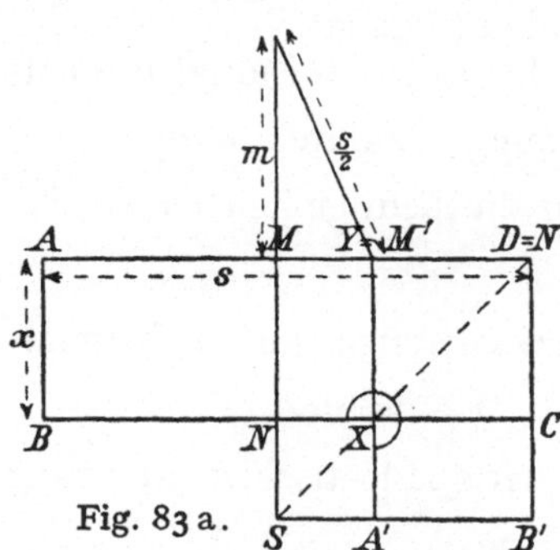

Fig. 83 a.

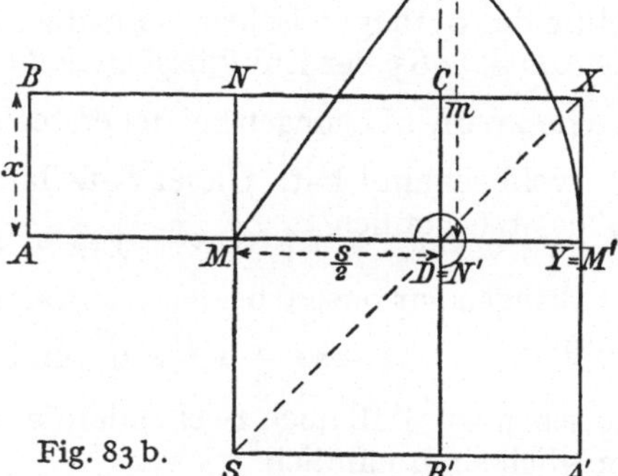

Fig. 83 b.

Eine erste Anwendung gibt der 11. Satz des II. Buches der Elemente, wo die „goldene“ Teilung als Flächenaufgabe gelöst wird. Die Konstruktion erfolgt mittels der Gleichung $\left(\frac{s}{2}+x\right)^2 = s^2 + \left(\frac{s}{2}\right)^2$, die nach II 6 in der Form $(s+x)\,x + \left(\frac{s}{2}\right)^2 = s^2 + \left(\frac{s}{2}\right)^2$ geschrieben werden kann, woraus $(s+x)\,x = s^2$ oder $x^2 = s\,(s-x)$ folgt.

Die eigentliche und zugleich allgemeinste Form der Auflösung der quadratischen Gleichung aber bringt Buch VI mit seinen Nummern 28 und 29.[1]) Wir wollen hier aber nur den einfachsten Fall durchführen, zu dessen Beweis die Sätze II 5 und II 6 hinreichen, da seine Behandlung im Unterricht auch heute noch wertvoll ist. Für diesen Fall lauten die Nummern 28 und 29 des VI. Buches folgendermaßen:

VI 28. An eine Strecke $\overline{AD} = s$ ein Rechteck $ABXY$ gleich einem gegebenen Quadrat m^2 so anzulegen, daß das *fehlende* Flächenstück $YXCD$ ein Quadrat wird.

VI 29. An eine Strecke $\overline{AD} = s$ ein Rechteck $ABXY$ gleich einem gegebenen Quadrat m^2 so anzulegen, daß das *überschießende* Flächenstück $DCXY$ ein Quadrat wird.

Das sind die beiden berühmten Aufgaben der *elliptischen* (ἔλλειψις = Mangel) und der *hyperbolischen* (ὑπερβολή = Überschuß) *Flächenanlegung*. Man erkennt, daß es sich um die Lösung der beiden quadratischen Gleichungen

$$\text{VI 28.} \quad (s - x)x = m^2$$

$$\text{VI 29.} \quad (s + x)x = m^2$$

handelt. Mittels der Figur des Gnomonsatzes treten an ihre Stelle die Gleichungen

$$\text{VI 28.} \quad \left(\frac{s}{2}\right)^2 - \left(\frac{s}{2} - x\right)^2 = m^2$$

$$\text{VI 29.} \quad \left(\frac{s}{2} + x\right)^2 - \left(\frac{s}{2}\right)^2 = m^2,$$

und damit wird in beiden Fällen die gesuchte Strecke x schließlich mit Hilfe des pythagoreischen Lehrsatzes gefunden (Fig. 83).

Aus Satz 85 der Euklidischen *Data* geht hervor, daß Euklid die Tatsache zweier Lösungen bei der ersten Gleichung — zweite Lösung $\frac{s}{2} - x$ — wohl gekannt hat. Dieser Satz lautet in die heutige Zeichensprache übersetzt nämlich

$$x + y = s, \quad xy = m^2.$$

Bringen wir unsere beiden quadratischen Gleichungen auf die Normalform

$$x^2 - sx + m^2 = 0 \quad \text{und} \quad x^2 + sx - m^2 = 0,$$

so sehen wir, daß noch zwei andere Formen der quadratischen Gleichung möglich sind, nämlich

$$x^2 + sx + m^2 = 0 \quad \text{und} \quad x^2 - sx - m^2 = 0.$$

Die erste war für die Griechen überhaupt nicht vorhanden, da sie zwei negative Lösungen hat. Die Lösung der zweiten beruht auf der Umformung $x(x - s) = \left(x - \frac{s}{2}\right)^2 - \left(\frac{s}{2}\right)^2$, die durch die Gnomonfigur 84 dargestellt werden kann, in der $DCXY$ = Gnomon $MPSRN'Y = MQN'Y - PQRS$ ist. x wird dann wieder mit Hilfe des Pythagoras konstruiert.

---

1) Näheres bei K. Fladt, Euklid. Ma-Na-Te-Bücherei Nr. 8. Berlin 1927.

3. Die Euklidische Methode ist geometrisch und geschichtlich gleich wertvoll. Sie verknüpft die wichtigsten Sätze der Flächenlehre, *Gnomonsatz* und *Pythagoras*, miteinander. Sie ist unmittelbar in die Algebra übersetzbar und liefert so einen anschaulichen Auflösungsweg für diese, anders ausgedrückt: die algebraische Lösung ist aus ihr in der Zeit zwischen EUKLID (um 325 v. Chr.) und HERON (um 200 n. Chr.) hervorgegangen. Sie zeigt deutlich das Ringen mit dem Stoff und ist so ein gutes Gegengewicht gegen die rein algebraische Methode, wo die Formel, wie jede Formel, sehr bald den Eindruck der mühelosen Beherrschung des Stoffes macht. Schließlich ist sie sehr weittragend, denn sie steht an der Eingangspforte in die Theorie der Kegelschnitte.

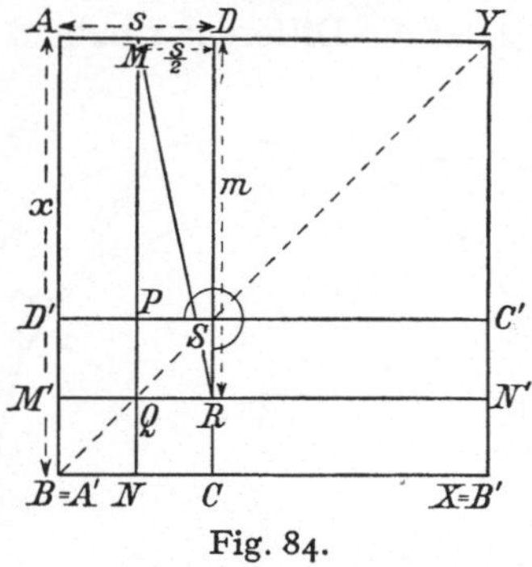

Fig. 84.

4. Das zweite Verfahren, die quadratische Gleichung aufzulösen, gründet sich auf die *Satzgruppe des Sekantensatzes*. Wir nehmen wieder unsere drei Gleichungen

$$x^2 - sx + m^2 = 0, \quad x^2 + sx - m^2 = 0, \quad x^2 - sx - m^2 = 0$$

und schreiben sie jetzt in der Form

$$x(s - x) = m^2 \qquad \begin{cases} x(x + s) = m^2 \\ x(x - s) = m^2. \end{cases}$$

Wir beginnen mit den speziellsten Sätzen unserer Satzgruppe und lösen

die linke Gleichung mit dem *Höhensatz.*

die rechten Gleichungen mit dem *Tangentensatz in der besonderen Form,* bei der die Sekante Durchmesser ist.

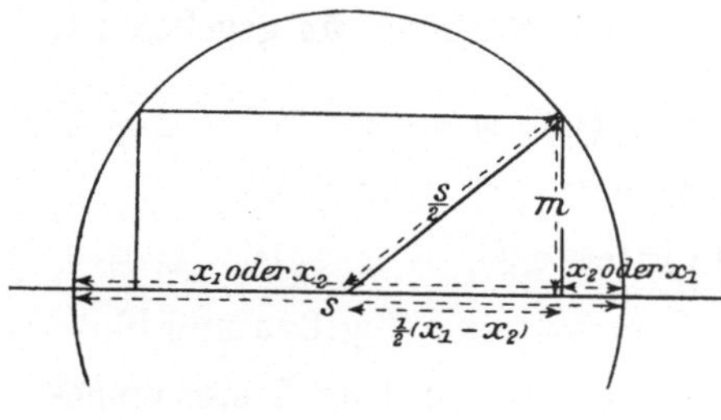

Fig. 85 a.

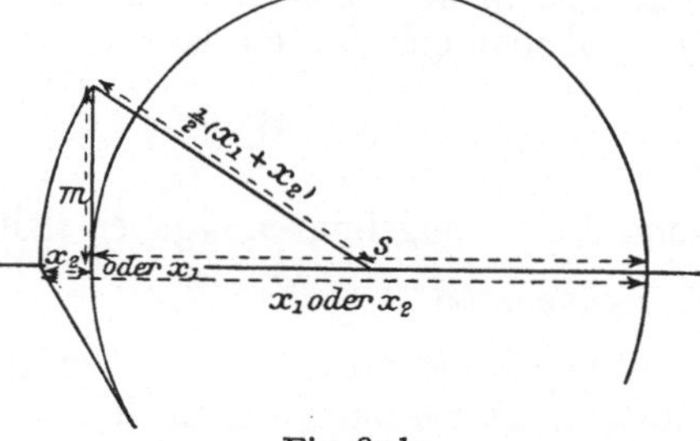

Fig. 85 b.

Die Figuren 85 a und b liefern

$$x_1 x_2 = m^2, \; x_1 + x_2 = s$$

$$\frac{x_1 - x_2}{2} \text{ oder } \frac{x_2 - x_1}{2} = \sqrt{\left(\frac{s}{2}\right)^2 - m^2}$$

$$x_1 x_2 = m^2, \; x_1 - x_2 \text{ oder } x_2 - x_1 = s$$

$$\frac{x_1 + x_2}{2} = \sqrt{\left(\frac{s}{2}\right)^2 + m^2}$$

und damit sofort wieder die algebraische Lösung der Gleichungen. In die Sprache der Geometrie übersetzt lauten die Gleichungen:

Ein Quadrat in ein Rechteck zu verwandeln, dessen Seiten die Summe oder die Differenz s haben.

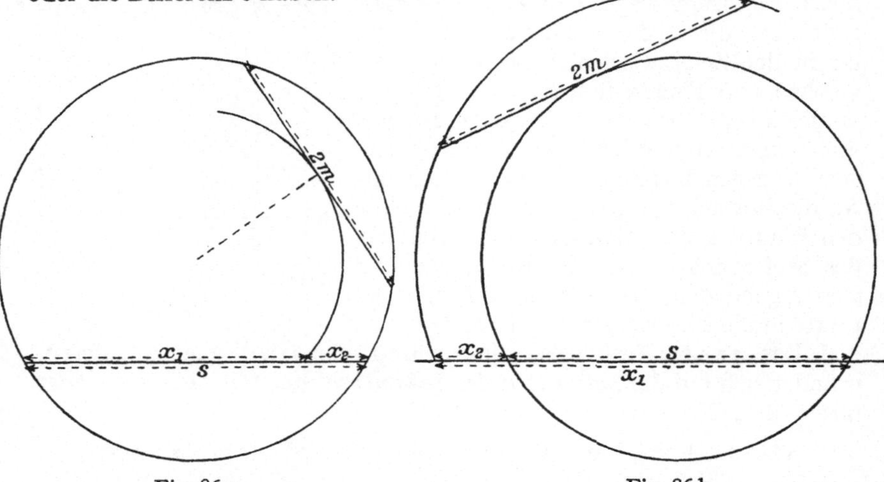

Fig. 86 a. Fig. 86 b.

Wir können die Lösungsfiguren etwas verallgemeinern, wenn wir statt des

Höhensatzes den *Halbsehnensatz*	Tangentensatzes in der besonderen, den *Tangentensatz in der allgemeinen Form*

verwenden. Der Hilfskreis ist dann ganz beliebig (Fig. 86a und b).

Wir müssen die Lösungsfiguren verallgemeinern, wenn in unsern Gleichungen nicht ein Quadrat m^2, sondern ein Rechteck pq gegeben ist. Die Gleichungen lauten dann

$x(s-x) = pq$	$\begin{cases} x(x+s) = pq \\ x(x-s) = pq \end{cases}$

und die Lösungsfiguren ergeben sich mittels des

Sehnensatzes.	*Sekantensatzes* (Fig. 87a und b).

Wir können unser zweites Verfahren in merkwürdiger Weise umgestalten. Dabei vertauschen die einander entsprechenden Sätze unserer Satzgruppe den Platz. Wir lösen jetzt die Gleichungen

$\begin{cases} x(x+s) = m^2 \\ x(x-s) = m^2 \end{cases}$	$x(s-x) = m^2$
mittels des *Höhensatzes.*	mittels *des Tangentensatzes in der besonderen Form.* (Fig. 88a und b.

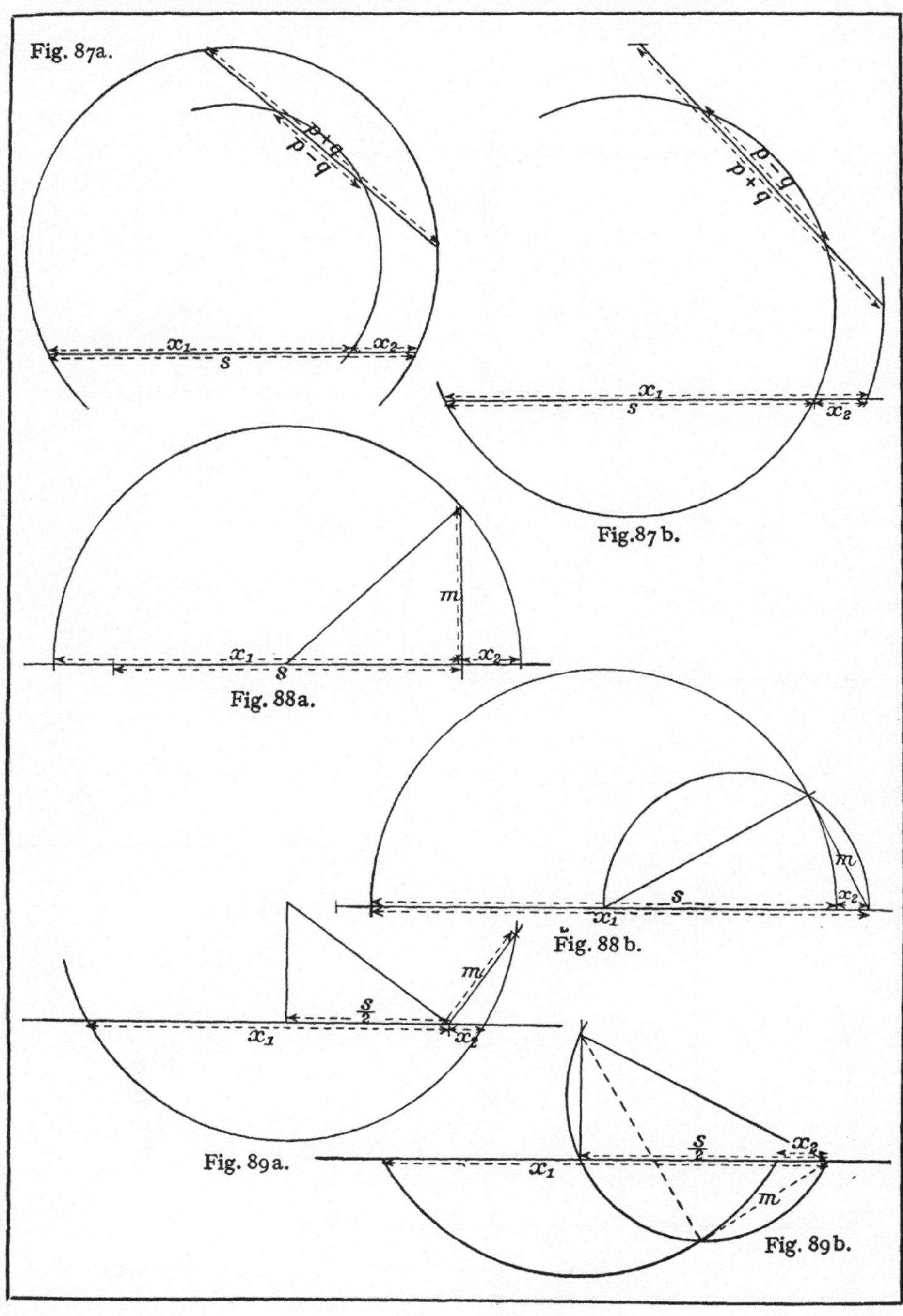

Fig. 87a.

Fig. 87b.

Fig. 88a.

Fig. 88b.

Fig. 89a.

Fig. 89b.

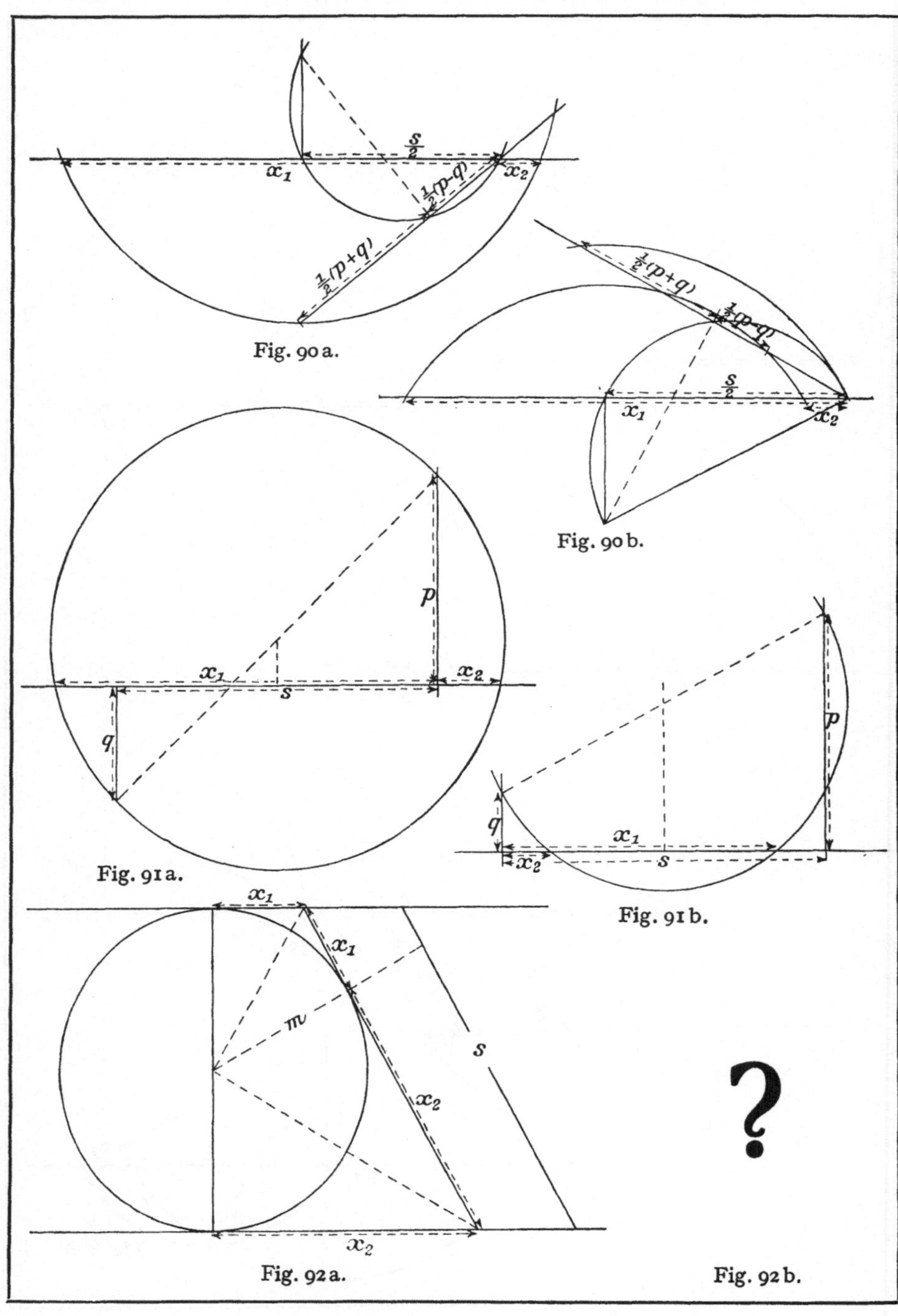

Fig. 90a.

Fig. 90b.

Fig. 91a.

Fig. 91b.

Fig. 92a.

Fig. 92b.

Man kann die Lösungsfiguren wieder verallgemeinern, wenn man den

Halbsehnensatz	*Tangentensatz in der allgemeinen Form*

benützt (Fig. 89a und b).

Man muß sie verallgemeinern, wenn die Gleichungen in der Form

$\begin{cases} x(x+s) = pq \\ x(x-s) = pq \end{cases}$	$x(s-x) = pq$

gegeben sind (Fig. 90a und b).

Die letzten Figuren werden besonders praktisch, wenn man dafür sorgt, daß die beiden Sekanten aufeinander senkrecht stehen, und wenn man den einen Abschnitt der gegebenen Sekante in die zum Sehnenlot auf s symmetrische Lage bringt (Fig. 91a und b).[1])

Wir schließen die erste Gruppe von Auflösungsverfahren mit der in Fig. 92a dargestellten Auflösung der Gleichung $x(s-x) = m^2$. Eine entsprechende Auflösung der beiden andern Gleichungen scheint nicht möglich zu sein (Fig. 92b).

5. Wir kommen zu der zweiten Gruppe von Auflösungsverfahren. Ist es möglich, für quadratische Gleichungen ein solches geometrisches Lösungsverfahren zu ermitteln, das auch die Vorzeichen der Lösungen liefert? Ein derartiges Verfahren hat v. STAUDT (1798—1867) anläßlich der Konstruktion des regelmäßigen 17-Ecks mittels eines einzigen festen Kreises angegeben.[2]) Diese Konstruktion der Lösungen einer quadratischen Gleichung ist auf sehr verschiedene Weise, aber immer sehr umständlich bewiesen worden. Vgl. z. B. ADLER, an dem in Fußn. [1]) a. O. S. 175, wo der Beweis trigonometrisch geführt ist, ENRIQUES, Fragen der Elementargeometrie, 2. Bd., Leipzig 1907, S. 180, wo er analytisch geometrisch, MITZSCHERLING, Das Problem der Kreisteilung, Leipzig 1913, S. 35, wo er mittels der Polarentheorie, GOLDENRING, Die elementargeometrischen Konstruktionen des regelmäßigen 17-Ecks, Leipzig 1915, S. 9, wo er mittels der Ähnlichkeitssätze und des Sekantensatzes gegeben ist. Wir führen hier einen sehr kurzen, elementaren Beweis. Die v. Staudtsche Konstruktion lautet (Fig. 93):

Auf den parallelen und gleichgerichteten Tangenten AD und BC des festen Kreises $\left(o, \frac{h}{2}\right)$ seien von den Berührungspunkten A und B aus die Strecken $\overline{AD} = \pm a$ und $\overline{BC} = \pm b$ in der durch ihr Vorzeichen be-

1) Vgl. Heis und Eschweiler, Lehrbuch der Planimetrie, Köln 1881 und Beinhorn, Lehrbuch der Mathematik, Ausgabe A, 2. Teil, Unterstufe II, S. 40, Berlin 1915. Bei Adler, Theorie der geometrischen Konstruktionen, Leipzig 1906, S. 177, ist diese Lösung als diejenige angeführt, die außer dem Lineal nur noch den rechten Winkel als Zeicheninstrument erfordert.

2) Journal für die reine und angew. Math. 24, 1842.

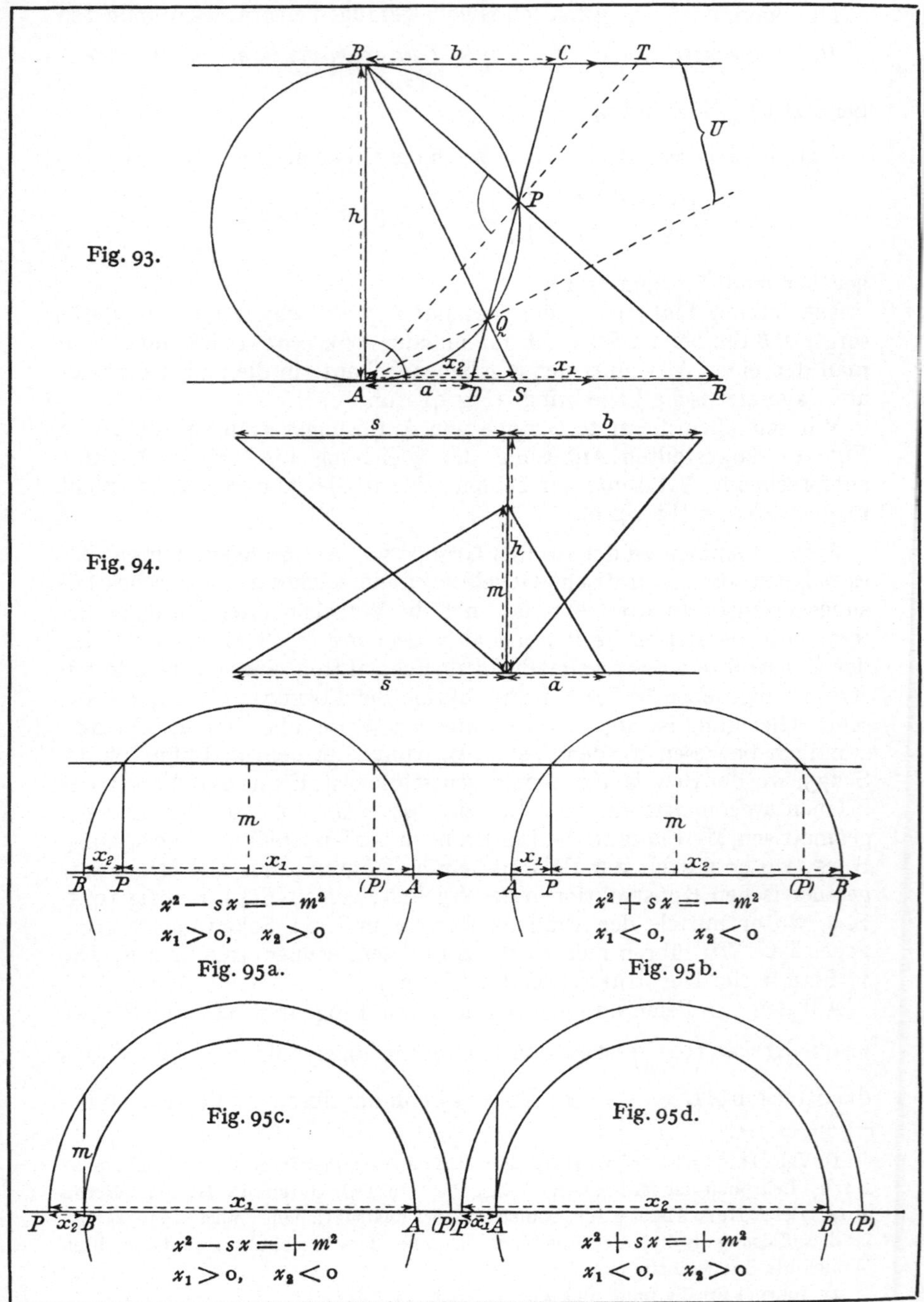

Fig. 93.

Fig. 94.

Fig. 95a.

Fig. 95b.

Fig. 95c.

Fig. 95d.

stimmten Richtung abgetragen. $\overline{CD}$ schneide den Kreis in P und Q. BP und BQ treffen AD in R und S. Dann sind $\overline{AR}$ und $\overline{AS}$ nach Größe und Richtung die Lösungen der quadratischen Gleichung

$$\pm bx^2 - h^2x \pm h^2a = 0.$$

Bew. Da $\sphericalangle APB = 90^0$, $\sphericalangle BAR = 90^0$, so ist $\frac{\overline{AR}^2}{\overline{AB}^2} = \frac{\overline{PR}}{\overline{BP}} = \frac{\overline{DR}}{\overline{BC}} = \frac{\overline{AR} - \overline{AD}}{\overline{BC}}$

oder $\frac{x^2}{h^2} = \frac{x-a}{b}$, d. h. $bx^2 - h^2x + h^2a = 0$.

Man erkennt, daß die vier möglichen Zeichenzusammenstellungen von a und b die vier möglichen Formen der quadratischen Gleichung hervorrufen. Lautet die quadratische Gleichung z. B. $x^2 - sx + m^2 = 0$, so ist $b = \frac{h^2}{s}$, $a = \frac{bm^2}{h^2} = \frac{m^2}{s}$. Daraus folgt bei gegebenem h, s, m sofort die Konstruktion von a und b (Fig. 94). Es ist natürlich zweckmäßig, $h = s$ zu wählen, dann wird $b = s$ und man braucht nur $a = \frac{m^2}{s}$ zu zeichnen. In diesem Fall ist auch die Determination sehr lehrreich.

6. Neben dieses erste, v. Staudtsche Verfahren, das zu den beiden Verfahren der ersten Gruppe als selbständiges drittes hinzukommt, tritt noch ein zweites, das aber nichts anderes ist als eine zweckmäßige Umbildung des zweiten Verfahrens der ersten Gruppe.

Herr Brües hat im 46. Band der ZMNU, 1915, S. 208 folgende Lösung angegeben (Fig. 95a, b, c, d): Um die Gleichung $x^2 + ux = v$, $u = \pm s$, $v = \pm m^2$ zu lösen, trage man auf einer Geraden, deren positiver Richtungssinn vorher festgelegt ist, unter Berücksichtigung des Vorzeichens die Strecke $\overline{AB} = u$ ab und beschreibe über $\overline{AB}$ als Durchmesser den Kreis. Alsdann suche man auf der Geraden einen der beiden Punkte P auf, deren Potenz in bezug auf den Kreis gleich v ist. (Für $v = +m^2$ ist also die von P ausgehende Tangente gleich m; für $v = -m^2$ ist die in P senkrecht auf AB stehende Sehne gleich $2m$.) Die Lösungen der Gleichung werden dann mit ihren Vorzeichen dargestellt durch $x_1 = \overrightarrow{PA}$ und $x_2 = \overrightarrow{BP}$. Denn für jede Lage der Punkte A, B, P gilt $\overrightarrow{AB} + \overrightarrow{BP} + \overrightarrow{PA} = 0$, d. h. es ist $x_1 + x_2 = -u$. Ebenso ist $\overrightarrow{PA} \cdot \overrightarrow{PB} = v$, d. h. $x_1 x_2 = -v$.

Vierter Abschnitt.

Die regelmäßigen Vielecke.

Lehrgang.

Allgemeines.

(1) Definition. Regelmäßiger Streckenzug heißt eine Reihe gleicher Strecken, die unter gleichen, gleichsinnigen Winkeln aneinandergrenzen.

(2) Satz vom regelmäßigen Streckenzug. Jeder regelmäßige Streckenzug besitzt einen Mittelpunkt. Um und in jeden regelmäßigen Streckenzug läßt sich ein Kreis beschreiben, dessen Mittelpunkt der Mittelpunkt des Streckenzugs ist.

(3) Definition des einfachen Vielecks. Ein Vieleck heißt *einfach*, wenn seine Ecken verschieden sind, keine drei von ihnen in *einer* Geraden liegen und je zwei nicht zusammenstoßende Seiten keinen Punkt gemein haben.

(4) Definition des (einfachen) regelmäßigen n-Ecks. (Einfaches) *regelmäßiges n-Eck* heißt ein (einfaches) Vieleck mit gleichen Seiten und gleichen, gleichsinnigen Winkeln. Seine Existenz für ein beliebiges n setzen wir voraus.

(5) 1. Satz vom regelmäßigen n-Eck. Jedes (einfache) regelmäßige n-Eck besitzt einen Mittelpunkt. Um und in jedes (einfache) regelmäßige n-Eck läßt sich ein Kreis beschreiben, dessen Mittelpunkt der des n-Ecks ist.

(6) 2. Satz vom regelmäßigen n-Eck. Ein einfaches, regelmäßiges n-Eck läßt sich in kongruente gleichschenklige Dreiecke mit gemeinsamer Spitze, dem Mittelpunkt des n-Ecks, zerlegen.

°(7) 3. Satz vom regelmäßigen n-Eck. Der Mittelpunktswinkel des einfachen regelmäßigen n-Ecks ist $\frac{360^0}{n}$.

°(8) 4. Satz vom regelmäßigen n-Eck. Der Eckenwinkel des einfachen regelmäßigen n-Ecks ist $\frac{n-2}{n} \cdot 180^0$.

(9) 5. Satz vom regelmäßigen n-Eck. Ein einfaches regelmäßiges $2n$-Eck besitzt $2n$ Symmetrieachsen, die n Verbindungsgeraden der Gegenecken und die n Verbindungsgeraden der Gegenseitenmitten. Ein einfaches regelmäßiges $(2n-1)$-Eck hat $2n-1$ Symmetrieachsen, die Verbindungslinien der Ecken mit den Gegenseitenmitten.

Die Sechsecksreihe.

°(10) Geg. der Umkreisradius r. Ges. das einbeschriebene regelmäßige Sechseck. Satz: $s_6 = r$.[1]) Was ist F_6?

°(11) Geg. r. Ges. das einbeschriebene regelmäßige Dreieck.

°(12) Geg. r. Ges. s_3 und F_3.

°(13) Geg. r. Ges. das einbeschriebene regelmäßige 12-Eck.

(14) Geg. r. Ges. s_{12} und F_{12}. (Es ist $OAED = OFAECD = 4 \triangle OCD = 4 \frac{F_{12}}{12}$, $F_{12} = 3r^2$) (Fig. 96).[2])

(15) Geg. r. Zeichne das regelmäßige Sternzwölfeck und berechne seine Seite.

°(16) Zeichne die *Sechsecksreihe*: Ein- und umbeschriebenes regelmäßiges Drei-, Sechs- und Zwölfeck.

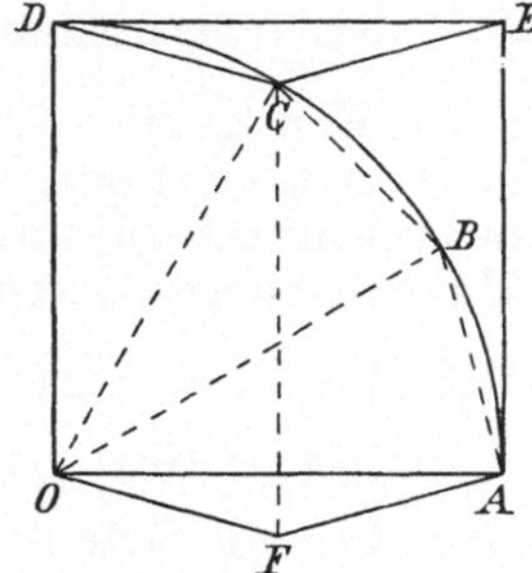

Fig. 96.

Die Vierecksreihe.

°(17) Geg. r. Ges. das einbeschriebene Quadrat.

°(18) Geg. r. Ges. s_4 und F_4.

°(19) Geg. r. Ges. das einbeschriebene regelmäßige Achteck.

(20) Geg. r. Ges. s_8 und F_8.

(21) Geg. r. Zeichne das regelmäßige Sternachteck und berechne seine Seite.

°(22) Zeichne die *Vierecksreihe*: Ein- und umbeschriebenes regelmäßiges Vier-, Acht- und Sechzehneck.

Die Berechnung der Seiten und Flächen der umbeschriebenen einfachen regelmäßigen Vielecke bleibe den Übungen vorbehalten.

Die Zehnecksreihe.

(23) Das regelmäßige Zehneck und sein *„goldenes" Dreieck.*

(24) 1. Satz vom goldenen Dreieck (Fig. 97). Aus $\overline{AB} : \overline{BC} = \overline{A'B'} : \overline{B'C'}$ folgt mit $\overline{AB} = \overline{AC}$, $\overline{BC} = \overline{BC'} = \overline{AC'}$ sofort $\overline{AC} : \overline{AC'} = \overline{AC'} : \overline{C'C}$.

°(25) Erklärung der *„goldenen" Teilung*. Der *maior* und *minor*.

(26) 2. Satz vom goldenen Schnitt. Umkehrung des 1. Satzes.

---

1) s_n und F_n sind Seite und Flächeninhalt des einbeschriebenen regelmäßigen n-Ecks.

2) Andere Figuren bei Kürschak, Math.-nat. Ber. aus Ungarn 15, 1897, S. 196, Csillag, ebd. 19, 1901, S. 70 und in der ZMNU 56, 1925, S. 228.

Bew. (Fig. 97.) Es ist $\overline{AC}:\overline{AC'}=\overline{AC'}:\overline{C'C}$, $\overline{AB}=\overline{AC}$, $\overline{BC}=\overline{AC'}$. Daraus folgt $\overline{AB}:\overline{BC}=\overline{A'B'}:\overline{B'C'}$. Nun ist $\sphericalangle ABC=\sphericalangle A'B'C'$, also $\triangle ABC \sim \triangle A'B'C'$, d. h. $\overline{A'C'}=\overline{A'B'}$. Sei $\alpha=x$, so ist $\beta=2x, \gamma=2x, \alpha+\beta+\gamma=5x=180^0$, $x=36^0$.

°(27) Die quadratische Gleichung der goldenen Teilung. Es ist

$$(1)\ r:z=z:(r-z),\qquad (2)\ z^2+rz-r^2=0,\qquad (3)\ z(z+r)=r^2.$$

Die Konstruktion ihrer positiven Lösung $z=\frac{\sqrt{5}-1}{2}r$ mit Hilfe des Tangentensatzes oder: Geg. eine Strecke r, ges. ihr *maior*.

Die Konstruktion der goldenen Teilung ist durchaus als Konstruktion der Lösung einer quadratischen Gleichung aufzufassen. Die in den Geometrielehrbüchern vorkommenden „geometrischen" Beweise sind nur Umschreibungen davon.

°(28) Geg. r. Ges. das einbeschriebene regelmäßige Zehneck.

(29) Geg. r. Ges. s_{10} und F_{10}.

(30) Geg. die Seite s'_5 des regelmäßigen Sternfünfecks. Ges. das Sternfünfeck (Pentagramm, Drudenfuß).

°(31) *Die stetige Teilung*. Sätze. (Fig. 98a u. b.) (a) Verlängert man eine Strecke um ihren *maior*, so erhält man wieder eine golden geteilte Strecke. (b) Verkürzt man den *maior* einer Strecke um ihren *minor*, so erhält man wieder eine golden geteilte Strecke. (c) Strecke und *maior* haben ein irrationales Verhältnis.

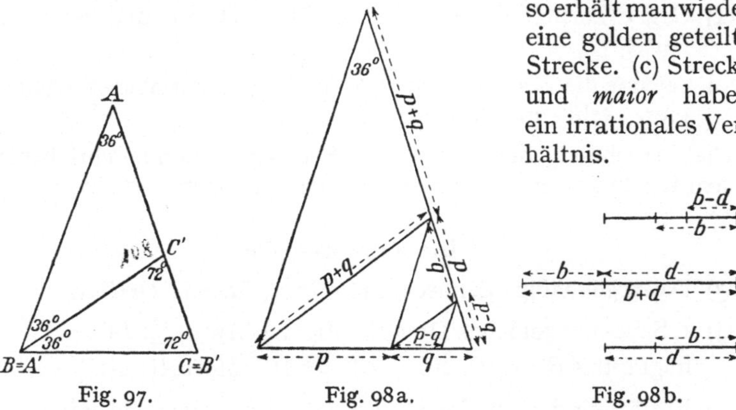

Fig. 97. Fig. 98a. Fig. 98b.

(32) Konstruktion des goldenen Dreiecks aus seiner Grundlinie.

(33) Geg. s_{10}. Ges. das regelmäßige Zehneck.

(34) Geg. s_5. Ges. das regelmäßige Fünfeck.

(35) Herstellung des regelmäßigen Fünfecks durch Knotung eines Streifens.

(36) Zusammenhang der Zehneckseite mit der Fünfeckseite. Die Figur des Ptolemäus. (Fig. 99a u. b.) Es ist $t^2 = r(r - s_{10}) = s_{10}^2$, $t = s_{10}$, $s_{10}^2 + s_6^2 = s_5^2$.

Dieselbe Beziehung gilt zwischen s_6, der Sternfünfeckseite s'_5 und der Sternzehneckseite s'_{10}: Aus ähnlichen Dreiecken (Fig. 100) folgt $\overline{AO}^2 = \overline{AD} \cdot \overline{AC}$ und $\overline{CB}^2 = \overline{CD} \cdot \overline{CA}$ und daraus durch Addition $s_6^2 + s_{10}'^2 = s_5'^2$. (Vgl. den Beweis des Euklid für $s_6^2 + s_{10}^2 = s^2$, Elemente XIII 10.)

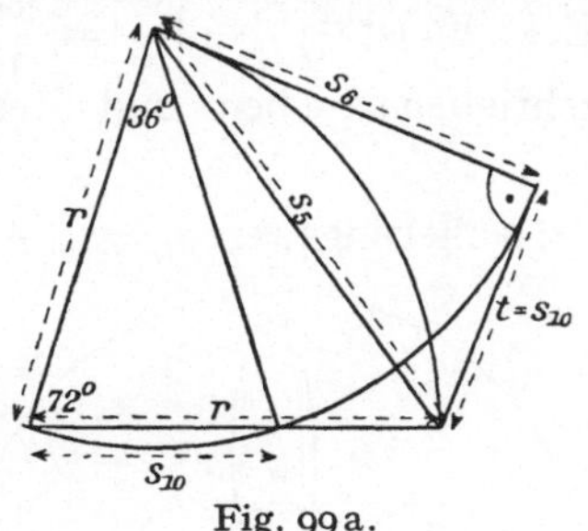
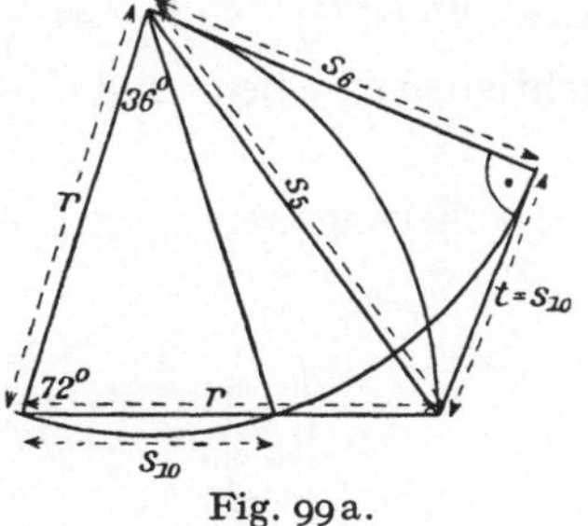

Fig. 99a.

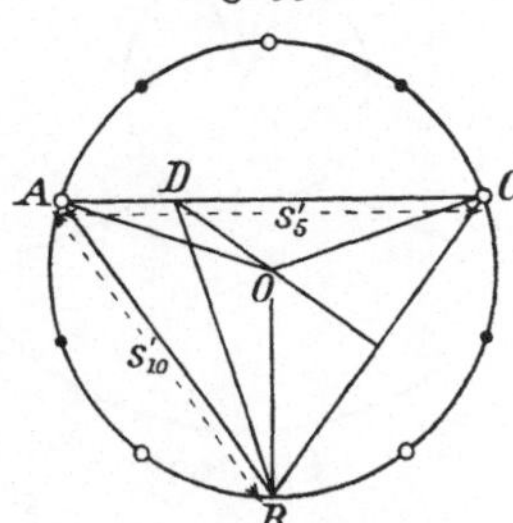

Fig. 100.

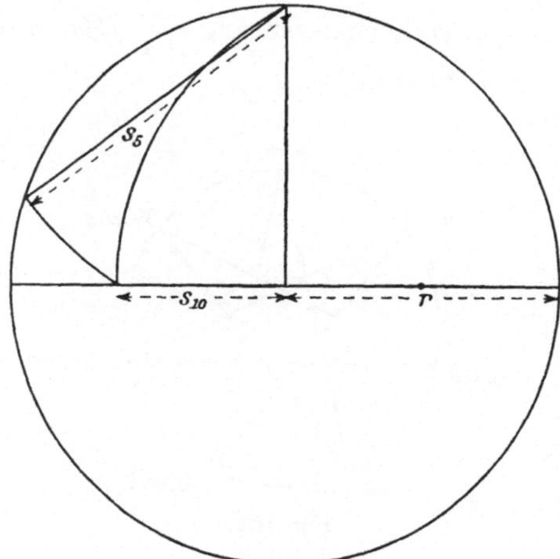

Fig. 99b.

(37) Geg. r. Ges. s_5 und die Sternfünfeckseite s'_5.

(38) Geg. r. Zeichne das regelmäßige Sternzehneck und berechne seine Seite $s'_{10} = s_{10} + r$.

(39) Goldene Teilung mittels des einbeschriebenen regelmäßigen Dreiecks¹) (Fig. 101).

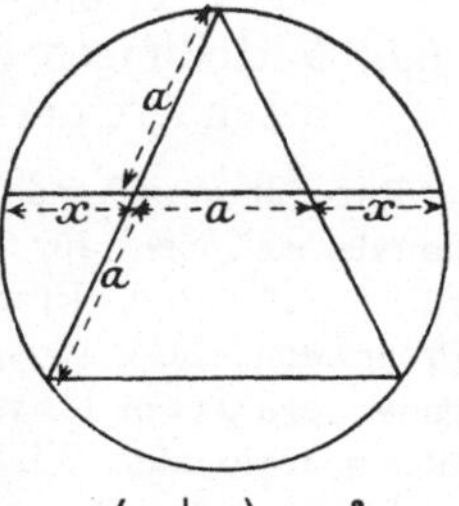

$x(x + a) = a^2$

Fig. 101.

(40) Der *maior* der Einheitsstrecke ist Wurzel der Gleichung $z^2 = 1 - z$. Daraus folgt $z^3 = z - z^2 = 2z - 1$, $z^4 = 2 - 3z$, $z^5 = 5z - 3$, $z^6 = 5 - 8z$, $z^7 = 13z - 8$, $z^8 = 13 - 21z$, $z^9 = 34z - 21$, $z^{10} = 34 - 55z, \ldots$ und daraus $z \approx 1, \frac{1}{2}, \frac{2}{3}, \frac{3}{5}, \frac{5}{8}, \frac{8}{13}, \frac{13}{21}, \frac{21}{34}, \frac{34}{55}, \ldots$ Teile demgemäß die Strecke $a = 10$ cm der Reihe nach im Verhältnis $1:2$, $2:3$, $3:5$, $5:8$, $8:13, \ldots$ und berechne, um wieviel jedesmal der Teilpunkt von dem Punkt entfernt ist, der sie golden teilt.

---

1) Wegen der daraus folgenden geometrographischen Konstruktion der beiden regelmäßigen Fünfecke vgl. die am Schlusse des 3. Abschnitts, § 1 angegebene Schrift von K. Hagge, S. 20.

(41) Weitere Aufgaben zur goldenen Teilung[1]).

(42) Zeichne die *Zehnecksreihe*: Ein- und umbeschriebenes regelmäßiges Fünf-, Zehn- und Zwanzigeck.

Weiteres über die regelmäßigen Vielecke.[2])

(43) Geg. r. Ges. das regelmäßige In-15-Eck. Es ist $\frac{360^0}{6} - \frac{360^0}{10} = \frac{360^0}{15}$.

(44) Geg. r. Ges. das regelmäßige einbeschriebene Sieben- und Sternsiebeneck (Fig. 102).

1. Näherungswert $s_7 = \frac{s_3}{2}$ (HERON). 2. Näherungswert $s_7 \approx s_{10} + \frac{r}{4}$ (ESTREMOFF).

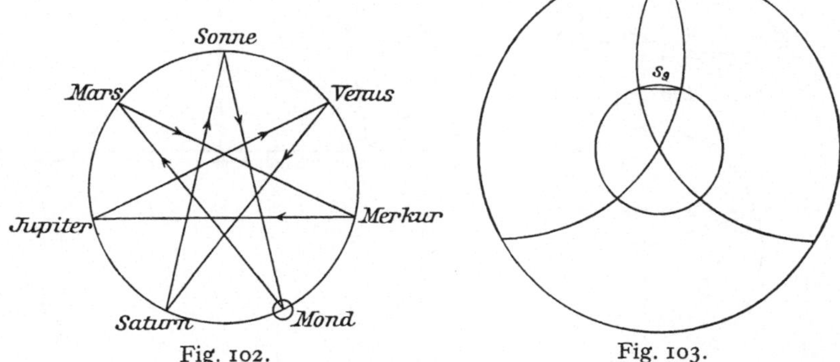

Fig. 102. Fig. 103.

(45) Geg. r. Ges. das regelmäßige Neuneck. Näherung von Albrecht Dürer (Fig. 103).

(46) Mitteilungen über die Geschichte der regelmäßigen Vielecke, insbesondere der konstruierbaren.

Für eine eingehendere und einheitliche Behandlung der regelmäßigen Vielecke, von der sich vieles für freiwillige Arbeiten schon auf der Unterstufe trefflich eignet, vgl. (1) BOCHOW, Eine einheitliche Theorie der regelmäßigen Vielecke, 2 Teile, Progr. Magdeburg 1895/96. (2) WIERNSBERGER, Recherches diverses sur les polygones réguliers et les radicaux superposées. Lyon 1904. (3) BOCHOW, Die Funktionen rationaler Winkel, besonders die numerische Berechnung der Winkelfunktionen ohne Benützung der trigonometrischen Reihen und ohne Kenntnis der Zahl π, Progr. Magdeburg 1905. (4) BOCHOW, Einfachste Berechnung des regelmäßigen 20-Ecks, ZMNU 35, 1904, S. 497 u. 36, 1905, S. 330. (5) BOCHOW, Kettenwurzeln und Winkelfunktionen, ZMNU 41, 1910, S. 161.

Der Zusammenhang der Theorie der regelmäßigen Vielecke mit der Algebra, insbesondere die Konstruktion des regelmäßigen 17-Ecks, muß der Oberstufe vorbehalten bleiben.

---

1) Vgl. zur goldenen Teilung auch W. Weber, ZMNU 49, 1918, S. 174 und Timerding, Der goldene Schnitt. Math.-phys. Bibl. Nr. 32, 2. Aufl., 1925.

2) Vgl. Q. Nr. 41 u. 42.

Fünfter Abschnitt.

Die Berechnung des Kreises.[1])

§ 1. Die verschiedenen Methoden der Kreisberechnung.

1. Die *Kreisberechnung* ist der Höhepunkt der Elementarplanimetrie der Mittelstufe. „Sie ist die erste und vielleicht einzige in sich abgeschlossene Untersuchung über eine bedeutende mathematische Frage, die an der Schule dargeboten wird."[2]) Liefert sie doch die eine der beiden wichtigsten Irrationalzahlen der Mathematik. Die dabei benützten Verfahren gehören durchaus der elementaren Planimetrie selbst an und sind darum dem Verständnis des Schülers durchaus zugänglich. Sie zerfallen in zwei Gruppen. Die Verfahren der einen Gruppe benützen die dem Kreis einbeschriebenen und umbeschriebenen regelmäßigen Vielecke. Sie stellen seit Archimedes (287—212) die Methode der Kreisberechnung schlechtweg dar, d. h. sie sind beim Kreis und nur bei diesem anwendbar, also nicht verallgemeinerungsfähig. Man hat ihnen das zum Vorwurf gemacht und als bessere Methode diejenige der Zerschneidung des Kreises in Trapeze empfohlen[3]), die sofort auf jede andere Kurve in gleicher Weise anwendbar ist. Wir möchten indes den Vorrang der „Vielecksmethoden" vor der „Trapezmethode" gewahrt wissen, weil ihnen zugleich ein hoher kulturgeschichtlicher Bildungswert zukommt. Wo genügend Zeit vorhanden ist, kann aber auch die Trapezmethode zu ihrem Rechte kommen.[4]) Für größere Hausarbeiten eignet sie sich trefflich.

2. Die Gruppe der Vielecksmethoden umfaßt deren vier. Man kann (1) den Umfang eines gegebenen Kreises als Grenze der Vielecksumfänge bestimmen. Das bezweckt auch das ursprüngliche Archimedische Verfahren[5]). Gregory (1638?—75) hat als erster die entsprechende Aufgabe durchgeführt, (2) den Inhalt eines gegebenen Kreises als Grenze der Vielecksinhalte zu berechnen. Nikolaus von Cusa (1401—64), Descartes (1596 bis 1650) und die Franzosen im Anfang des 19. Jahrhunderts haben umgekehrt die Aufgabe gestellt und gelöst, (3) ein gegebenes Vieleck in einen Kreis gleichen Umfangs zu verwandeln, und Legendre (1752 bis 1833) hat als letzte Aufgabe hinzugefügt, (4) ein gegebenes Vieleck in einen Kreis gleichen Inhalts zu verwandeln. Von diesen vier Aufgaben ist heute die dritte am einfachsten darzustellen, und sie sei daher zur

---

1) Vgl. dazu Q. Nr. 43—50.

2) Dieck, Stoffwahl und Lehrkunst, Leipzig 1918, S. 87.

3) Deutsch, ZMNU 46, 1915, S. 319 u. 362 und Flechsenhaar, ebd. S. 329 u. 564.

4) Man wird sie übrigens zweckmäßig schon am Schluß des 5. Abschn. von Kap. III einfügen.

5) Vgl. Q. Nr. 44, beachte indes den Schlußsatz dieser Nummer.

Behandlung im Unterricht besonders empfohlen, da für ihre Durchführung überdies Logarithmen nicht notwendig sind. Ganz unterdrückt haben wir das in einer großen Zahl deutscher Geometrielehrbücher heute noch übliche ursprüngliche Archimedische Verfahren, die Aufgabe (1) auf die umständliche Berechnung der Seite des regelmäßigen $2n$-Ecks aus der des n-Ecks mit Hilfe des Pythagoras zu gründen.

§ 2. Lehrgang.

°(1) Erklärung. Einen Kreis *rektifizieren* heißt eine Strecke konstruieren (oder berechnen), die (genau) gleich dem Kreisumfang ist. Eine Strecke *arkufizieren* heißt einen Kreis konstruieren (oder berechnen), dessen Umfang (genau) gleich der Strecke ist.

°(2) Erklärung. Einen Kreis („Zirkel") *quadrieren* heißt ein Quadrat konstruieren (oder berechnen), das (genau) gleich dem Kreisinhalt ist.

°(3) 1. Satz. Das Verhältnis zwischen Umfang u und Durchmesser $2r$ eines Kreises hat für alle Kreise denselben Wert und wird mit π bezeichnet (William Jones 1706). Es ist also $u = 2\pi r$.

°(4) 2. Satz. Der Inhalt J eines Kreises vom Radius r ist $J = \pi r^2$. Die Zahl π ist also auch gleich dem Verhältnis des Kreisinhalts zum Halbmesserquadrat.

Diese beiden Sätze sind hier zunächst experimentell (Faden um Scheibe!) und anschaulich (Fig. 104) herzuleiten. Ihr Beweis ergibt sich aus der gleich folgenden Kreisberechnung.

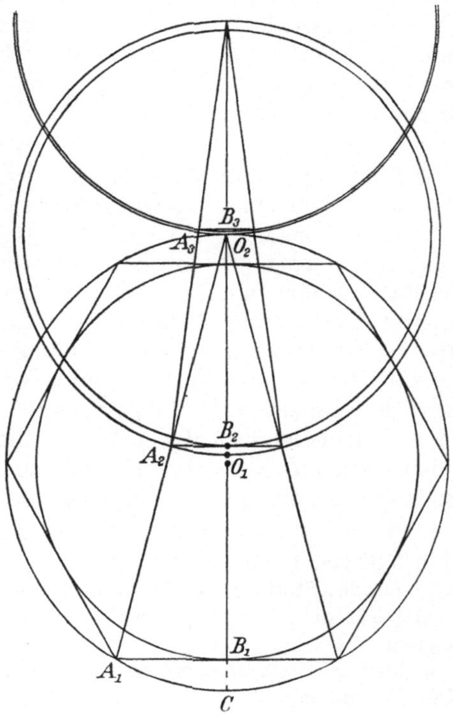

Fig. 105.

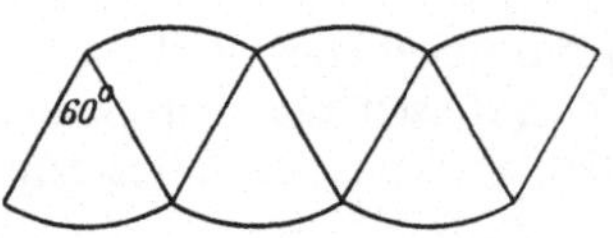

Fig. 104a.

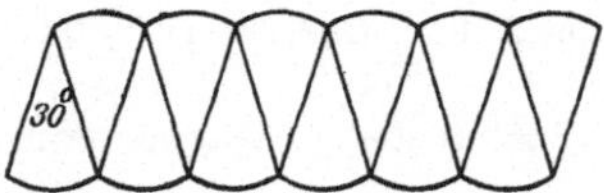

Fig. 104b.

(5) Geschichtliches zur elementargeometrischen Bestimmung von π.[1])

(6) Berechnung von π nach dem Verfahren von CUSANUS-DESCARTES-KOMMERELL.[2])

Wir gehen aus von einem beliebigen regelmäßigen n-Eck, dessen Umkreisradius r_n, dessen Inkreisradius ϱ_n sei und dessen Umfang u_n heiße. In ihm konstruieren wir gemäß Fig. 105 das *umfangsgleiche* regelmäßige $2n$-Eck, dessen entsprechende Radien r_{2n} und ϱ_{2n} seien. Dann ist

$$\overline{O_2B_2} = \tfrac{1}{2}\,\overline{O_2B_1} = \tfrac{1}{2}(\overline{O_2O_1} + \overline{O_1B_1}), \text{ d. h. } \mathbf{(I)}\ \boldsymbol{\varrho_{2n} = \frac{r_n + \varrho_n}{2}},$$

$$\overline{O_2A_1^2} = \overline{O_2C}\cdot\overline{O_2B_1},\ (2r_{2n})^2 = 2r_n\cdot 2\varrho_n, \text{ d. h. } \mathbf{(II)}\ \boldsymbol{r_{2n} = \sqrt{r_n\varrho_{2n}}}.$$

Da $\varrho_n < r_n$ ist, so folgt aus (I): $\varrho_{2n} > \varrho_n$. Da ebenso $\varrho_{2n} < r_{2n}$ ist, aus (II): $r_{2n} < r_n$. Wiederholt man also das Verfahren, so erhält man zwei Reihen von Kreisradien,

eine aufsteigende: $\varrho_n < \varrho_{2n} < \varrho_{4n} < \cdots < \varrho_{2^pn}$

und eine absteigende: $r_n > r_{2n} > r_{4n} > \cdots > r_{2^pn}$.

Überdies ist jedes Glied der aufsteigenden Reihe kleiner als jedes Glied der absteigenden. Aus den Dreiecken $O_1A_1B_1$ und $O_2A_1B_1$ folgt ferner

$$\overline{A_1B_1^2} = \overline{O_1A_1^2} - \overline{O_1B_1^2} = \overline{O_2A_1^2} - \overline{O_2B_1^2}$$

oder

$$r_n^2 - \varrho_n^2 = 4(r_{2n}^2 - \varrho_{2n}^2).$$

Es ist also

$$r_{2n}^2 - \varrho_{2n}^2 = \frac{1}{4}(r_n^2 - \varrho_n^2),\ r_{4n}^2 - \varrho_{4n}^2 = \frac{1}{4^2}(r_n^2 - \varrho_n^2), \ldots$$

$$r_{2^pn}^2 - \varrho_{2^pn}^2 = \frac{1}{4^p}(r_n^2 - \varrho_n^2).$$

Daraus folgt, daß $r_{2^pn}^2 - \varrho_{2^pn}^2$ für wachsende p dem Grenzwert 0 zustrebt.

Die beiden Reihen von Kreisradien streben also einem gemeinsamen Grenzwert R zu:

(III) $$R = \lim_{p\to\infty} r_{2^pn} = \lim_{p\to\infty} \varrho_{2^pn}.$$

Nun ist aber $2\pi r_{2^pn} > u_n > 2\pi\varrho_{2^pn}$[3]) und daraus ergibt sich für $p\to\infty$ $2\pi R = u_n$, d. h.

(IV) $$\pi = \frac{u_n}{2R}.$$

---

1) S. Q. Nr. 43 bis 50 und Beutel, Quadratur des Kreises, Math.-phys. Bibl. Nr. 12, 2. Aufl. 1920.

2) Kommerell, Der Begriff des Grenzwerts in der Elementarmathematik. 6. Beiheft zur ZMNU, Leipzig 1922, S. 14.

3) Diese Beziehung kann man hier ruhig der Anschauung entnehmen. Vgl. indes (7).

Berechnung. Sei $r_n = r_6 = 2$, dann ist $\varrho_n = \varrho_6 = \sqrt{3} \approx 1{,}732050$,

$$\varrho_{12} \approx \frac{2 + 1{,}732050}{2} \approx 1{,}866025, \qquad r_{12} \approx \sqrt{2 \cdot 1{,}866025} \approx \sqrt{3,|73|20|50} \approx 1{,}931851$$

$$\varrho_{24} \approx \frac{1{,}931851 + 1{,}866025}{2} \approx 1{,}898938$$

$$r_{12} \cdot \varrho_{24} \approx 1{,}931851 \cdot 1{,}898938$$

```
1,545481
  173867
   15455
    1739
      58
      15
--------
3,668466
```

```
     1
  2|2  7(3
    2  6 1
  38|1 22(0
     1 14 9
 386|7 15(0
     3 86 1
 386|3 28 9 }
     3 08 8 }  Abgekürzte
  39|20 1   }  Division.
     19 5   }
   4|  6    }
```

$$r_{24} \approx \sqrt{3,|66|84|66} \approx 1{,}915324^{1)} \qquad \varrho_{48} \approx \frac{1{,}915324 + 1{,}898938}{2} \approx 1{,}907131$$

```
     1
  2|2  6(6
    2  6 1
  38|  58(4
       38 1
 382|  20 36(6
       19 12 5
 383|  1 24 1
       1 14 9
  38|    9 2
         7 6
   4|    1 6
```

$$r_{24} \cdot \varrho_{48} \approx 1{,}915324 \cdot 1{,}907131$$

```
1,723792
   13407
     192
      57
       2
--------
3,652774
```

$$r_{48} \approx \sqrt{3,|65|27|74} \approx 1{,}911223^{1)}$$

```
     1
  2|2  6(5
    2  6 1
  38|  427
       381
 382|  4674
       3821
 382|  853
       764
  38|  89
       76
   4|  13
```

$$\varrho_{96} \approx \frac{1{,}911223 + 1{,}907131}{2} \approx 1{,}909177.$$

Von jetzt an kann man statt des geometrischen Mittels das arithmetische nehmen und erhält so der Reihe nach:

1) Das arithmetische Mittel von r_{12} und ϱ_{24} ist $\approx 1{,}915394$, das von r_{24} und ϱ_{48} $\approx 1{,}911227$, also sind beide noch zu groß. (Vgl. dann die letzte Zeile dieser Seite).

$$\varrho_{96} = \frac{r_{48} + \varrho_{48}}{2} \approx 1{,}909177 \qquad r_{96} \approx \frac{r_{48} + \varrho_{96}}{2} \approx 1{,}910200$$

$$\varrho_{192} = \frac{r_{96} + \varrho_{96}}{2} \approx 1{,}909688 \qquad r_{192} \approx \frac{r_{96} + \varrho_{192}}{2} \approx 1{,}909944$$

$$\varrho_{384} = \frac{r_{192} + \varrho_{192}}{2} \approx 1{,}909816 \qquad r_{384} \approx \frac{r_{192} + \varrho_{384}}{2} \approx 1{,}909880$$

$$\varrho_{764} = \frac{r_{384} + \varrho_{384}}{2} \approx 1{,}909848 \qquad r_{768} \approx \frac{r_{384} + \varrho_{768}}{2} \approx 1{,}909864$$

$$\varrho_{1536} = \frac{r_{768} + \varrho_{768}}{2} \approx 1{,}909856 \qquad r_{1536} \approx \frac{r_{768} + \varrho_{1536}}{2} \approx 1{,}909860$$

$$\varrho_{3072} = \frac{r_{1536} + \varrho_{1536}}{2} \approx 1{,}909858 \qquad r_{3072} \approx \frac{r_{1536} + \varrho_{3072}}{2} \approx 1{,}909859$$ [1]

Nun muß sein
$$\frac{u_6}{2r_{3072}} < \pi < \frac{u_6}{2\varrho_{3072}},$$
d. h.
$$\frac{6}{1{,}909860} < \pi < \frac{6}{1{,}909858}$$
oder
$$3{,}14159_1 < \pi < 3{,}14159_4,$$
d. h. auf 5 Dezimalstellen richtig
$$\pi = 3{,}14159\ldots$$

*** Man kann indes die ganze Rechnung noch beträchtlich vereinfachen.[2]) Aus (II) folgt $r_{2n} < \frac{r_n + \varrho_{2n}}{2}$. Addiert man dazu (I), so erhält man**

$$2r_{2n} + \varrho_{2n} < 2r_n + \varrho_n.$$

Die Zahlen $2r_{2^p n} + \varrho_{2^p n}$ bilden also eine *absteigende* Reihe mit dem Grenzwert $\lim\limits_{p\to\infty}(2r_{2^p n} + \varrho_{2^p n}) = 2R + R = 3R$. (V) Es ist also für jedes n

$$R < \frac{2r_n + \varrho_n}{3}.$$

Es fehlt uns jetzt noch eine *aufsteigende* Reihe von Ungleichungen mit dem Grenzwert R. Wir suchen sie durch lineare Kombination der Umkreisradien r_n und r_{2n} allein zu erhalten. Die allgemeinste solche ist $Ar_{2n} + Br_n$. Da aber der Wert dieses Ausdrucks nicht zwischen r_n und r_{2n}, sondern womöglich weit unter r_{2n} liegen soll, so müssen A und B verschiedenes Vorzeichen haben. Wir setzen also die Ungleichung an

(1) $$Ar_{4n} - B'r_{2n} > Ar_{2n} - B'r_n.$$

---

1) Genauere Rechnung liefert hier die zwei letzten Stellen 60.

2) Vgl. auch H. Dörrie, ZMNU 49, 1918, S. 41 und O. Eckhardt, ebda 51, 1920, S. 20 u. 58, 1927, S. 96, wo noch eine in $r_n, \varrho_n, r_{2n}, \varrho_{2n}$ quadratische Ungleichung hergeleitet wird.

Nun folgt aus

$$r_{2n} = \sqrt{r_n \varrho_{2n}}, \quad r_{4n} = \sqrt{r_{2n} \varrho_{4n}} \text{ und } \varrho_{4n} = \tfrac{1}{2}(r_{2n} + \varrho_{2n})$$

durch Elimination von ϱ_{2n} und ϱ_{4n} die Gleichung zwischen r_n, r_{2n} und r_{4n}

(2) $$r_n (2 r_{4n}^2 - r_{2n}^2) = r_{2n}^3.$$

Weiter folgt aus (1) $$A (r_{2n} - r_{4n}) < B' (r_n - r_{2n}).$$

Mit (2) kommt $$A (r_{2n} - r_{4n})(2 r_{4n}^2 - r_{2n}^2) < 2 B' r_{2n} (r_{2n}^2 - r_{4n}^2)$$

oder, da $r_{2n} > r_{4n}$ ist, nach Absondern des Faktors $r_{2n} - r_{4n}$

(3) $$A (2 r_{4nn}^2) - r_2^2 - 2 B' r_{2n} (r_{2n} + r_{4n}) < 0.$$

Der positive Faktor $r_{2n} - r_{4n}$ läßt sich aus der linken Seite dieser Ungleichung nochmals ausscheiden, wenn sie für $r_{2n} = r_{4n}$ verschwindet, d. h. $A - 4B' = 0$, $B' = 1$, $A = 4$ ist. Dann wird (3) zu $8 r_{4n}^2 - 2 r_{2n} r_{4n} - 6 r_{2n}^2 < 0$ oder $(4 r_{4n} + 3 r_{2n})(r_{4n} - r_{2n}) < 0$.

Diese Ungleichung ist aber tatsächlich erfüllt. Also gilt

$$4 r_{4n} - r_{2n} > 4 r_{2n} - r_n.$$

Die Zahlen $4 r_{2^p n} - r_{2^{p-1} n}$ bilden also eine *aufsteigende* Reihe mit dem Grenzwert

$$\lim_{p \to \infty} (4 r_{2^p n} - r_{2^{p-1} n}) = 4R - R = 3R.$$

Es ist also für jedes n

(VI) $$R > \frac{4 r_{2n} - r_n}{3}.$$

Die Ungleichungen (V) und (VI) lassen sich zusammenfassen in

$$\frac{4 r_{2n} - r_n}{3} < R < \frac{2 r_n + \varrho_n}{3}$$

oder, was für die numerische Rechnung bequemer ist

(VII) $$r_{2n} - \frac{r_n - r_{2n}}{3} < R < r_n - \frac{r_n - \varrho_n}{3}.$$

Wählt man $n = 96$, so erhält man daraus

$$1{,}909944 - 0{,}000086 < R < 1{,}910200 - 0{,}000340$$

oder $$1{,}909858 < R < 1{,}909860,$$

also π schon auf 5 Dezimalstellen richtig, was man oben erst mit $n = 3072$ erreichte.

Auch mittels ϱ_n und ϱ_{2n} allein läßt sich noch eine Ungleichung gewinnen. Entsprechend (1) setzen wir an

(4) $$A \varrho_{4n} - B \varrho_{2n} \gtrless A \varrho_{2n} - B \varrho_n.$$

Aus $$\varrho_{2n} = \frac{r_n + \varrho_n}{2}, \quad \varrho_{4n} = \frac{r_{2n} + \varrho_{2n}}{2}, \quad r_{2n} = \sqrt{r_n \varrho_{2n}}$$

folgt durch Elimination von r_n und r_{2n} die Gleichung zwischen ϱ_n, ϱ_{2n} und ϱ_{4n}

(5) $$\varrho_n \varrho_{2n} = \varrho_{2n}^2 + 4 \varrho_{2n} \varrho_{4n} - 4 \varrho_{4n}^2.$$

Nun ergibt sich aus (4) $A(\varrho_{4n} - \varrho_{2n}) \gtrless B(\varrho_{2n} - \varrho_n)$.

Mit (5) wird daraus $A\varrho_{2n}(\varrho_{4n} - \varrho_{2n}) \gtrless 4B\varrho_{4n}(\varrho_{4n} - \varrho_{2n})$

oder nach Absondern des positiven Faktors $\varrho_{4n} - \varrho_{2n}$

(6) $$4B\varrho_{4n} - A\varrho_{2n} \lesseqgtr 0.$$

Da $\varrho_{4n} > \varrho_{2n}$ ist, so ist für $4B \geqq A$ diese Ungleichung für das untere Zeichen $>$ erfüllt. Man erhält also für $A = 4$, $B = 1$ die Ungleichung

$$4\varrho_{4n} - \varrho_{2n} < 4\varrho_{2n} - \varrho_n.$$

Die Zahlen $4\varrho_{2n} - \varrho_n$ bilden also eine *absteigende* Reihe mit dem Grenzwert R. Man hat für jedes n die Ungleichung

(VIII) $$R > \frac{4\varrho_{2n} - \varrho_n}{3}, \text{ d. h. } > \varrho_{2n} + \frac{\varrho_{2n} - \varrho_n}{3}.$$

Anm. Aus (I) folgt $\varrho_{2n} > \sqrt{r_n \varrho_n}$. Multiplikation mit (II) gibt $\varrho_{2n} r_{2n}^2 > \varrho_n r_n^2$. Die Zahlen $\varrho_{2^p n} \cdot r_{2^p n}^2$ bilden also eine aufsteigende Reihe mit dem Grenzwert $\lim \varrho_{2^p n} r_{2^p n}^2 = R \cdot R^2 = R^3$, d. h. es ist stets $R > \sqrt[3]{\varrho_n r_n^2}$. Diese Ungleichung ist aber wegen der dritten Wurzel nur bei logarithmischer Rechnung bequem.

*(7) Berechnung von π nach dem Verfahren von SNELLIUS-GREGORY-HUYGENS.

(a) Mittels der Umfänge u_n und U_n der einbeschriebenen und umbeschriebenen regelmäßigen Vielecke (Fig. 106).

Es ist $\overline{C'B'} : \overline{C'C} = \overline{AB'} : \overline{AD}$ oder $\overline{C'B'} : \overline{AC'} = \overline{AB'} : \overline{AD}$.

Daraus folgt $(\overline{AC'} + \overline{C'B'}) : \overline{AC'} = (\overline{AD} + \overline{AB'}) : \overline{AD}$ oder

$$\overline{AB'} : \overline{AC'} = \left(\frac{\overline{AB}}{2} + \overline{AB'}\right) : \frac{\overline{AB}}{2}.$$

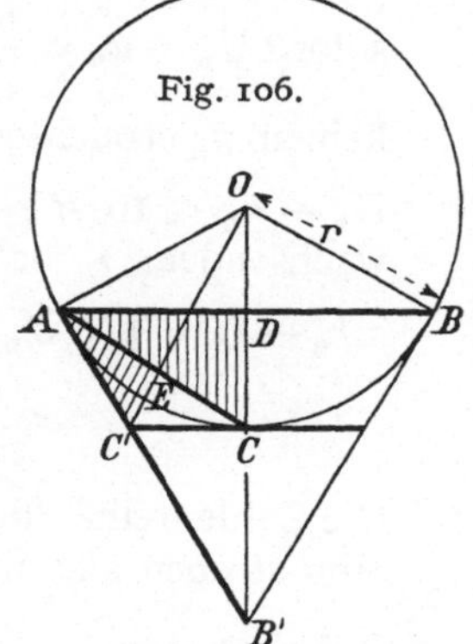

Fig. 106.

Nun ist aber $\overline{AB} = s_n = \frac{u_n}{n}$, $\overline{AC} = s_{2n} = \frac{u_{2n}}{2n}$, $\overline{AB'} = \frac{S_n}{2} = \frac{U_n}{2n}$, $\overline{AC'} = \frac{S_{2n}}{2} = \frac{U_{2n}}{4n}$. Also kommt

$$\frac{U_n}{2n} : \frac{U_{2n}}{4n} = \left(\frac{u_n}{2n} + \frac{U_n}{2n}\right) : \frac{u_n}{2n}, \quad U_{2n} = \frac{2u_n U_n}{u_n + U_n}$$

oder

(I a) $$\frac{1}{U_{2n}} = \frac{1}{2}\left(\frac{1}{u_n} + \frac{1}{U_n}\right);$$

Ferner ist $\overline{AC'} : \overline{AE} = \overline{AC} : \overline{AD}$ oder $\overline{AC'} : \frac{\overline{AC}}{2} = \overline{AC} : \frac{\overline{AB}}{2}$

oder $$\frac{U_{2n}}{4n} : \frac{u_{2n}}{4n} = \frac{u_{2n}}{2n} : \frac{u_n}{2n}, \quad u_{2n} = \sqrt{u_n U_{2n}}$$ oder

(II a) $$\frac{1}{u_{2n}} = \sqrt{\frac{1}{u_n} \cdot \frac{1}{U_{2n}}}.$$

(b) Mittels der Inhalte i_n und J_n der einbeschriebenen und umbeschriebenen regelmäßigen Vielecke.

Wie in (a) ist $\overline{AB'}:\overline{AC'} = (\overline{AD}+\overline{AB'}):\overline{AD}$ oder

$(\overline{OA}\cdot\overline{AB'}):(\overline{OA}\cdot\overline{AC'}) = (\overline{OC}\cdot\overline{AD}+\overline{OA}\cdot\overline{AB'}):(\overline{OC}\cdot\overline{AD})$

oder $\frac{J_n}{n}:\frac{J_{2n}}{2n} = \left(\frac{i_{2n}}{n}+\frac{J_n}{n}\right):\frac{i_{2n}}{n}$, $J_{2n} = \frac{2 i_{2n} J_n}{i_{2n}+J_n}$ oder

(Ib) $$\frac{1}{J_{2n}} = \frac{1}{2}\left(\frac{1}{i_{2n}}+\frac{1}{J_n}\right).$$

Ferner ist

$$\overline{OD}:\overline{OA} = \overline{OA}:\overline{OB'} \quad \text{oder} \quad \overline{OD}:\overline{OC} = \overline{OC}:\overline{OB'}$$

oder $(\overline{AD}\cdot\overline{OD}):(\overline{AD}\cdot\overline{OC}) = (\overline{AD}\cdot\overline{OC}):(\overline{AD}\cdot\overline{OB'})$

oder $\frac{i_n}{n}:\frac{i_{2n}}{n} = \frac{i_{2n}}{n}:\frac{J_n}{n}$, $i_{2n} = \sqrt{i_n J_n}$ oder

(IIb) $$\frac{1}{i_{2n}} = \sqrt{\frac{1}{i_n}\cdot\frac{1}{J_n}}.$$

Nun folgen aus der Anschauung die übrigens auch auf Grund der Gleichungen (I) u. (II) beweisbaren Ungleichungen

$$u_{2n} > u_n,\ U_{2n} < U_n,\ i_{2n} > i_n,\ J_{2n} < J_n.$$

Da ferner $\overline{AB'}:\overline{AD} = \overline{OA}:\overline{OD}$ oder $\frac{S_n}{2}:\frac{s_n}{2} = R:\varrho_n$ oder $S_n - s_n = \frac{s_n(R-\varrho_n)}{\varrho_n}$ ist, so folgt aus $U_n - u_n = n(S_n - s_n)$ sofort $U_n - u_n = \frac{u_n(R-\varrho_n)}{\varrho_n}$. Wählt man hier statt u_n den von keinem u_n erreichten Wert $8R$, für ϱ_n den kleinsten Wert $\frac{R}{2}$, so wird $U_n - u_n < 16(R-\varrho_n)$. Die Differenz $U_n - u_n$ wird also mit wachsendem n beliebig klein. Dasselbe gilt für die Differenz

$$J_n - i_n = \tfrac{1}{2}(RU_n - \varrho_n u_n) = \tfrac{1}{2}[R(U_n - u_n) + (R-\varrho_n)u_n]$$
$$< \frac{R}{2}(U_n - u_n) + 4R(R-\varrho_n).$$

Die Zahlenreihen der u_n und U_n einerseits, der i_n und J_n andererseits streben also mit wachsendem n je demselben Grenzwert zu.

Definiert man $\pi = \lim\limits_{n\to\infty}\frac{u_n}{2R} = \lim\limits_{n\to\infty}\frac{U_n}{2R}$, so hat man

$$\lim_{n\to\infty} i_n = \lim_{n\to\infty} J_n = \lim_{n\to\infty}\tfrac{1}{2}RU_n = \tfrac{1}{2}R\cdot 2\pi R = \pi R^2.$$

Die Berechnung von π erfolgt auf Grund der Formeln (a) oder (b). Man erkennt die Ähnlichkeit der Formeln (Ia) und (IIa) mit den Formeln (I) und (II) in Nr. (6).

Der dortigen Doppelungleichung (VII) entsprechen hier die Doppelungleichungen

(IIIa) $$u_{2n} + \frac{u_{2n} - u_n}{3} < 2\pi R < u_n + \frac{U_n - u_n}{3}$$

(IIIb) $$i_{2n} + \frac{i_{2n} - i_n}{3} < \pi R^2 < J_n - \frac{J_n - i_n}{3},$$

die auf gleiche Weise wie dort herzuleiten sind und von Huygens (1629—95) stammen, der sie in seiner Schrift *De circuli magnitudine inventa* 1654 auf andere Weise hergeleitet hat.[1])

*(8) Berechnung von π nach dem Verfahren von LEGENDRE.[2])
(Zirkulation des Quadrats.)

Wir gehen wieder aus von einem beliebigen regelmäßigen n-Eck, dessen Umkreisradius r_n, dessen Inkreisradius ϱ_n und dessen Inhalt J_n sei. In ihm konstruieren wir gemäß Fig. 107 das *inhaltsgleiche* regelmäßige $2n$-Eck, dessen entsprechende Radien r_{2n} und ϱ_{2n} seien. Dann ist $\overline{OA_2}^2 = \overline{OB_1} \cdot \overline{OC_1}$, d. h. (I) $r_{2n} = \sqrt{r_n \varrho_n}$. Ferner ist $\overline{C_1D} : \overline{DB_1} = \overline{OC_1} : \overline{OB_1}$. Daraus folgt $\overline{C_1D} : \overline{C_1B_1} = \overline{OC_1} : (\overline{OC_1} + \overline{OB_1})$. Nun ist aber $\overline{C_1D} : \overline{C_1B_1} = \triangle\, OC_1D : \triangle\, OC_1B_1 = \triangle\, OC_1D : \triangle\, OA_2B_2 = \triangle\, OC_1D : 2\,\triangle\, OA_2C_2 = \overline{OC_1}^2 : 2\overline{OC_2}^2$. Also ist $\overline{OC_1}^2 : 2\overline{OC_2}^2 = \overline{OC_1} : (\overline{OC_1} + \overline{OB_1})$ oder $\overline{OC_2}^2 = \frac{1}{2}\,\overline{OC_1}(\overline{OC_1} + \overline{OB_1})$, d. h.

(II) $$\varrho_{2n} = \sqrt{\tfrac{1}{2}\varrho_n(r_n + \varrho_n)} = \sqrt{\tfrac{1}{2}(r_{2n}^2 + \varrho_n^2)}.$$

Mit wachsender Seitenzahl nähern sich bei Wiederholung des Verfahrens die Vielecke immer mehr dem Kreis, d. h. es ist $\lim\limits_{p\to\infty} r_{2^p n} = \lim\limits_{p\to\infty} \varrho_{2^p n} = R$ und damit $\pi = \frac{J_n}{R^2}$. Für die Berechnung setzt man $r_n^2 = \bar{r}_n$, $r_{2n}^2 = \bar{r}_{2n}$, $\varrho_n^2 = \bar{\varrho}_n$, $\varrho_{2n}^2 = \bar{\varrho}_{2n}$, $R^2 = \overline{R}$ und erhält

(I′) $\bar{r}_{2n} = \sqrt{\bar{r}_n \bar{\varrho}_n}$, (II′) $\bar{\varrho}_{2n} = \frac{1}{2}(\bar{r}_{2n} + \bar{\varrho}_n)$ und $\pi = \frac{J_n}{\overline{R}}$.

Man erkennt die Ähnlichkeit der Formeln (I′) und (II′) mit den Formeln (b) in Nr. (7). Die Herleitung der entsprechenden Abschätzungsgleichungen sei dem Leser überlassen.

*(9) Berechnung von π durch Zerlegung des Kreises in Trapeze.

Vgl. dazu DEUTSCH, ZMNU 46, 1915, S. 319 und 362 und FLECHSENHAAR, ebenda S. 329 und 564.

---

1) Abgedruckt in Rudio, Archimedes, Huygens, Lambert, Legendre, 4 Abhandlungen über die Kreismessung, Leipzig 1892.

2) Éléments de géométrie. 8. éd., p. 127—130. Auf dasselbe Verfahren kommt wieder A. Flechsenhaar, ZMNU 57, 1926, S. 247.

(10) 1. Näherungskonstruktion für den Kreisumfang. Bestimme geometrisch die Umfänge des ein- und umbeschriebenen 3-, 4-, 5-, 6-, 7-, 8-, 10-, 12-, 14-, 15-, 16-, 18-, 20- und 24-Ecks (vgl. dazu (16), (22) und (42) des vorigen Abschnitts).

(11) 2. Näherungskonstruktion für den Kreisumfang (Fig. 108): KOPPE, 2. 1. 1918.

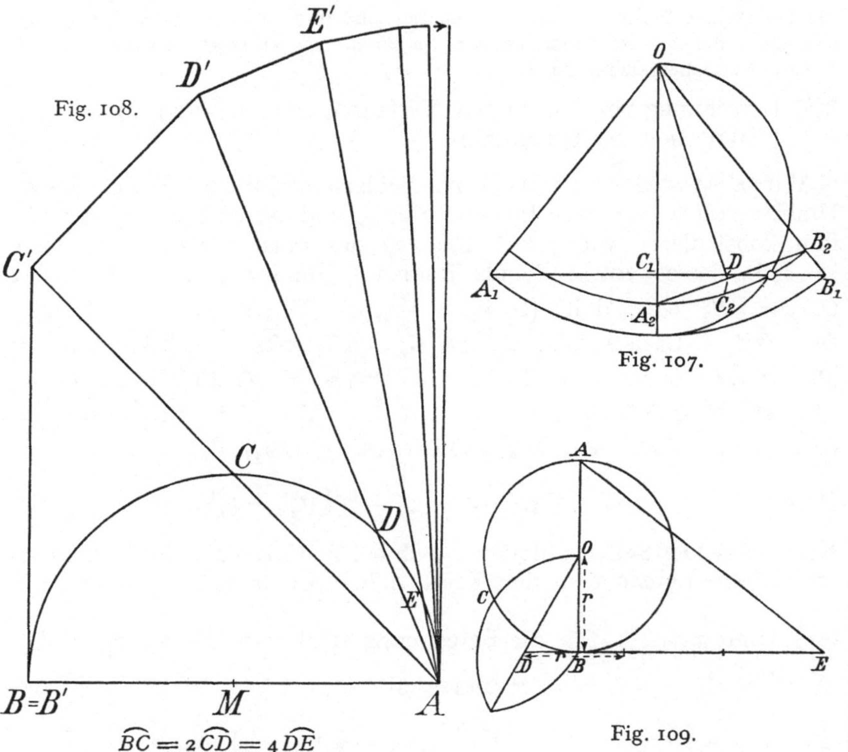

Fig. 108.

$\widehat{BC} = 2\widehat{CD} = 4\widehat{DE}$

Fig. 107.

Fig. 109.

°(12) 3. Näherungskonstruktion für den Kreisumfang: KOCHANSKI 1685. Es ist $r^2 = \overline{OD}^2 - \overline{DB}^2 = 3\overline{DB}^2$, $\overline{DB} = \frac{r}{3}\sqrt{3}$, $BE = 3r - \frac{r}{3}\sqrt{3}$,

$$\overline{AE}^2 = \overline{AB}^2 + \overline{BE}^2 = 4r^2 + \left(3r - \frac{r}{3}\sqrt{3}\right)^2 = \left(13\frac{1}{3} - 2\sqrt{3}\right) r^2,$$

$\overline{AE} = r\sqrt{13\frac{1}{3} - 2\sqrt{3}} = r \cdot 3{,}14153\ldots$ Der Fehler ist also kleiner als $0{,}0001\, r$ (Fig. 109).

(13) Von einem Kreis mit dem Halbmesser 1 m ist Umfang und Fläche zu berechnen. Wie groß ist der Fehler, wenn man $\pi \approx 3{,}14$; $3{,}142$; $3{,}1416$ setzt?

(14) Der Kreisring. Er kann als Trapez angesehen werden.

°(15) Berechnung des Bogens und Kreisausschnitts bei gegebenem Mittelpunktswinkel.

(16) Bestimmung des Erdumfangs.

(17) Der Bogen eines Kreisausschnitts ist gleich dem Halbmesser. Wie groß sind Mittelpunktswinkel und Ausschnitt?

(18) Die Fläche eines Kreisausschnitts ist gleich dem Halbmesserquadrat. Wie groß sind Mittelpunktswinkel und Bogen?

(19) Der Arbelos.

(20) Das Salinon.

(21) In einen Kreis sollen n gleiche Kreise einbeschrieben werden, die zu je zwei einander und alle den Kreis berühren. Berechne den Umfang und Inhalt des entstehenden n-Passes.

(22) Die (wahren) Lunulae Hippokratis.[1])

(23) Konstruktion der Zykloide.

(24) Konstruktion von Epi- und Hypozykloiden.

(25) Konstruktion der Kreisevolvente.

(26) Konstruktion der Quadratrix des Hippias.

(27) π nach Shanks auf 707 Dezimalen genau.

$\pi =$ 3,14159 26535 89793 23848 26433 83279 50288 41971 69399
37510 58209 74944 59230 78164 06286 20899 86280 34825
34211 70679 82148 08651 32823 06647 09384 46095 50582
23172 53594 08128 48111 74502 84102 70193 85211 05559
14462 29489 54930 38196 44288 10975 66593 34461 28475
64823 37867 83165 27120 19091 45648 56692 34603 48610
45432 66482 13393 60726 02491 41273 72458 70060 06315
58817 48815 20920 96282 92540 91715 36436 78925 90360
01133 05305 48820 46652 13841 46951 94151 16094 33057
27036 57595 91953 09218 61173 81932 61179 31051 18548
07446 23799 62749 56735 18857 52724 89122 79381 83011
94912 98336 73362 44065 66430 86021 39501 60924 48077
23094 36285 53096 62027 55693 97986 95022 24749 96206
07497 03041 23668 86199 51100 89202 38377 02131 41694
11902 98858 25446 81639 79990 46597 00081 70021 63123
77381 34208 41307 91451 18398 05709 85...

---

1) Vgl. auch Stillcke, Der Lehrsatz des Hippokrates und die Geometrie krummliniger Figuren des Leonardo da Vinci. ZMNU 41, 1910, S. 203.

(28) Weitere Werte auf 20 Dezimalen:

$$\frac{1}{\pi} = 0{,}31830\ 98861\ 83790\ 67153\ldots,$$

$$\sqrt{\pi} = 1{,}77245\ 38509\ 05516\ 02729\ldots,$$

$$\sqrt[3]{\pi} = 1{,}46459\ 18875\ 61523\ 26302\ldots,$$

$$\frac{1}{\pi^2} = 0{,}10132\ 11836\ 42337\ 77144\ldots,$$

$$\sqrt{\frac{1}{\pi}} = 0{,}56418\ 95835\ 47756\ 28694\ldots,$$

$$\sqrt[3]{\pi^2} = 2{,}14502\ 93971\ 11025\ 60007\ldots$$

Sechster Abschnitt.

Die Affinität.

Dieser Abschnitt ist erst im Anschluß an den stereometrischen Lehrgang zu behandeln.

Lehrgang.

°(1) Die *senkrechte* und *schiefe axiale Streckung* oder *Affinität.* Affinitätsachse g, Affinitätsrichtung PPP_g', Affinitätsmaßstab $m = \frac{\overline{P'P_g}}{\overline{PP_g}}$.

°(2) Geg. g; P, P'; Q ($PQ \nparallel g$ und nicht auf PP'). Ges. Q'. Oder geg. g; P, P'; $\overline{PQ}$ ($\nparallel g$ und $\nparallel PP'$). Ges. $\overline{P'Q'}$. Vier Figuren.

°(3) Geg. g; P, P'; $\overline{QR}$ ($\nparallel g$ und $\nparallel \overline{PP'}$). Ges. $\overline{Q'R'}$ (Fig. 110). Der Satz des Desargues für affine Dreiecke. Beweis stereometrisch.

°(4) Geg. g; P, P'; $\overline{PQ} \parallel g$. Ges. $\overline{P'Q'}$.

°(5) Geg. g; P, P'; $\overline{QR} \parallel g$. Ges. $\overline{Q'R'}$.

°(6) 1. Satz von der axialen Streckung. Strecken parallel zur Affinitätsachse werden kongruent abgebildet.

°(7) Geg. g; P, P'; $\overline{QR} \parallel PP'$, R auf g. Ges. $\overline{Q'R'}$.

°(8) Geg. g; P, P'; $\overline{QR} \parallel PP'$, R beliebig. Ges. $\overline{Q'R'}$.

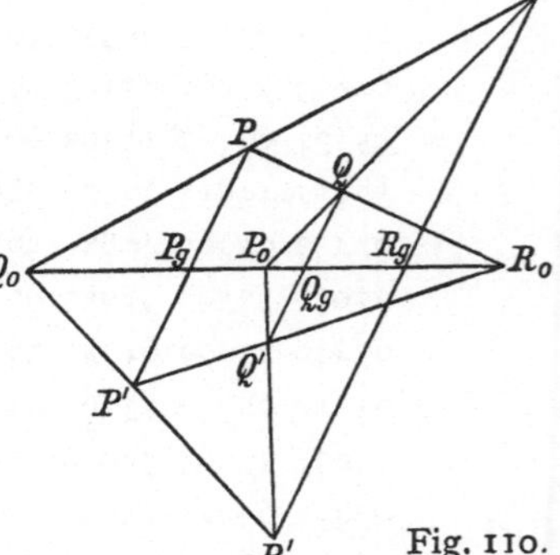

Fig. 110.

°(9) 2. Satz von der axialen Streckung. Strecken parallel zur Affinitätsrichtung werden im Affinitätsmaßstab verändert.

°(10) 3. Satz von der axialen Streckung. Irgendein Teilverhältnis einer Strecke ist invariant.

^{0}(11) Geg. g; P, P'; h. Ges. h'. Besondere Fälle: $h \parallel g$ und $h \parallel PP'$.

^{0}(12) Geg. g; P, P'; h, k. Ges. h', k'. Besonderer Fall: $h \parallel k$.

^{0}(13) 4. Satz von der axialen Streckung. Geraden gehen in Geraden, Parallelen in Parallelen über.

In den Nr. (14)—(23) sei die Affinitätsrichtung senkrecht g.

^{0}(14) Geg. g, $\odot\,(M, a)$, M auf g, $m = \frac{b}{a}$. Ges. das Kreisbild. Hauptkreiskonstruktion der *Ellipse.*

(15) Konjugierte Durchmesser der Ellipse.

(16) Konstruktion der Ellipsenachsen aus konjugierten Durchmessern.

^{0}(17) Konstruktion der Tangente in einem Ellipsenpunkt.

(18) Konstruktion der Ellipsentangenten parallel zu einer Geraden.

(19) Konstruktion der Ellipsentangenten von einem Punkt außerhalb der Ellipse.

(20) Konstruktion der Schnittpunkte einer Geraden mit einer Ellipse.

(21) Geg. g, $\odot\,(M, a)$, der g nicht trifft, M', $m = \frac{b}{a}$. Ges. das Kreisbild.

(22) Geg. g, $\odot\,(M, a)$, der g berührt, M', $m = \frac{b}{a}$. Ges. das Kreisbild.

(23) Geg. g, $\odot\,(M, a)$, der g schneidet, M nicht auf g, M', $m = \frac{b}{a}$. Ges. das Kreisbild.

(24)—(27) Die Aufgaben (14), (21)—(23) bei schiefer Affinität.

(28) Konstruktion der Ellipsenachsen in den Aufgaben (25)—(27).

(29)—(32) Die Aufgaben (17)—(20) bei schiefer Affinität.

(33) Die allgemeine Affinität oder axiale Drehstreckung. Affinitätsachse g, Affinitätsrichtungen PP_g und $P'P_g$, Affinitätsmaßstab $m = \frac{\overline{P'P_g}}{\overline{PP_g}}$. Zwei Fälle.

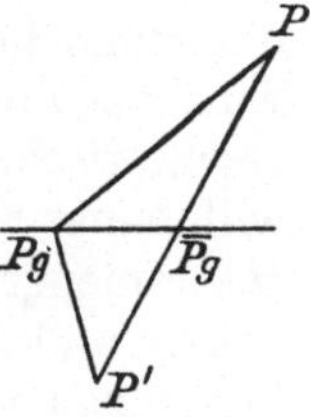

Fig. 111a.

(a) $PP' \nparallel g$ (Fig. 111a). Dann ist die allgemeine Affinität sofort auf die schiefe oder senkrechte Affinität zurückführbar: Affinitätsrichtung $PP'\overline{P}_g$, Affinitätsmaßstab $\overline{m} = \frac{\overline{P'\overline{P}g}}{\overline{P\overline{P}g}}$.

(b) $PP' \parallel g$ (Fig. 111b). *Affingleichheit* oder *Scheerung.*

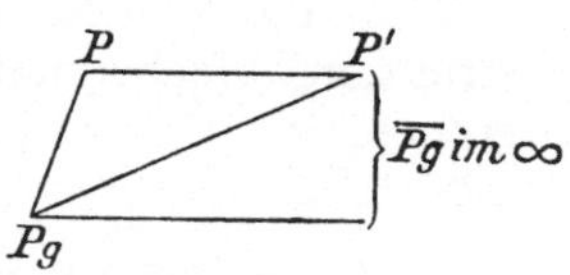

Fig. 111b.

34)—(44). Die Aufgaben (2)—(14) bei *Affingleichheit.*

°(45) Geg. g; P, P'; Q auf g. Satz. $\triangle P'QP_g : \triangle PQP_g = m$.

°(46) Geg. g; P, P'; Q. Satz. Trapez $P'P_gQ_gQ'$: Trapez $PP_gQ_gQ = m$.

°(47) Geg. g; P, P'; Q, R. Satz. $\triangle P'Q'R' : \triangle PQR = m$.

°(48) 5. Satz von der axialen Streckung. Flächeninhalte werden im Affinitätsmaßstab verändert.

(49) Flächeninhalt der Ellipse.

(50) Satz. Bei Affingleichheit bleiben die Flächeninhalte unverändert.

Siebenter Abschnitt.

Die geometrischen Konstruktionsaufgaben.

1. Die Zeit der Dreieckskonstruktionen aus möglichst unzweckmäßigen Stücken ist hoffentlich für immer vorüber. Dafür sorgt schon der Umstand, daß sie nicht mehr, wie im Gymnasium noch vor 30 Jahren, der Gipfel mathematischer Weisheit sind. Trotzdem wird man auf geometrische Konstruktionsaufgaben nicht verzichten können. Und damit erhebt sich doch wieder die Frage: Wie groß darf die Schwierigkeit einer geometrischen Aufgabe sein? Wo ist die Grenze anzusetzen zwischen Aufgaben, die der Schüler „herausbringen" muß, und solchen, die man ihm nicht abverlangt? „Die Lösung aller geometrischen Aufgaben beruht auf der unmittelbaren Gegenwart der einschlagenden Sätze und Beziehungen im Bewußtsein"[1]). Man wird zweierlei Aufgaben unterscheiden können: solche, deren Lösung unmittelbar klar ist, da sie nur die jeweiligen gerade behandelten Sätze voraussetzt. Von solchen „Übungsaufgaben" muß jeder Lehrgang durchsetzt sein. Aber dazu kommen doch noch schwierigere Aufgaben, „Probleme", deren Lösung nicht sofort auf der Hand liegt. Will man auch da einiges vom Schüler verlangen, so wird man ihm eine Übersicht über die wichtigsten Hilfsmittel zur Lösung geometrischer Aufgaben an die Hand geben müssen. Wie weit man gehen will, hängt von vielem ab. Im folgenden sind nur diejenigen Hilfsmittel zusammengestellt, die sich im Laufe des Unterrichts von selbst ergeben haben, und die man vielleicht gerade beim Abschluß des planimetrischen Lehrgangs nochmals zusammenfassen wird. Der Leser erwarte aber keinerlei Vollständigkeit.

2. Man kann drei Hauptmethoden zur Lösung geometrischer Konstruktionsaufgaben unterscheiden, die aber mannigfach ineinander übergreifen.

---

1) Simon, Didaktik u. Methodik des Rechnens u. der Mathematik, München 1908, S. 125.

I. Die Methode der geometrischen Örter.

Sie ist die leichteste, weil das betreffende Satzpaar (der Satz und seine Umkehrung) im Bewußtsein des Schülers vorhanden sein muß. In Betracht kommen die zehn Örter, die sich im Laufe des Lehrgangs eingestellt haben (Mittellot; Winkelhalbierende und Mittelparallele; Abstandsparallelen; Kreis; Faßkreisbogen; Mittelpunktslinie der Kreise, die g oder $\odot(M, r)$ in B berühren; Mittelpunktslinie der Kreise vom Radius ϱ, die g oder $\odot(M, r)$ berühren oder durch P gehen; Ort der Spitzen flächengleicher Dreiecke; Ort der Punkte, deren Abstände von zwei Geraden ein konstantes Abstandsverhältnis haben; Kreis des Apollonius). Als weiteren geometrischen Ort führen wir noch an:

11. geometrischer Ort. Ort der Punkte, deren Entfernung von zwei gegebenen Punkten A, B konstante Differenz der Quadrate haben.

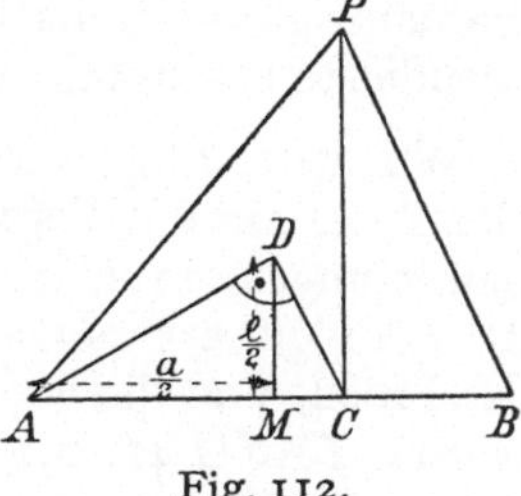

Fig. 112.

Es ist $\overline{AP}^2 - \overline{PB}^2 = l^2 = \overline{AC}^2 - \overline{CB}^2 = (\overline{AC} + \overline{CB})(\overline{AC} - \overline{CB}) = a(\overline{AC} - \overline{CB})$, also $\overline{AC} + \overline{CB} = a$, $\overline{AC} - \overline{CB} = \frac{l^2}{a}$, $\overline{AC} = \frac{a^2 + l^2}{2a}$, $\overline{CB} = \frac{a^2 - l^2}{2a}$. Die Konstruktion des Punktes C bei gegebenem l und a ist aus Fig. 112 ersichtlich.

II. Die Methode der mittelbaren Auflösung.

Man sucht eine Nebenfigur, deren Stücke durch die der Hauptfigur bestimmt sind. Für die Herstellung der Nebenfigur lassen sich unfehlbare Regeln nicht angeben. Entweder ist die Nebenfigur sofort ersichtlich (Beispiel: Teildreiecke bei Dreiecks- und Vierecksaufgaben), oder sie muß durch eine geometrische Transformation erst hergestellt werden, z. B. durch Parallelverschiebung (Beispiel: Trapez aus a, b, c, d, $\triangle$ aus s_a, s_b, s_c), Spiegelung (Beispiel: Billardaufgaben), Drehung (Beispiel: Tangenten von einem Punkt an einen Kreis), Ähnlichkeitstransformation (die im 2. Abschnitt ausführlich behandelte Ähnlichkeitsmethode).

III. Die Methode der algebraischen Berechnung.

Man führt die Aufgabe auf die Ermittlung einer unbekannten Strecke x zurück, für die man eine Gleichung sucht. Ist diese vom zweiten Grad oder auf lauter Gleichungen zweiten Grades zurückführbar, so ist x mit Zirkel und Lineal konstruierbar (vgl. IV. Kap., 3. Abschnitt, § 2). Die Methode ist einerseits die einzige, die bei jeder Aufgabe sicher zum Ziel führt. Denn nur mit ihrer Hilfe läßt sich sicher entscheiden, ob eine Aufgabe überhaupt lösbar ist und mit welchen Hilfsmitteln. Andererseits muß man die Unbekannte x auf Grund eines aus bekannten Größen aufgebauten algebraischen Ausdrucks konstruieren, und dabei ist häufig ein *geometrischer* Zusammenhang der gesuchten Strecken mit den Daten der Aufgabe nicht oder nicht mehr zu erkennen, so daß die Lösung unnatürlich erscheint. Um so wertvoller sind daher diejenigen Fälle, bei denen sich die algebraische Lösung nachträglich in eine durchsichtige geometrische verwandeln läßt.

Die Konstruktion algebraischer Ausdrücke als Selbstzweck vollends hat ganz geringen mathematischen Bildungswert und sollte auf das Notwendigste beschränkt werden.

Wir verzichten auf die Angabe besonderer Beispiele und verweisen den Leser auf das Verzeichnis von Aufgabenmethodiken und Aufgabensammlungen in Kap. VI § 5, dazu noch auf die Abhandlung von R. v. Fischer-Benzon, *Die geometrische Konstruktionsaufgabe*, Progr. Kiel 1884, und die von Timerding, *Für und wider die Dreieckskonstruktionen*, ZMNU 42, 1911, S. 1.

Fünftes Kapitel.

Der Stereometrielehrstoff der Untersekunda (Klasse VI).

§ 1. Der Inhalt der Schulstereometrie.

1. Schon in den vierziger Jahren des vorigen Jahrhunderts (vgl. VI. Kap., § 4) war das Bestreben vorhanden, die Stereometrie enger mit der Planimetrie zu verschmelzen. Überwogen damals auch Gründe der wissenschaftlichen Systematik, so spielte doch auch schon der didaktische Gedanke herein, daß der jahrelang nur mit Planimetrie beschäftigte Schüler geradezu zur Raumblindheit erzogen werde. In Italien führten dann beide Arten von Gründen zu einer weitgehenden „*Fusion*" zwischen Planimetrie und Stereometrie. Aber der Rückschlag blieb nicht aus. Die zu frühe und zu ausgedehnte Beschäftigung mit Stereometrie erwies sich als viel zu schwer. Das schließt aber nicht aus, daß man einerseits im geometrischen Vorbereitungsunterricht die planimetrischen Gebilde zuerst an Körpern aufzeigt, um sie von ihnen zu abstrahieren, und daß man andererseits umgekehrt in der Planimetrie bei neuen Figuren jeweils wieder die Körper heranzieht und bespricht, an denen sie vorkommen. Man treibt dann eine gemäßigte Fusion, wie sie jetzt auch in den neuen württembergischen Lehrplänen von 1926/1927 vorgeschrieben ist. Da es sich dabei aber nur um Anwendungen der Planimetrie auf stereometrische Dinge handelt, so ist in unserem Lehrgang bisher nirgends ausdrücklich darauf eingegangen worden. Art und Umfang dieser Anwendungen bleibe ganz dem Lehrer überlassen. Zeichnerisch wird man sich dabei auf

Grundriß, Aufriß und Netz der betrachteten Körper beschränken können.[1])

2. Erfährt so der Schüler immer wieder von stereometrischen Dingen, so ist doch eine zusammenfassende planmäßige Behandlung der Stereometrie dringend notwendig. Sie ist in den württembergischen Oberrealschulen der Untersekunda zugewiesen. Freilich handelt es sich dabei zunächst wiederum nicht um eine *systematische Stereometrie*, die mit den Beziehungen zwischen Punkten, Geraden und Ebenen beginnen müßte. Die Sätze über diese drei Grundgebilde sollen vielmehr auf ein Minimum beschränkt werden und sie sollen sich ganz von selbst bei der Betrachtung und zeichnerischen Wiedergabe der verschiedenen Körper ergeben. Die zeichnerische Darstellung begrenzter Figuren und einfacher Körper in Grundriß, Aufriß und Schrägriß, die Lösung von Konstruktionsaufgaben, namentlich einfacher Schnittaufgaben bilden den ersten und wichtigsten Teil der Stereometrie. Ihr zweiter Teil umfaßt die Berechnungsaufgaben: die Bestimmung von Rauminhalt und Oberfläche der Körper. Bei unserem Lehrgang haben wir aus didaktischen Gründen beide Teile vollständig verschmolzen. Dem eigentlichen Lehrgang schicken wir indes eine kurze Betrachtung eben jener systematischen Stereometrie voraus, da sie jedenfalls in einer wissenschaftlichen Darstellung der Stereometrie die notwendige Grundlage bildet, wenn sie auch, wie wir oben ausführten, in der Schulstereometrie nur stückweise und an geeigneten Stellen zur Sprache kommen soll.

---

1) Man vgl. z. B. Malsch, Raum und Zahl, 3. Heft: Maey, Geometrie, 1. Teil, Leipzig 1926 und Reidt-Wolff-Kerst, Die Elemente der Mathematik, Band II: Geometrie (Unterstufe), Berlin 1926.

In unserem planimetrischen Lehrgang wären etwa folgende Ergänzungsnummern hinzuzufügen:

II. Kap., 1. Abschnitt, S. 27: (37) Axiale Symmetrie im Raum. (a) Symmetrie an einer Ebene. (b) Symmetrie an einer Geraden. Symmetrieebenen und -achsen an den im geometrischen Vorbereitungsunterricht betrachteten Körpern.

II. Kap., 2. Abschn., S. 30: (25) Betrachtung von Pyramiden. Grund- und Aufriß. Konstruktion des Netzes bei gegebenen Kanten oder gegebener Spitze. Senkrechtstehen von Geraden und Ebenen.

II. Kap., 3. Abschn., § 2, S. 37: (28) Parallelismus im Raum. Parallele Geraden und Ebenen.

II. Kap., 4. Abschn., S. 42: (50) Betrachtung von geraden und schiefen Prismen. Grund- und Aufriß. Netz. (51) Zentrische Symmetrie im Raum. Körper mit Mittelpunkt.

III. Kap., 4. Abschn., § 2, S. 60: (34) Ergänzungsgleichheit und Rauminhalt gerader und schiefer Prismen. Rauminhalt einer Pyramide (Angabe der Formel ohne Beweis!!).

IV. Kap., 2. Abschn., § 1, S. 90: (19) Ähnliche Schnitte bei Pyramiden und Pyramidenstumpfen.

IV. Kap., 5. Abschn., § 2, S. 122: (30) Zylinder und Kegel. Grund- und Aufriß. Abwicklung. Berechnung.

§ 2. Lagebeziehungen im Raum.[1])

1. Wir haben in § 2 des I. Kapitels im Anschluß an die graphischen Axiome einige der wichtigsten Lagebeziehungen zwischen Punkten, Geraden und Ebenen kennengelernt. Wir wollen sie jetzt ergänzen, ohne darum Vollständigkeit zu erstreben.

Wie in der Planimetrie wirkt auch in der Stereometrie das *Parallelenaxiom* als das Scheidewasser, das die Sätze in zwei Gruppen zerlegt. Es ist ja in der Schulstereometrie üblich, den Parallelismus möglichst frühe einzuführen. Zweifellos wird dadurch die Behandlung sehr vereinfacht. Aber ebenso wichtig ist die Erkenntnis, daß eine ganze Reihe mit Hilfe des Euklidischen Parallelenaxioms bewiesener Sätze von diesem völlig unabhängig ist, vor allem die Reihe der Sätze über das Senkrechtstehen von Geraden und Ebenen.

2. Nennt man eine Gerade g, die eine Ebene ε schneidet, *senkrecht* auf dieser Ebene, wenn sie auf allen durch ihren Schnittpunkt gezogenen Geraden der Ebene senkrecht steht, so erweist die Berechtigung dieser Erklärung der

1. **Satz.** Steht eine Gerade g, die eine Ebene ε im Punkt F schneidet, auf *zwei* durch F gehenden Geraden von ε senkrecht, so steht sie auf ε senkrecht.

Der gewöhnliche Kongruenzbeweis (s. u. S. 145) stammt von Cauchy (1789—1857), Euklid (Elemente, Buch XI 4) benützt die Symmetrie in andrer Weise.

Die Umkehrung, nämlich den

2. **Satz.** Alle Geraden, die in einem Punkt F senkrecht auf einer Geraden g stehen, liegen in einer Ebene

beweist man indirekt.

Nicht bloß für die Stereometrie, sondern auch für die darstellende Geometrie grundlegend ist der

3. **Satz.** Ist PF senkrecht zur Ebene der drei Punkte F, A, B, $PA \perp AB$, so ist $FA \perp AB$.

Bew. (Fig. 113.) B sei so gewählt, daß $\overline{AB} = \overline{PF}$ wird. Es ist $PF \perp FB$, also $\triangle PFB \cong \triangle PAB$, d. h. $\overline{PA} = \overline{FB}$. Daraus folgt weiter $\triangle PFA \cong \triangle FAB$ (3 Seiten!) und daraus, da $PF \perp FA$ ist, $\sphericalangle FAB = \sphericalangle PFA = 90^0$.

Die Umkehrung, der

4. **Satz.** Ist PF senkrecht zur Ebene der drei Punkte $F, A, B, FA \perp AB$, so ist $PA \perp AB$,

---

1) Vgl. dazu Q. Nr. 51.

wird ebenso bewiesen. Der 4. Satz liefert uns weiter den besonders wich tigen

5. Satz. Zwei Lote auf derselben Ebene bestimmen stets *eine* Ebene.

Bew. (Fig. 114.) Seien P_1F_1 und P_2F_2 senkrecht ε, $F_2A \perp F_1F_2$ in ε. Nach dem 4. Satz ist auch $P_1F_2 \perp F_2A$. Somit stehen F_1F_2, P_1F_2 und P_2F_2 alle drei in F_2 senkrecht auf AF_2, gehören somit nach dem 2. Satz *einer* Ebene an, in der auch P_1F_1 liegt.

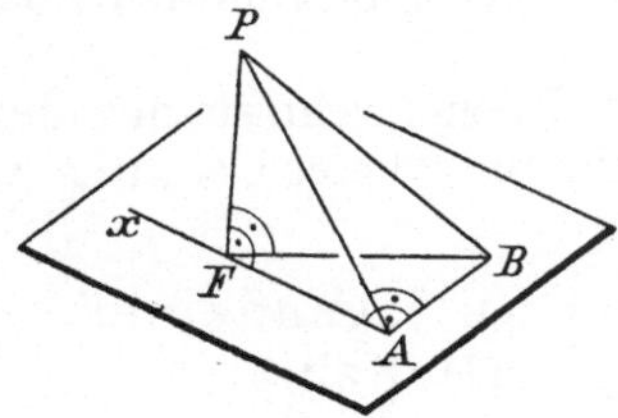

Fig. 113.

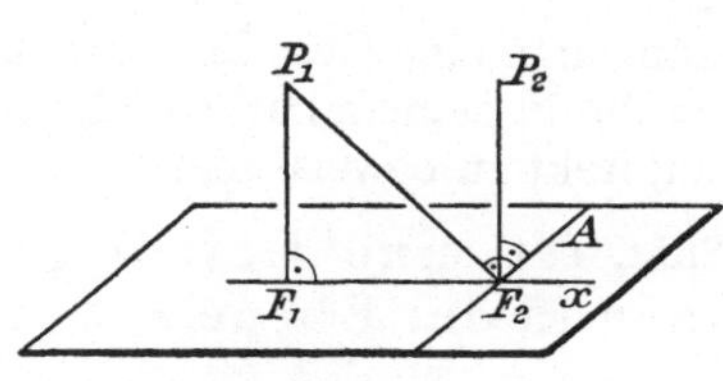

Fig. 114.

Da P_2F_2 *irgend* ein Lot in einem Punkt von F_1F_2 auf ε ist, so liegen alle Lote auf ε, die F_1F_2 treffen, in derselben Ebene. Umgekehrt gilt, und indirekt beweist man den

6. Satz. Fällt man von einem Punkt der im 5. Satz bestimmten Ebene das Lot auf F_1F_2, so steht es senkrecht auf ε.

Jetzt ist man berechtigt, von *zueinander senkrechten Ebenen* zu reden und zu sagen

7. Satz. Ist $PF \perp \varepsilon$, so steht jede durch PF gehende Ebene gleichfalls senkrecht ε.

Umgekehrt gilt der

8. Satz. Sind die einander schneidenden Ebenen α und β beide senkrecht ε, so ist ihre Schnittlinie senkrecht ε.

Beweis indirekt.

Wir sprachen eben von zueinander senkrechten Ebenen. Wir sind aber berechtigt, zwei beliebigen sich schneidenden Ebenen einen *Winkel* zuzuordnen und zu sagen: Errichtet man in einem Punkte der Schnittlinie zweier sich schneidender Ebenen in beiden Ebenen die Lote, so bestimmen diese den Winkel der beiden Ebenen.

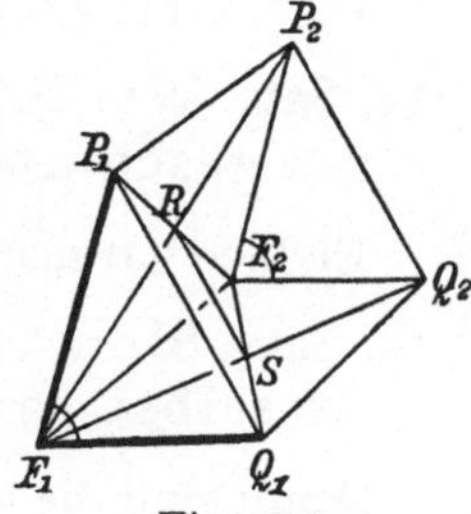

Fig. 115.

Denn es gilt der

9. Satz. Alle auf solche Weise bestimmten Winkel sind gleich.

Ein vom Parallelenaxiom unabhängiger Beweis ist folgender (Fig. 115): Sei $\overline{P_1F_1} = \overline{P_2F_2}$, $\overline{Q_1F_1} = \overline{Q_2F_2}$. Die Schnittpunkte R und S existieren. Aus kongruenten Dreiecken folgt $\overline{F_1R} = \overline{F_2R}$, $\overline{F_1S} = \overline{F_2S}$. Also ist $\triangle RF_1S \cong \triangle RF_2S$, d.h. $\sphericalangle RF_1S = \sphericalangle RF_2S$. Daraus weiter $\triangle P_2Q_2F_1 \cong \triangle P_1Q_1F_2$, d.h. $\overline{P_1Q_1} = \overline{P_2Q_2}$. Daraus endlich $\triangle P_1F_1Q_1 \cong \triangle P_2F_2Q_2$, d. h. $\sphericalangle P_1F_1Q_1 = \sphericalangle P_2F_2Q_2$.

3. Jetzt soll das Euklidische Parallelenaxiom [19′] gelten, d. h. es soll auch im Raum durch einen Punkt P zu einer Geraden g eine und nur eine Parallele geben, die dann in der durch P und g bestimmten Ebene liegt.

Nennt man eine Gerade g *parallel* zu einer Ebene, wenn sie mit dieser keinen Punkt gemein hat, so folgt die Berechtigung dieser Definition aus dem indirekt zu beweisenden

10. Satz. Ist eine Gerade g parallel zu irgendeiner Geraden in der Ebene ε, so ist sie parallel zu ε.

Daraus folgt sofort der

11. Satz. Legt man durch zwei Parallelen g und h je eine Ebene, so ist deren etwaige Schnittlinie parallel zu g und h.

Seine Umkehrung, den

12. Satz. Sind zwei Geraden einer dritten parallel, so sind sie selbst parallel,

beweist man indirekt.

Nennt man ferner eine Ebene *parallel* zu einer andern, wenn sie mit dieser keinen Punkt gemeinsam hat, so erweist sich diese Definition als berechtigt durch den indirekt zu beweisenden

13. Satz. Sind die Schenkel zweier Winkel paarweise parallel und gleichgerichtet, so sind die Ebenen der Winkel parallel und die Winkel gleich.

Umgekehrt gilt der

14. Satz. Werden zwei parallele Ebenen von einer dritten geschnitten, so sind die Schnittlinien parallel.

Endlich hat man noch den

15. Satz. Sind zwei Ebenen einer dritten parallel, so sind sie selbst parallel.

Damit sind die wichtigsten Sätze über parallele Geraden und Ebenen aufgezählt. Mit ihrer Hilfe lassen sich die Beweise des 5. und 6. Satzes vereinfachen, was der Leser selber durchführe. Die Sätze selbst kann man jetzt so aussprechen:

5'. **Satz.** Zwei Lote auf derselben Ebene sind parallel.

6'. **Satz.** Steht die eine von zwei Parallelen senkrecht auf einer Ebene, so steht auch die andere senkrecht auf ihr.

Dazu kommt endlich noch der

16. **Satz.** Steht eine Gerade auf zwei Ebenen senkrecht, so sind sie parallel.

Mit Hilfe dieser und der Sätze von Kap. I, § 2 kann nun die gegenseitige Lage von Punkten, Geraden und Ebenen vollständig erörtert werden, was aber dem Leser überlassen sei, da es uns nur um die grundlegenden Dinge zu tun war.

§ 3. Das Schrägbild der Grundebene.

1. Wir stellen das durch Fig. 116a veranschaulichte Modell her:

Zwei aufeinander senkrechte Ebenen, die *Horizontalebene, Grundrißebene* oder *Grundebene* π_1 und die *Vertikalebene, Aufrißebene* oder *Bildebene* π_2 schneiden einander im Grundschnitt x. Durch die Punkte 1, 2, 3, 4, ... der Grundebene ziehen wir die *Projektionsstrahlen* (Stricknadeln) in einer gegebenen Richtung. Sie treffen die Bildebene in den Bildpunkten, *Schrägbildern* $1_p, 2_p, 3_p, 4_p, \ldots$ Schneiden die *Grundlote* von 1, 2, 3, 4, ... auf den Grundschnitt diesen in 1_x, $2_x, 3_x, 4_x, \ldots$, so ist $11_x \parallel 22_x \parallel 33_x \parallel 44_x \parallel \ldots$. Die Ebenen der *Projektionsdreiecke* $11_x1_p, 22_x2_p, 33_x3_p, 44_x4_p, \ldots$ sind also parallel und treffen die Bildebene in den parallelen Geraden 1_x1_p, $2_x2_p, 3_x3_p, 4_x4_p, \ldots$, deren Richtung die *Verzerrungsrichtung* heiße. Die *Verzerrungswinkel* $\sphericalangle(1_p1_x, x)$, $\sphericalangle(2_p2_x, x)$, $\sphericalangle(3_p3_x, x)$, $\sphericalangle(4_p4_x, x), \ldots$ haben daher die gleiche Größe, die wir mit α bezeichnen. Die Dreiecke $11_x1_p, 22_x2_p, 33_x3_p$, $44_x4_p, \ldots$ sind ähnlich. Die *Verzerrungen* $\frac{1_p1_x}{11_x}, \frac{2_p2_x}{22_x}, \frac{3_p3_x}{33_x}, \frac{4_p4_x}{44_x}, \ldots$ haben somit die gleiche Größe, die wir den *Verzerrungsmaßstab* m nennen. Jeder gegebenen Projektionsstrahlenrichtung entspricht ein bestimmtes Wertepaar (α, m) und umgekehrt jedem Wertepaar (α, m) eine bestimmte Projektionsrichtung.

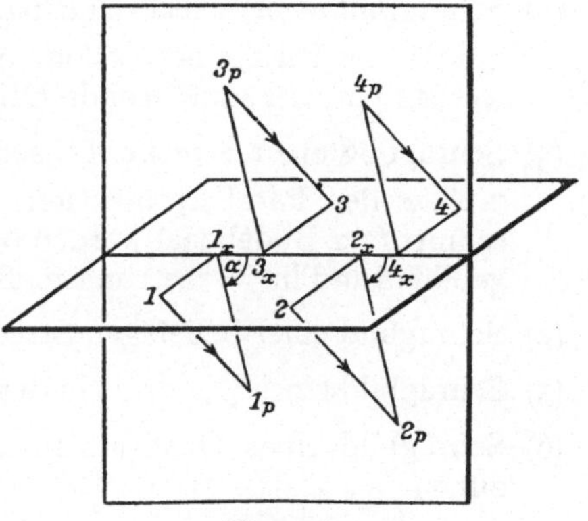

Fig. 116a.

2. Drehen wir jetzt die Grundebene um 90^0 nach unten, bis sie mit der Bildebene zusammenfällt, so bleibt die Ähnlichkeit der Dreiecke $1 1_x 1_p$, $2 2_x 2_p$, $3 3_x 3_p$, $4 4_x 4_p$, ... erhalten. Jedem Punkt 1, 2, 3, 4, ... der Bildebene entspricht eindeutig ein Punkt 1_p, 2_p, 3_p, 4_p, ... in ihr (Fig. 116b). Diese Zuordnung oder Verwandtschaft von Punkten nennt man nach EULER (1707—83) *Affinität.* Man kann sie ganz unabhängig vom Raum selbständig betrachten, wie dies im 6. Abschnitt des Kap. IV durchgeführt ist. Man wird diese abstrakte, rein planimetrische Behandlung der Affinität, die aber sehr nützlich und lehrreich ist, jedoch erst durchführen, wenn die Gesetze der Affinität durch die nun folgenden räumlichen Betrachtungen anschaulich gewonnen sind.[1])

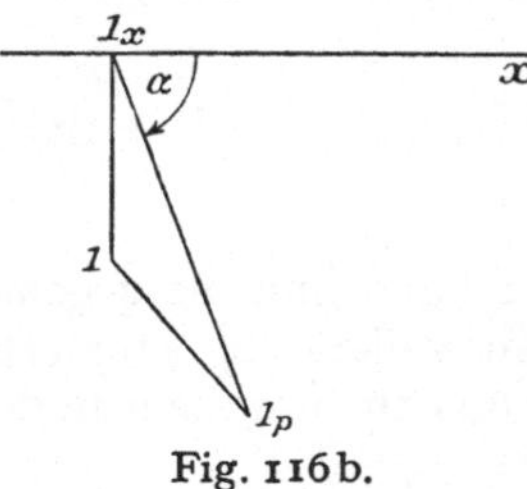

Fig. 116b.

Im folgenden sind die Größen α und m möglichst mannigfaltig zu wählen. Der Schüler soll selbst entscheiden, welche Werte zu guten Bildern führen. Ebenso soll er überlegen, wie man im Einzelfalle die Konstruktion möglichst einfach ausführt.

Lehrgang.

(1) Schrägbild A_p eines Punktes A.

(2) Schrägbild einer Strecke $\overline{AB}$ parallel zum Grundschnitt.

1. Satz der Parallelprojektion. Strecken parallel zum Grundschnitt werden parallel zum Grundschnitt abgebildet.

(3) Schrägbild einer Strecke $\overline{AB}$ senkrecht zum Grundschnitt.

2. Satz der Parallelprojektion. Strecken senkrecht zum Grundschnitt (zur Bildebene) werden parallel zur Verzerrungsrichtung abgebildet und im Verzerrungsmaßstabe verändert.

(4) Schrägbild einer beliebigen Strecke.

(5) Schrägbild eines Quadrats in der ersten Lage (eine Seite $\parallel x$).

(6) Schrägbild eines Quadrats in der zweiten Lage (eine Eckenlinie auf x).

(7) Schrägbild eines gleichseitigen Dreiecks in der ersten Lage (eine Seite $\parallel x$).

---

1) Ist $\alpha \neq 90^0$ und $\neq 270^0$, so liegt die allgemeine Affinität oder *Drehstreckung* vor. Für $\sin\alpha \neq \frac{1}{m}$ ist sie sofort durch die *schiefe Affinität* oder schiefe axiale Streckung mit Affinitätsrichtung $1 1_p$ ersetzbar, für $\sin\alpha = \frac{1}{m}$ hat man die *Affingleichheit* oder *Scheerung*. Ist $\alpha = 90^0$ oder 270^0, so liegt die *senkrechte Affinität* oder senkrechte axiale Streckung vor.

(8) Schrägbild eines gleichseitigen Dreiecks in der zweiten Lage (eine Höhe auf x).

(9) Schrägbild eines regelmäßigen Sechsecks in der ersten Lage (eine Achse durch zwei Gegenecken auf x).

(10) Schrägbild eines regelmäßigen Sechsecks in der zweiten Lage (eine Achse durch zwei Gegenseitenmitten auf x).

(11) Schrägbild eines beliebigen Vielecks.

(12) Schrägbild einer Strecke mit Teilpunkt.

3. Satz von der Parallelprojektion. Irgendein Teilverhältnis einer Strecke ist invariant.[1])

(13) Schrägbild eines Dreiecks mit Schwerlinien und Schwerpunkt.

(14) Schrägbild zweier Geraden.

4. Satz von der Parallelprojektion. Parallelen werden als Parallelen abgebildet.[1])

Weitere Aufgaben.[2])

Hieran schließt sich nun der 6. Abschnitt des IV. Kapitels. Doch wird man ihn zweckmäßig erst nach § 7 behandeln und jetzt gleich zu den Körpern übergehen.

§ 4. Das Schrägbild von Prismen und Pyramiden. Rauminhalt eines Prismas. Streckenberechnungen.

(1) Schrägbild einer Figur parallel zur Bildebene, insbesondere einer Strecke senkrecht zur Grundebene.

Verallgemeinerung des 1. Satzes der Parallelprojektion: Figuren parallel zur Bildebene (insbesondere Strecken senkrecht zur Grundebene) werden parallel zu sich selbst (senkrecht zum Grundschnitt) und in wahrer Größe abgebildet.

Damit kann die Parallelprojektion jedes Vielflaches gezeichnet werden. Man fällt von allen seinen Ecken die *Projektionslote* (*Koten*) auf die Grundebene, d. h. man zeichnet seinen *Grundriß*. Dann konstruiert man zu diesem das Schrägbild, fällt von den Ecken des Schrägbilds die Lote auf den Grundschnitt und trägt auf diesen von den Ecken aus die Koten ab.

Natürlich läßt sich das Verfahren beim einzelnen Beispiel oft merklich abkürzen, besonders, wenn Körperflächen parallel zur Bildebene vorhanden oder Körperabschnitte parallel zur Bildebene leicht zu zeichnen sind. Der *Aufriß* braucht gewöhnlich gar nicht benützt, und darum auch nicht gezeichnet zu werden. Trotzdem soll er um seiner selbst willen verlangt werden.

---

1) Man kann gleich die Allgemeingültigkeit dieses Satzes zeigen.

2) Schöner Übungsstoff ist bei Richter, Über die Einführung in die Stereometrie und das stereometrische Zeichnen, Leipzig 1910, zu finden.

(2) Schrägbild eines *Würfels* in der ersten Lage. [§ 3 (5).]
(3) Schrägbild eines Würfels in der zweiten Lage. [§ 3 (6).] } Alle möglichen Werte von a und m.

(4) Schrägbild eines Würfels, wenn seine Grundfläche beliebig in der Grundebene liegt.

(5) Die Flächen- und Körperdiagonale eines Würfels. Zeichnung in wahrer Größe und Berechnung.

(6) Rauminhalt und Oberfläche des Würfels.

(7) Schrägbild eines Würfels, von dem eine Flächendiagonale senkrecht zur Grundebene steht.

(8) Schrägbild eines Würfels, von dem eine Körperdiagonale senkrecht zur Grundebene steht.

(9) Schrägbild einer *quadratischen Säule* oder Platte.

(10) Berechnung der quadratischen Säule. (Diagonalen, Rauminhalt, Oberfläche.)

(11) Schrägbild des *Quaders*.

(12) Berechnung des Quaders.

(13) Schrägbild eines senkrechten, regelmäßigen, dreiseitigen *Prismas*.

(14) Berechnung dieses Prismas.

(15) Schrägbild eines senkrechten, regelmäßigen, sechsseitigen Prismas.

(16) Berechnung dieses Prismas.

(17) Grundriß, Aufriß und Schrägbild eines beliebigen senkrechten Prismas.

(18) Grundriß, Aufriß und Schrägbild eines beliebigen schiefen Prismas.

(19) Rauminhalt eines beliebigen senkrechten oder schiefen Prismas (Fig. 117).

Rauminhalt des Prismas = Grundfläche mal Höhe.

(20) Schrägbild und Netz, (21) Mantel und Oberfläche einer senkrechten quadratischen *Pyramide* aus Grundkante a und Höhe h.

(22) Schrägbild und Netz, (23) Mantel und Oberfläche einer senkrechten regelmäßigen dreiseitigen Pyramide aus Grundkante a und Höhe h.

(24) Schrägbild und Netz, (25) Mantel und Oberfläche einer senkrechten regelmäßigen sechsseitigen Pyramide aus Grundkante a und Höhe h.

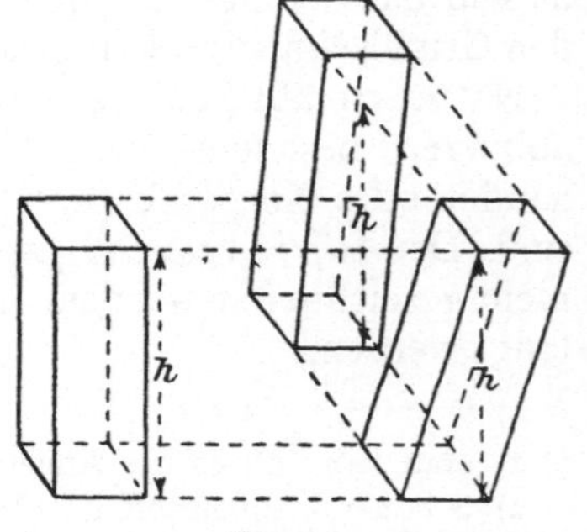

Fig. 117.

(26)—(31) Dieselben Aufgaben aus Grundkante a und Seitenkante s.

(32)—(37) Dieselben Aufgaben aus Seitenkante s und Höhe h.

(38) Schrägbild und Netz einer beliebigen dreiseitigen Pyramide, eines *Vierflachs*, aus den sechs Kanten.

(39) Umkehrung von (38).

Zahlreiche weitere Aufgaben.

§ 5. Der Rauminhalt der Pyramide und des Pyramidenstumpfs.

1. Während die Rauminhaltsbestimmung beim Prisma fast selbstverständlich ist, stellt sich mit der *Rauminhaltsbestimmung der Pyramide* plötzlich wieder einmal ein ganz schwieriges geometrisches Problem ein. Schon frühe machten die Griechen die Erfahrung, daß es dabei ohne Unendlichkeitsbetrachtungen nicht abgehe. Eudoxus von Knidus (etwa 410—356) lehrte dann, diese und andere Aufgaben nach einer einheitlichen Methode, der sog. *Exhaustionsmethode*, zu lösen. Euklid (um 325 v. Chr.) hat des Eudoxus Betrachtung vervollständigt und in allen Einzelheiten ausgearbeitet in das zwölfte Buch seiner Elemente aufgenommen.[1]) Freilich sucht man bei Euklid vergebens eine Flächen- oder Rauminhaltsformel. Eine solche aufzustellen war Aufgabe der „angewandten", nicht der „reinen" Mathematik. Euklid beweist im Buch XII, Satz 3—5 mittels der Exhaustionsmethode nur, daß sich die Rauminhalte von Pyramiden mit gleichen Höhen wie die Grundflächen verhalten. Man kann indes mit Wieleitner[2]) das Euklidische Verfahren zu einer 1. Methode der Pyramideninhaltsbestimmung selbst umgestalten. Daß dabei eine geometrische und keine arithmetische Reihe auftritt, ist ein Vorzug der Methode, dem der Nachteil einer nicht ganz einfachen geometrischen Konstruktion gegenübersteht.

2. Eine arithmetische Reihe, nämlich die Reihe der aufeinanderfolgenden Quadratzahlen hat man bei einer 2., der bekannten Methode, zu summieren, bei der man die Pyramidenhöhe durch Parallelschnitte zur Grundfläche in n gleiche Teile teilt, den Pyramideninhalt durch eine innere oder äußere Treppe von Prismen ersetzt und die Grenzwerte ihrer Stufensummen für $n \to \infty$ sucht.

Es ist auffallend, daß Euklid nicht diese geometrisch viel einfachere Methode benützt hat. Junge[3]) hat dafür einen sehr einleuchtenden Grund angegeben.

3. Während man bei den bis jetzt aufgezählten beiden Methoden den Pyramideninhalt als Grenzwert wirklich berechnet, d. h. das auftretende

---

1) Näheres bei Fladt, Euklid, Berlin 1927.

2) Wieleitner, Über den Rauminhalt der Pyramide, Unterrichtsblätter für Math. u. Naturwiss. 1925, S. 91.

3) Junge, Nochmals der Rauminhalt der Pyramide, Unterrichtsblätter 1926, S. 240.

„Integral“ wirklich auswertet, sind bei den beiden folgenden Methoden Grenzwertberechnungen nicht notwendig. Es genügen anschauliche Überlegungen. Man benützt entweder (3. Methode) das sog. *Cavalierische Prinzip*, besser den *Cavalierischen Grundsatz* oder man stützt sich (4. Methode) auf den ebenfalls anschaulich klarzumachenden Satz, daß sich die Rauminhalte ähnlicher Körper wie die Kuben entsprechender Strecken verhalten.[1]) Bei der 3. Methode genügt es dabei, den Cavalierischen Satz für Pyramiden auszusprechen und mit seiner Hilfe zu beweisen, daß Pyramiden von gleichen Grundflächen und Höhen raumgleich sind. Man braucht dann nur noch den berühmten 7. Satz aus Buch XII der Euklidischen Elemente, daß sich jedes dreiseitige Prisma in drei raumgleiche Pyramiden zerlegen läßt, um sofort die Pyramideninhaltsformel zu haben.

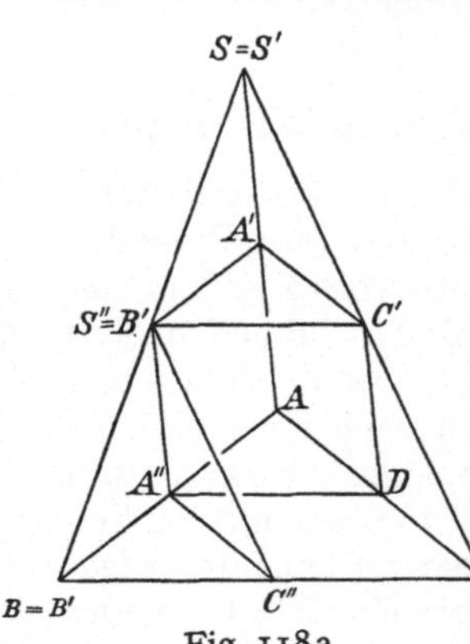

Fig. 118a.

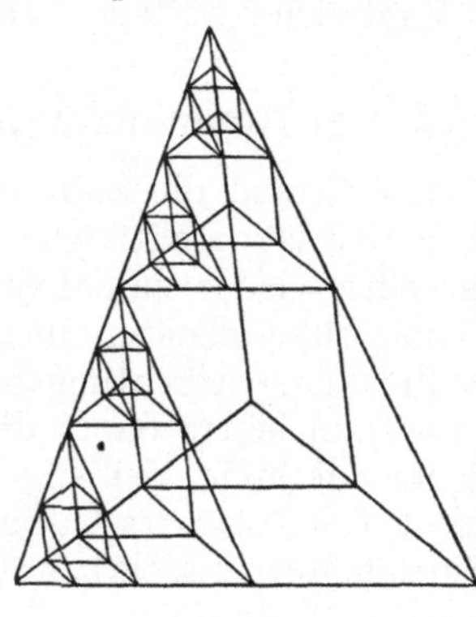
Fig. 118b.

Die 4. Methode ist die bei weitem kürzeste. Für die Herleitung der Pyramideninhaltsformel genügt die Figur zum 3. Satze des XII. Buches der Elemente (Fig. 118a).

Lehrgang.

(1a) 1. Methode.

Man zerlegt die gegebene dreiseitige Pyramide $S(ABC)$ mit der Grundfläche G und der Höhe h in zwei ihr ähnliche und einander gleiche Pyramiden $S'(A'B'C')$ und $S''(A''B''C'')$ und zwei gleiche Prismen $(AA''D, A'B'C')$ und $(B'A''C'', C'DC)$. Der Inhalt der Prismen zusammen ist

$$V_1 = 2 \cdot \frac{G}{4} \cdot \frac{h}{2} = \frac{1}{4} Gh.$$

Jetzt wiederholt man das Verfahren der Zerlegung mit jeder der beiden Pyramiden $S'(A'B'C')$ und $S''(A''B''C'')$ und dann immer aufs neue (Fig. 118b). Bei der ersten Wiederholung erhält man $2 \cdot 2 = 4$ neue Prismen, deren Inhalt zusammen

$$V_2 = 4 \cdot \frac{G}{16} \cdot \frac{h}{4} = \left(\frac{1}{4}\right)^2 Gh$$

---

1) Weitbrecht, Zur Berechnung des Pyramideninhalts, Unterrichtsblätter 1926, S. 244.

ist, bei der zweiten Wiederholung $2 \cdot 4 = 8$ neue Prismen, deren Inhalt zusammen

$$V_3 = 8 \cdot \frac{G}{64} \cdot \frac{h}{8} = \left(\frac{1}{4}\right)^3 Gh$$

beträgt. Der Inhalt der Pyramide erscheint so als die Summe der unendlichen geometrischen Reihe

$$V = V_1 + V_2 + V_3 + \cdots = \frac{1}{4} Gh \left(1 + \frac{1}{4} + \left(\frac{1}{4}\right)^2 + \cdots\right) = \frac{\frac{1}{4} Gh}{1 - \frac{1}{4}} = \frac{1}{3} Gh,$$

d. h. es ist

Rauminhalt der Pyramide $= \frac{1}{3}$ mal Grundfläche mal Höhe.

(1b) 2. Methode.

Man macht bei der gegebenen Pyramide die Treppenkonstruktion der Fig. 119a und b.[1]) Der gesuchte Rauminhalt V liegt zwischen den beiden Treppenfiguren. Der Fehler, den man macht, wenn man statt V eine der Stufensummen nimmt, ist kleiner als die Differenz der Treppen, d. h. wie die Figuren zeigen, kleiner als die unterste Stufe der äußeren Treppe, d. h. kleiner als $\frac{1}{n} \cdot Gh$, kann also beliebig klein gemacht werden.

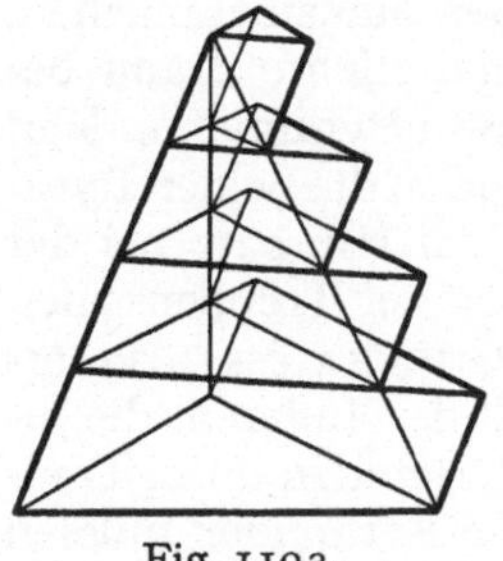

Fig. 119a.

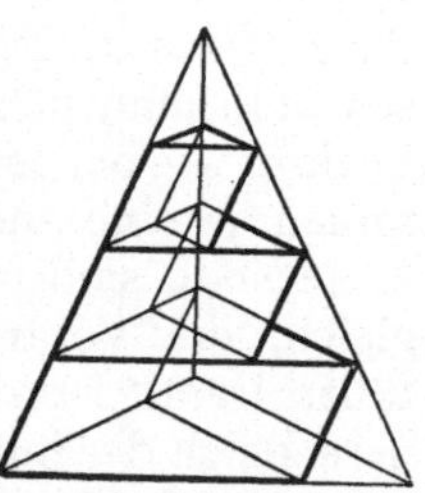

Fig. 119b.

Jetzt braucht man den Hilfssatz: Schneidet man eine Pyramide von der Höhe h parallel zur Grundfläche G im Abstand x von der Spitze, so ist der Flächeninhalt des Querschnitts $Q = G \cdot \frac{x^2}{h^2}$. Dann ist die äußere Treppe

$$T_a = \frac{h}{n} \cdot \frac{1^2}{n^2} G + \frac{h}{n} \cdot \frac{2^2}{n^2} G + \frac{h}{n} \cdot \frac{3^2}{n^2} G + \cdots + \frac{h}{n} \cdot \frac{n^2}{n^2} G = \frac{1^2 + 2^2 + 3^2 + \cdots + n^2}{n^3} Gh,$$

die innere Treppe $\qquad T_i = T_a - \frac{Gh}{n}$.

Nun braucht man die Summe der Quadratzahlen $1^2 + 2^2 + \cdots + n^2 = \frac{n(n+1)(2n+1)}{6}$, die man auf verschiedene Arten herleiten kann oder am besten schon vorher im Arithmetikunterricht an geeigneter Stelle hergeleitet hat.[2]) Dann wird

$$T_a = \frac{1}{3}\left(1 + \frac{1}{n}\right)\left(1 + \frac{1}{2n}\right) Gh$$

$$T_i = \frac{1}{3}\left(1 + \frac{1}{n}\right)\left(1 + \frac{1}{2n}\right) Gh - \frac{1}{n} Gh = \frac{1}{3}\left(1 - \frac{1}{n}\right)\left(1 - \frac{1}{2n}\right) Gh,$$

---

1) Nur der Einfachheit wegen sind dreiseitige Pyramiden gezeichnet.

2) Vgl. dazu Bochow, Bildliche Darstellungen gewisser Summenformeln, ZMNU 51, 1920, S. 198.

und daraus folgt $\lim\limits_{n\to\infty} T_a = \lim\limits_{n\to\infty} T_i = V = \frac{1}{3} Gh$. Man kann diesen Grenzübergang mit den Schülern nicht langsam und deutlich genug durchführen. Man zeige insbesondere, daß T_i mit wachsendem n zunimmt, T_a abnimmt. Sehr lehrreich ist es auch, wenn man vor der Bestimmung des Pyramideninhalts nach derselben Methode die des Dreiecksinhalts durchführt, die formal leichter ist, weil der einfachere Grenzwert

$$\lim_{n\to\infty} \frac{1+2+3+\cdots+n}{n^2} = \frac{1}{2} \quad \text{auftritt.}$$

(1c) 3. Methode.

Man kann den *Cavalierischen Grundsatz*: „*Werden zwei Körper, die sich zwischen denselben Parallelebenen befinden, von jeder Ebene parallel zu diesen nach flächengleichen Figuren geschnitten, so sind sie raumgleich*“, natürlich sogleich für beliebige, sogar krummlinig begrenzte Körper behaupten und durch aufeinandergeschichtete Scheiben plausibel machen. Eine etwas strengere Behandlung schadet indes gar nicht. Dann beschränkt man sich aber zweckmäßig zunächst auf zwei Pyramiden. Man beginnt wie bei der zweiten Methode und baut um und in die beiden Pyramiden je eine äußere und innere Treppe. Nach dem Hilfssatz bei der 2. Methode sind je zwei entsprechende Grundflächen der Treppenstufen gleich, die Voraussetzungen des Cavalierischen Grundsatzes also erfüllt. Damit ist aber auch die äußere Treppe gleich der äußeren, die innere gleich der inneren. Andererseits ist jede der Pyramiden ihren Treppen bis auf einen beliebig kleinen Fehler gleich. Die Pyramiden müssen also selbst gleich sein. Damit ist der Cavalierische Grundsatz für Pyramiden bewiesen und zudem gezeigt, daß Pyramiden von gleichen Grundflächen und Höhen raumgleich sind. Jetzt braucht man nur die Euklidische Zerlegung eines dreiseitigen Prismas in drei raumgleiche Pyramiden (Elemente XII 7), um die Inhaltsformel für dreiseitige Pyramiden zu haben. Die Verallgemeinerung auf beliebige Pyramiden ist selbstverständlich.

(1d) 4. Methode.

Man macht den Satz „*Die Rauminhalte ähnlicher Körper verhalten sich wie die Kuben entsprechender Strecken*“ anschaulich klar. Zu diesem Zweck denkt man sich einen Körper durch raumgleiche Würfel ausgefüllt. An seiner Oberfläche werden nur Bruchteile von Würfeln innerhalb des Körpers liegen. Je nachdem diese Würfel mitzählen oder nicht, erhalten wir eine obere oder untere Grenze des Rauminhalts. Durch Verkleinerung der Würfel kann man diesen in immer engere Grenzen schließen. Erteilt man jetzt dem Körper eine lineare Vergrößerung im Verhältnis $1 : n$, so vergrößern sich die Würfel und damit die Grenzen für den Rauminhalt im Verhältnis $1 : n^3$. Trotzdem kann die Differenz der Grenzen durch Verkleinerung der Würfel wieder beliebig klein gemacht werden. Der Rauminhalt selbst also hat sich im Verhältnis $1 : n^3$ vergrößert.

Zerlegt man jetzt die gegebene Pyramide gemäß der Euklidischen Figur 118a, ist V der gesuchte Inhalt, G ihre Grundfläche, h ihre Höhe, so haben nach dem vorausgehenden Satz die Pyramiden $S'(A'B'C')$ und $S''(A''B''C'')$ je den Rauminhalt $\frac{V}{8}$. Man hat somit die Gleichung $2 \cdot \frac{V}{8} + \frac{Gh}{4} = V$, woraus sofort $V = \frac{Gh}{3}$ folgt.

Welche der vier Methoden man auch durchführen mag, auch dem Schüler wird sich die Frage aufdrängen, ob denn zur Ermittlung des Pyramideninhalts wirklich so neuartige Hilfsmittel notwendig sind, während die Bestimmung des Dreiecksinhalts eine so einfache Sache ist. Man wird ihm zeigen, daß die letztere Aufgabe deswegen so einfach ist, weil man sofort ein Parallelogramm angeben kann, dem das gegebene Dreieck *zerlegungsgleich* ist. Und es wird sein Erstaunen hervorrufen, wenn man ihm erzählt, daß man dagegen nicht zu jeder Pyramide ein *zerlegungsgleiches* Prisma angeben kann, ebensowenig ein *ergänzungsgleiches*. Nach den Untersuchungen von Max Dehn[1]) gibt es vielmehr eine dritte Möglichkeit, die *Grenzgleichheit*, die unendlich mal häufiger vorkommt als die *Endlichgleichheit*, mittels welches Begriffes man die Zerlegungsgleichheit und die Ergänzungsgleichheit zusammenfaßt. Zwei Pyramiden von gleichen Grundflächen und Höhen sind im allgemeinen nicht *endlichgleich*, sondern nur *grenzgleich*, d. h. ihr Rauminhalt kann nur mittels eines unendlich oft wiederholten Verfahrens gefunden werden. Die griechische Exhaustionsmethode ist also nicht künstlich, sondern sogar notwendig. Ohne Grenzübergänge kommt man nicht aus. Doch können wir an dieser Stelle nicht näher darauf eingehen[2]), da das Problem noch nicht hinreichend elementar dargestellt werden kann. Überdies ist es noch gar nicht vollständig gelöst.

(2) Rauminhalt V des *Pyramidenstumpfs* mit der Grundfläche G, der Deckfläche G' und der Höhe h.

Man gewinnt ihn am einfachsten in bekannter Weise als Differenz zweier Pyramiden unter Verwendung der Umformung $\frac{G\sqrt{G} - G'\sqrt{G'}}{\sqrt{G} - \sqrt{G'}} = G + \sqrt{GG'} + G'$. Eine zweite, zunächst nur für dreiseitige Stümpfe geltende Herleitung, die Verallgemeinerung von (1d), s. bei Weitbrecht a. a. O.

Eine dritte, zunächst auch nur für dreiseitige Stümpfe gültige Herleitung setzt die Formel $V = \frac{h}{3}\left(G + \sqrt{GG'} + G'\right)$ aus ihren drei Teilen

1) Nachr. der Ges. der Wiss. zu Göttingen 1902 und Math. Ann. 55, 1902 S. 465.

2) Vgl. dazu die schöne Abhandlung von H. Vogt, Über Gleichheit und Endlichkeit von Prismen und Pyramiden, Progr. Breslau 1904, und den Bericht von H. Keferstein, ZMNU 35, 1904, S. 111.

zusammen. Es ist (Fig. 120) Pyramide $B'(ABC) \equiv P = \frac{Gh}{3}$, Pyramide $C(A'B'C') \equiv P' = \frac{G'h}{3}$.

Ferner ist Pyramide $C(A'AB')$: Pyramide $C(BAB') \equiv P'' : P$

$$= \triangle A'AB' : \triangle BAB' = \overline{A'B'} : \overline{AB},$$

Pyramide $B'(C'A'C)$: Pyramide $B'(AA'C)$

$$\equiv P' : P''$$

$$= \triangle C'A'C : \triangle AA'C = \overline{A'C'} : \overline{AC} = \overline{A'B'} : \overline{AB}.$$

Daraus folgt

$$P'' : P = P' : P'', P'' = \sqrt{PP'} = \frac{\sqrt{GG'} \cdot h}{3}.$$

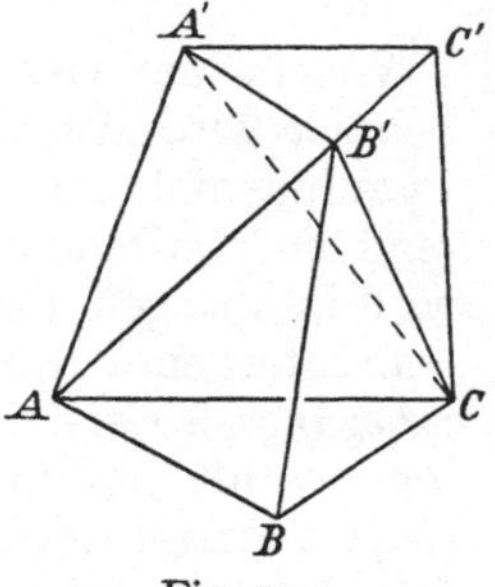

Fig. 120.

Sind die Grundflächen Vielecke, so zerlege man den Stumpf in lauter dreiseitige. Zerfällt die Grundfläche in Dreiecke $G_1, G_2, \ldots$, die Deckfläche in die Dreiecke $G_1', G_2', \ldots$, so ist $V = \frac{h}{3}(G + G' + \sqrt{G_1G_1'} + \sqrt{G_2G_2'} + \cdots)$. Ist nun $G' = \alpha G$, so ist auch $G_1' = \alpha G_1, G_2' = \alpha G_2, \ldots$, also $\sqrt{G_1G_1'} = \sqrt{\alpha} \cdot G_1$, $\sqrt{G_2G_2'} = \sqrt{\alpha} \cdot G_2, \ldots$, $\sqrt{G_1G_1'} + \sqrt{G_2G_2'} + \cdots = \sqrt{\alpha}(G_1 + G_2 + \cdots) = \sqrt{\alpha}G = \sqrt{GG'}$.

§ 6. Zeichnung und Berechnung weiterer Körper.

Mit der Bestimmung des Pyramideninhalts ist der Weg zu weiteren Aufgaben frei. Es sollen aber hier keine Einzelaufgaben mehr, sondern nur noch einige umfassendere Aufgabengruppen aufgezählt und zur Behandlung vorgeschlagen werden.

Lehrgang.

(1) Die *regulären Körper*,

insbesondere Tetraeder und Oktaeder mit ihren Beziehungen zueinander und zum Würfel. Auch Ikosaeder und Dodekaeder gehören ganz wohl auf diese Stufe.[1]) Doch wird man sich bei ihnen auf Grundriß und Aufriß in besonders einfacher Lage beschränken und das Schrägbild hinzufügen, von Berechnungen aber vielleicht ganz absehen. Dagegen wird man den einfachen Euklidischen Beweis, daß nur fünf reguläre Körper möglich sind (letzter Satz der Elemente,

1) Vgl. dazu Huebner-Reim, Das regelmäßige Dodekaeder und Ikosaeder, Progr. Schweidnitz 1907.

XIII 18), den Schülern nicht vorenthalten. Ob der Eulersche Polyedersatz ebenfalls herangezogen werden soll, wird von der zur Verfügung stehenden Zeit abhängen. Er ragt in der Schulmathematik als einsame Säule und will nirgends recht hineinpassen, wenn man nicht geradeswegs einen Abriß der Polyedertheorie geben will, wozu aber heute die Zeit kaum mehr vorhanden ist. Eine zweckmäßige Übung ist auch das Einzeichnen der Symmetrieebenen und Symmetrieachsen in die Schrägbilder der regulären Körper.

(2) Die *halbregelmäßigen Körper*

auf Grund der schönen Abhandlung von A. LEMAN, Über halbreguläre Körper, ZMNU 47, 1916, S. 105 und 291 (Bemerkung von J. E. BÖTTCHER) insbesondere

(a) die zueinander dualen Körper Kuboktaeder und Rhombendodekaeder,

(b) der aus dem Tetraeder nach Entecken um $\frac{1}{3}$ der Kante entstehende von 4 gleichseitigen Dreiecken und 4 regelmäßigen Sechsecken begrenzte Körper,

(c) der ebenso aus dem Oktaeder entstehende, von 6 Quadraten und 8 regelmäßigen Sechsecken begrenzte Körper,

(d) der durch Entecken des Würfels um so viel entstehende Körper, daß als Seitenflächen 8 gleichseitige Dreiecke und 6 regelmäßige Achtecke auftreten,

(e) das senkrechte regelmäßige Prisma, dessen Seitenflächen Quadrate sind und

(f) das entsprechende Antiprisma, dessen Seitenflächen gleichseitige Dreiecke sind.

(3) Die *kristallographischen Körper.*

RUSKA beklagt es in seiner *Methodik des mineralogisch-geologischen Unterrichts*, Stuttgart 1920, außerordentlich, daß sich der geometrische Unterricht so wenig der Kristallographie annehme, die ihm doch eine Fülle der schönsten Aufgaben liefere. Man lese selbst, was RUSKA auf S. 72—94, S. 199—210 und S. 249—295 über die Kristallographie zu sagen hat, und behandle danach ausgewählte Beispiele im Stereometrieunterricht.

(4) Weitere Vielflache.

Wir sagten oben schon, daß heute kaum mehr Zeit zu einer eigentlichen Polyedertheorie in der Schule ist. Trotzdem wird man noch manchen weiteren ebenflächigen Körper zeichnen und berechnen lassen. Sehr schöne Beispiele findet man bei W. THIENEMANN, *Die von Quadraten und gleichseitigen Dreiecken begrenzten Eulerschen Vielflache, deren Ecken dieselbe Anzahl Kanten besitzen, Progr. Essen* 1903, ferner in einigen Aufsätzen der ZMNU.[1]) Im übrigen sei auf das umfassende Werk von M. Brückner, Vielecke und Vielflache, Leipzig 1900, hingewiesen, wo der Leser über alle Fragen der Polyederlehre Aufschluß findet.

(5) Das *Prismatoid* mit Anwendungen.

Die Herleitung der Prismatoidformel $V = \frac{h}{6}(G + 4M + G')$, wo V der Rauminhalt, h die Höhe, G die Grundfläche, G' die Deckfläche, M der Mittelschnitt des Prismatoids ist, entnehme man etwa aus Bohnert, Elementare Stereometrie, Leipzig 1910, S. 58. Das Prismatoid, der ebenflächige Simpsonsche Körper, verdient auch heute noch eine Behandlung im Unterricht.

Eine schöne Anwendung bilden die verschiedenen Arten von Dächern.

(6) Allerlei praktische und technische Körper.

Man findet reiches Material bei Hecker-Gagel, Das Zeichnen der konstruierenden Berufe, Leipzig 1926. Auch sei hier schon auf G. Hauck, Übungsstoff für den praktischen Unterricht in der Projektionslehre, 2 Hefte, Berlin, Springer, und E. Müller, Technische Übungsaufgaben für darstellende Geometrie, 6 Hefte, Wien, Deuticke, hingewiesen.

§ 7. Lehrsätze und Grundaufgaben der Stereometrie. Schnittaufgaben.

1. Wir haben bisher, wie einst im propädeutischen Unterricht, alle stereometrischen Tatsachen und Begriffe ruhig aus der Anschauung entnommen und ohne Zögern z. B. von parallelen Geraden und Ebenen, senkrechten Geraden und Ebenen, Winkeln zwischen Geraden und Ebenen gesprochen. Es ist sehr wohl möglich — was wir nicht ausdrücklich getan haben —, die stereometrischen Begriffe und Tatsachen schon jeweils bei ihrem ersten Auftreten in Definitionen und Sätze zu fassen. Es ist aber auch sehr nützlich, der sog. *systematischen Stereometrie* noch einen besonderen Abschnitt zu widmen. Das braucht durchaus nicht in abschreckender Form zu geschehen. Der Stoff verliert für den Schüler viel von seiner Abstraktheit, wenn man zu jeder Definition und zu jedem Satz eine parallelperspektivische Zeichnung anfertigen läßt. Damit verbinden sich noch zwei weitere Vorteile. Einmal kommen jetzt auch unbegrenzte

1) Rausenberger, Konvexe pseudoreguläre Polyeder, ZMNU 46, 1915, S. 135, 250 (Bemerkungen von J. E. Böttcher) und 477; Kerst, Über Polyeder, deren Netze durch konvexe Polygone gebildet werden, ZMNU 47, 1916, S. 11; Böttcher, Dreiflachkörper-Dreieckskörper, ZMNU 47, 1916, S. 322 und aufsteigende Polyederliste, ebd. S. 322.

Gebilde, Geraden und Ebenen, zur Darstellung, und dann gehören die entstehenden Figuren, soweit keine rechten Winkel in Frage kommen, der sog. *freien Parallelperspektive* an, d. h. sie sind für jedes beliebige Wertepaar (α, m) Bilder wirklicher räumlicher Gegenstände.

2. Von Axiomen braucht, wie wir schon in Kap. I ausführten, nirgends die Rede zu sein. Man betrachtet Punkt, Gerade und Ebene einfach als Grundbegriffe und entnimmt der Anschauung zunächst ihre Verknüpfung und gegenseitige Lage. Dann geht man zum Parallelismus über und schließlich zur Orthogonalität, wobei man sich auf die wichtigsten der in § 2 aufgezählten Sätze beschränken mag. An diese Grundlagen schließen sich dann noch Aufgaben über Schnitte an. Im einzelnen sieht das Ganze etwa folgendermaßen aus:

Lehrgang.

Lagebeziehungen und Parallelismus.

(1) In der Zeichnung ist ein Punkt des Raumes durch sein Schrägbild P [1]) und das seines Grundrisses P' bestimmt: Punkt (P, P').[2])

(2) In der Zeichnung ist eine Gerade des Raumes durch ihre Schrägbild g und das ihres Grundrisses g' bestimmt: Gerade (g, g'). Ist $g \parallel g'$, so ist die Gerade parallel zur Grundebene, ist $g \equiv g'$, so liegt sie in der Grundebene.

(3) Satz. Eine Gerade ist durch zwei Punkte bestimmt.

(4) In der Zeichnung ist eine Gerade also (a) durch zwei Punkte (P, P') und (Q, Q'), (b) durch einen Punkt (P, P') und ihren Spurpunkt $(S, S' = S)$ bestimmt (Fig. 121).

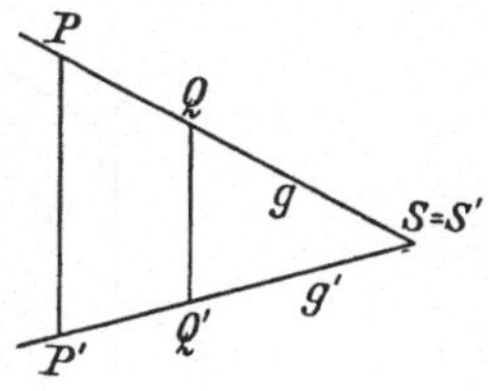

Fig. 121.

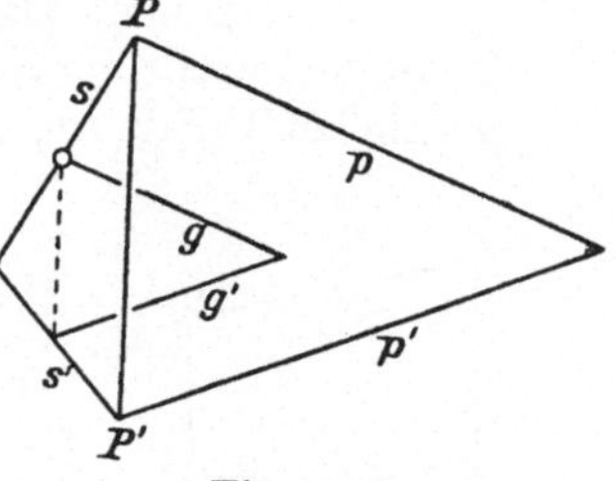

Fig. 122.

(5) Aufgabe. Durch einen gegebenen Punkt eine Gerade zu ziehen, die (a) eine gegebene Gerade schneidet, (b) zu ihr parallel ist (Fig. 122).

(6) Satz. Eine Ebene ist entweder durch 3 Punkte, oder durch einen Punkt und eine Gerade, oder durch zwei sich schneidende Geraden, oder durch zwei parallele Geraden bestimmt.

---

1) Wir lassen den Index p jetzt weg.

2) Damit ist die Richtung der Projektionslote gegeben. Daß Projektions„lote" vorkommen, ist kein Widerspruch dagegen, daß die Aufgaben (1)—(21) der „freien" Parallelperspektive angehören. Denn das „Senkrecht"stehen zur Grundebene spielt bei den Konstruktionen gar keine Rolle. Vgl. auch die Anm. zu (20).

(7) In der Zeichnung ist eine Ebene am einfachsten durch das Schrägbild s ihrer *Spurgeraden* und einen Punkt (P, P') bestimmt: Ebene (s, P, P'). (Fig. 123.) Ist die Ebene parallel zur Grundebene, so genügt die Angabe (P, P'); liegt P' auf s, so hat man eine *projizierende Ebene*, d. h. eine Ebene senkrecht zur Grundebene.

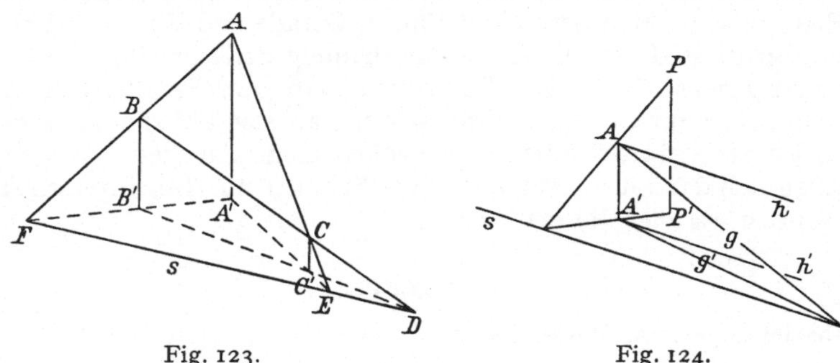

Fig. 123. Fig. 124.

(8) Aufgabe. Die Spurgerade einer Ebene zu zeichnen, von der (a) zwei sich schneidende Geraden, (b) ein Punkt und eine Gerade, (c) drei Punkte gegeben sind. Bei (c) stellt sich der affine Fall des *Desarguesschen Satzes* ein, dessen Gültigkeit in der Ebene eine unmittelbare Folge seiner Gültigkeit im Raume ist und die genaueste Besprechung verdient.

(9) Aufgabe. In einer Ebene (s, P, P') (a) Punkte (A, A'), (b) Geraden (g, g') zu zeichnen. Dabei sei entweder A oder A', g oder g' gegeben. Besonders wichtiger Fall: Spurparallelen[1]) (Fig. 124).

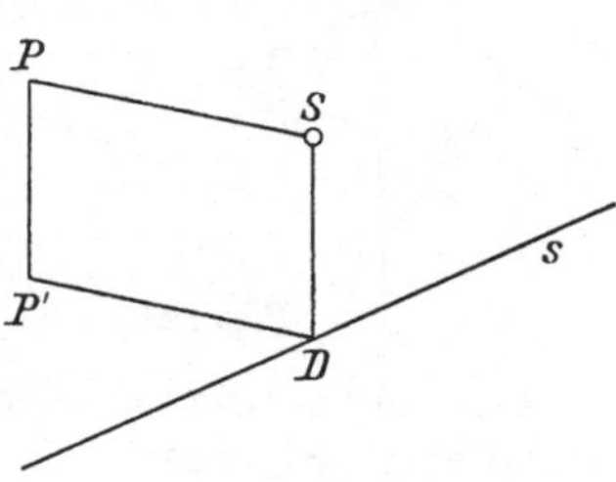

Fig. 125.

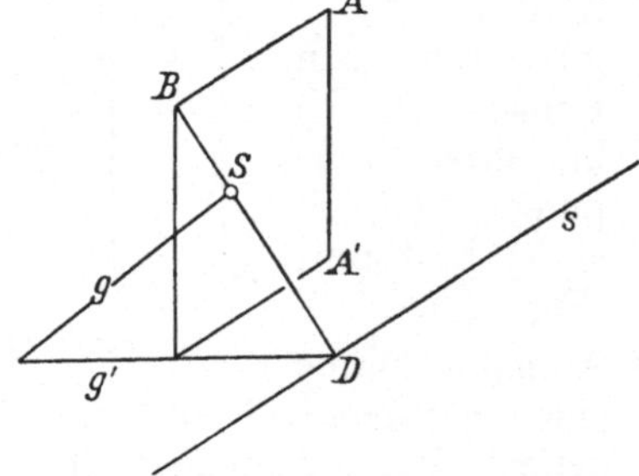

Fig. 126.

(10) Aufgabe. Den Schnittpunkt einer *projizierenden Ebene* mit einer Parallelen zur Grundebene zu zeichnen (Fig. 125).

(11) Aufgabe. Den Schnittpunkt S einer Geraden (g, g') mit einer Ebene (s, A, A') zu zeichnen.

---

1) Alle in dieser und den folgenden Aufgaben auftretenden Überbestimmungen löst der Satz des Desargues in Wohlgefallen auf.

Lösung (Fig. 126). g' schneide s in D. Lege durch (g, g') die projizierende Ebene, zeichne ihren Schnittpunkt B mit der Spurparallelen durch A zu s, dann trifft BD die Gerade g in S.

(12) { § 2, 10. Satz. Figur und Beweis.
Aufgabe. Durch einen gegebenen Punkt P irgend eine Parallele zu einer Ebene (s, A, A') zu zeichnen.

(13) § 2, 11. Satz. Figur und Beweis.

(14) Aufgabe. Die Schnittlinie zweier Ebenen (s_1, A_1, A_1') und (s_2, A_2, A_2') zu zeichnen.

Lösung. Sie geht durch den Schnittpunkt D von s_1 und s_2 und durch den Punkt E_1, in dem die Spurparallele durch A_1 zu s_1 die zweite Ebene trifft.

(15) { § 2, 13. Satz. Figur und Beweis.
Aufgabe. Durch einen gegebenen Punkt die Ebene parallel zu einer gegebenen Ebene zu legen.

(16) § 2, 14. Satz. Figur und Beweis.

(17) Aufgabe. Den Schnittpunkt dreier Ebenen (s_1, A_1, A_1'), (s_2, A_2, A_2') und (s_3, A_3, A_3') zu zeichnen. Eine sehr schöne Aufgabe!

(18) § 2, 15. Satz. Figur und Beweis.

(19) Aufgabe. Einen Würfel durch eine Ebene zu schneiden, von der drei Punkte auf drei zueinander windschiefen Würfelkanten liegen. (Besondere Fälle!)

(20) Aufgabe. Ein schiefes vierseitiges Prisma durch eine Ebene zu schneiden, die durch einen Punkt der Deckfläche und je einen Punkt zweier Seitenkanten geht.[1])

(21) Aufgabe. Eine unregelmäßige vierseitige Pyramide nach einem Parallelogramm zu schneiden, von dem eine Ecke auf einer Seitenkante gegeben ist.

Die Aufgaben (19)—(21) und weitere nützliche Schnittaufgaben findet der Leser bei Richter a. a. O.

Orthogonalität.

(22) § 2, 1. Satz. Fundamentalsatz. Beweis nach Cauchy aus Fig. 127.

(23) § 2, 2. Satz.

(24) § 2, 3. Satz. Fig. 113.

(25) § 2, 5'. und 6'. Satz.

(26) § 2, 7. und 8. Satz.

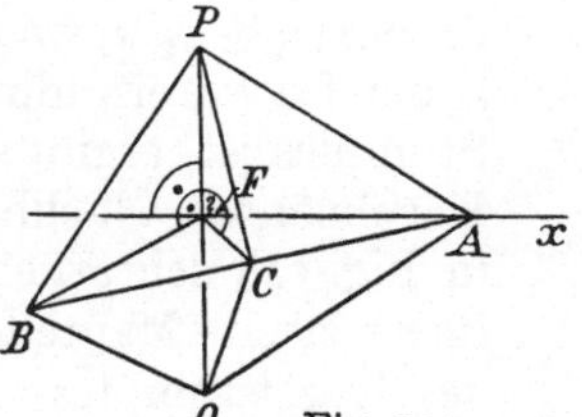

Fig. 127.

1) Die Lösung dieser Aufgabe zeigt, daß die Projektionslote gar nicht gegeben zu sein brauchen. Sie sind hier durch die Seitenkanten des Prismas ersetzt. Anders ausgedrückt: Was bei den bisherigen Aufgaben als Projektionslot gegeben war, kann, aber muß nicht senkrecht zur Grundebene sein. Vgl. auch die Anm. zu (1).

Kommen Lote, die nicht Projektionslote sind, ins Spiel, so ist der Rückgang vom Schrägbild zum Grundriß unvermeidlich.

(27) Schrägbild eines Dreiecks der Grundebene mit seinen Höhen.

(28) Geg. das Schrägbild eines Dreiecks ABC der Grundebene. Ges. das Schrägbild desjenigen Punktes P, der mit den Ecken A, B, C ein dreirechtwinkliges Dreikant bestimmt.

(29) Geg. die Punkte (B, B') und (C, C'). Ges. der Punkt A der Grundebene, der mit B und C ein gleichseitiges Dreieck bestimmt.

Jetzt wird man den 6. Abschnitt des IV. Kapitels einfügen, insbesondere seine Nummern 14, 21—23, 24—27.

§ 8. Zylinder, Kegel, Kegelstumpf.

Lehrgang.

(1) Schrägbild eines Kreises der Grundebene, wenn $\alpha \neq 90^0$ ist.

(2) Schrägbild eines Kreises der Grundebene, wenn $\alpha = 90^0$ ist.

(3) Schrägbild eines senkrechten Kreiszylinders, kurz *Zylinders*.

(4) Berechnung des Zylinders (Rauminhalt, Mantel).

(5) Schrägbild eines senkrechten Kreiskegels, kurz *Kegels*.

(6) Berechnung des Kegels (Rauminhalt, Mantel).

Zylinder und Kegel dürfen vom Schüler zunächst ruhig als Prisma und Pyramide aufgefaßt und ihre Mäntel dürfen vor der Berechnung ruhig in eine Ebene abgewickelt werden. Das schließt aber nicht aus, beides nachträglich näher zu begründen, um so den Grenzwertcharakter von Rauminhalt und Mantel deutlich herauszuheben.

(7) Schrägbild des Kegelstumpfs.

(8) Berechnung des Kegelstumpfs (Rauminhalt, Mantel).

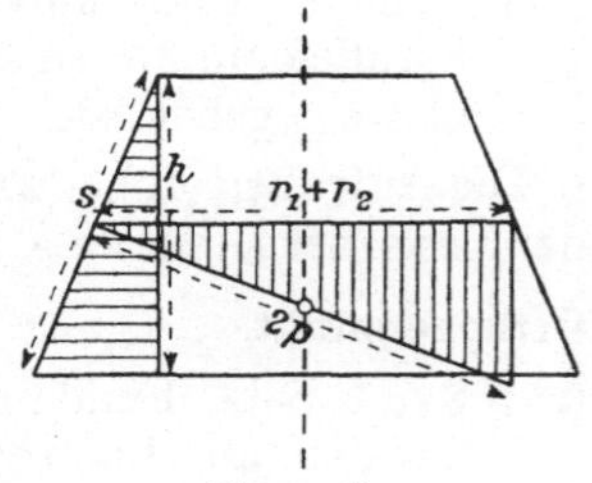

Fig. 128.

Der *Kegelstumpf* ist für den Schüler zunächst ein Pyramidenstumpf. Sein Mantel $M = \pi(r_1 + r_2)s$, wo r_1 der Grundkreisradius, r_2 der Deckkreisradius, s die Mantellinie des Stumpfes ist, ergibt sich als Differenz zweier Kegelmäntel. Nachher ist dann vermöge der in Fig. 128 schraffierten rechtwinkligen Dreiecke die fast noch wichtigere zweite Mantelformel $M = 2\pi p h$ herzuleiten, in der h die Höhe des Kegelstumpfes, p der Abstand seines Umkugelmittelpunktes von seiner Mantellinie ist.

(9) Weitere Aufgaben, bei denen z. B. auch der Öffnungswinkel eines Kegels in Betracht zu ziehen ist.[1])

1) Vgl. Richter a. a. O.

§ 9. Die Kugel und ihre Teile.

Der Abschluß des stereometrischen Lehrgangs entspricht dem des planimetrischen, der Kreisberechnung dort die Kugelberechnung hier, beides unsterbliche Leistungen des ARCHIMEDES (287—212).[1]) Hat Archimedes bei der Kreisberechnung das Wesen der „Archimedischen" Zahl, die man nach WILLIAM JONES 1706 heute mit π bezeichnet, erstmals ganz klar erfaßt und ihren Wert mit einer praktisch meist hinreichenden Genauigkeit berechnet, so gelang es ihm bei der Kugelberechnung, zu zeigen, daß Inhalt und Oberfläche der Kugel keine neue „Irrationalzahl" erfordern, daß also mit der Bestimmung von π das Wesentliche schon geleistet ist.

Archimedes führt die Bestimmung des Rauminhalts V der *Kugel* mit Radius R auf die ihrer Oberfläche O zurück. Er beweist mit der weitläufigen, aber scharfen Methode der Exhaustion, daß $V = \frac{R \cdot O}{3}$, der Kugelinhalt also gleich dem eines Kegels mit der Grundfläche O und der Höhe R ist. Die Oberfläche O aber gewinnt er als „Grenzwert" einer Summe von Kegelstumpfmänteln. Wir werden in (1) und (3) seine Gedanken in der heute möglichen, viel einfacheren Form darstellen.

Ein zweites Verfahren, V zu berechnen, stammt von CHR. VON WOLFF (1679—1754)[2]) und J. VON SEGNER (1704—77).[3]) Diese benützten das Cavalierische Prinzip und gelangten so zu der bekannten Fig. 134.

Lehrgang.

(1) Berechnung der *Kugeloberfläche O*, der *Kugelzone* und der *Kugelhaube.*

Die Kugel entstehe durch Rotation des Halbkreises vom Radius R um seinen Durchmesser. Gleichzeitig rotiere ein dem Halbkreis einbeschriebener regelmäßiger Streckenzug (Fig. 129). Er beschreibt eine Drehfläche, die aus einer Anzahl Kegelstumpf- und zwei Kegelmänteln zusammengesetzt ist, die man alle nach der zweiten Kegelstumpfmantelformel $M = 2\pi p h$ berechnet. Der höchst merkwürdige Glücksfall ist nun, daß p für alle Stümpfe denselben Wert hat. Es ist gleich dem Radius des Streckenzuginkreises. Man erhält so die Summe aller Kegelstumpfmäntel $= 2\pi\varrho$ mal Summe aller Höhen. Die Summe aller Höhen aber ist einfach gleich dem Kugeldurchmesser $2R$. Daher ist die Summe aller Kegelstumpfmäntel $= 4\pi R\varrho$.

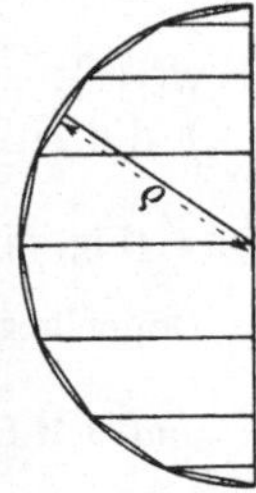

Fig. 129.

1) Archimedes, Kugel und Zylinder, übers. von Czwalina, Ostwalds Klassiker Nr. 202.

2) Elementa Matheseos universae, I. Bd., Halle 1717, § 490, S. 169.

3) Vorlesungen über Rechenkunst und Geometrie, 1747, S. 561.

In diesem Ausdruck sind die Höhen der einzelnen Stümpfe ganz verschwunden. Er hängt außer von R nur noch von ϱ ab. Geht man zur Grenze $\lim \varrho = R$ über, so wird aus der Summe aller Kegelstumpfmäntel die Kugeloberfläche

$$O = 4\pi R^2.$$

Nach dem gleichen Verfahren ergibt sich als Oberfläche einer Kugelzone oder einer Kugelhaube der Ausdruck

$$\text{Kugelzone oder Kugelhaube} = 2\pi R \cdot h,$$

wo h die auf der Symmetrieachse zu messende Höhe der Zone oder Haube ist.

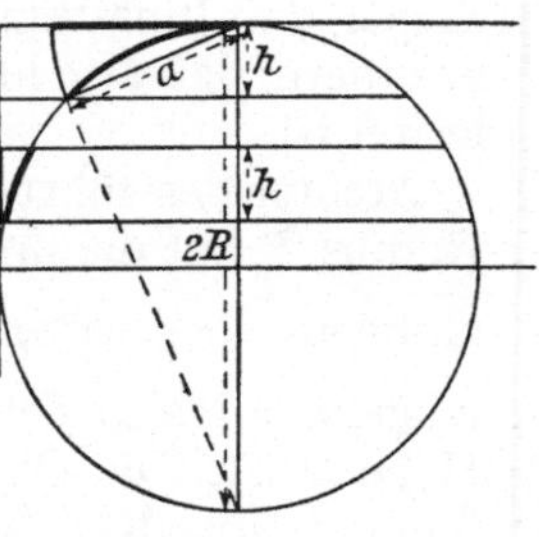

Fig. 130.

Da die Kugelzone $2\pi R h$ gleich dem Mantel des zwischen den gleichen Parallelebenen liegenden Teiles des umbeschriebenen Zylinders der Kugel ist, so läßt sich die Kugelfläche nach LAMBERT (1728—77) *flächentreu* auf den umschriebenen Zylinder abbilden (Lamberts flächentreue Zylinderprojektion). Da nach Fig. 130 $2Rh = a^2$, also die Kugelhaube gleich πa^2 ist, so läßt sich die Kugeloberfläche wiederum nach Lambert flächentreu auf eine berührende Ebene abbilden (Lamberts flächentreue azimutale Projektion).

(2) 1. Berechnung des *Kugelinhalts* V, unstrenges Verfahren.

Man macht den Schülern anschaulich klar (vgl. die Berechnung des Kreisinhalts bei bekanntem Kreisumfang), daß $V = \frac{RO}{3}$ ist.

(3) 2. Berechnung des Kugelinhalts V, strenges Verfahren.

Man beginnt mit dem Hilfssatz:

Rotiert ein Dreieck ABC um eine in seiner Ebene liegende und durch A gehende Achse, die $\overline{BC}$ nicht trifft, so hat der entstehende kegelstumpfartige (oder trichterförmige) Körper den Inhalt $J = \frac{(BC)\cdot p}{3}$, wo (BC) den Mantel des von der Seite $\overline{BC}$ beschriebenen Kegelstumpfs, p die Höhe von A auf BC bezeichnet.

Bew. (Fig. 131).[1]) Der Inhalt des durch Rotation des Dreiecks AMB entstehenden Doppelkegels ist $(AMB) = \frac{\pi}{3} \cdot r_1^2 \cdot \overline{AM}$. Aus den ähnlichen Dreiecken AMD und BME folgt $r_1 \cdot \overline{AM} = p \cdot \overline{BM}$. Also ist $(AMB) = \frac{\pi p}{3} \cdot r_1 \overline{BM} = \frac{p}{3}(BM)$, wo (BM) der Mantel des von $\overline{BM}$ beschriebenen Kegels ist. Ebenso wird $(AMC) = \frac{p}{3}(CM)$ und damit $J = \frac{p}{3}(BC)$.

1) Der Schüler beweise die Richtigkeit des Ergebnisses auch für die anderen möglichen Lagen des Dreiecks ABC in bezug auf die Drehachse.

Jetzt rotiere mit dem Halbkreis, der die Kugel beschreibt, wieder der einbeschriebene regelmäßige Streckenzug (Fig. 129). Sein Rauminhalt setzt sich aus einer Anzahl kegelstumpfartiger oder trichterförmiger Körper zusammen, die man nach der eben erhaltenen Formel berechnet. Der Glücksfall besteht wiederum darin, daß p für alle Körper denselben Wert hat. Man erhält somit die Summe aller Körper $= \frac{\varrho}{3} \cdot$ Summe aller zu den Strecken des Streckenzugs beschriebenen Kegelmäntel, d. h. $= \frac{4\pi R}{3}\varrho^2$.

Man erkennt, daß jetzt die unstrenge Betrachtung in (2) auf eine strenge Grundlage gestellt ist. Geht man zur Grenze $\lim \varrho = R$ über, so ergibt sich der Kugelinhalt

$$V = \frac{4\pi}{3} R^3.$$

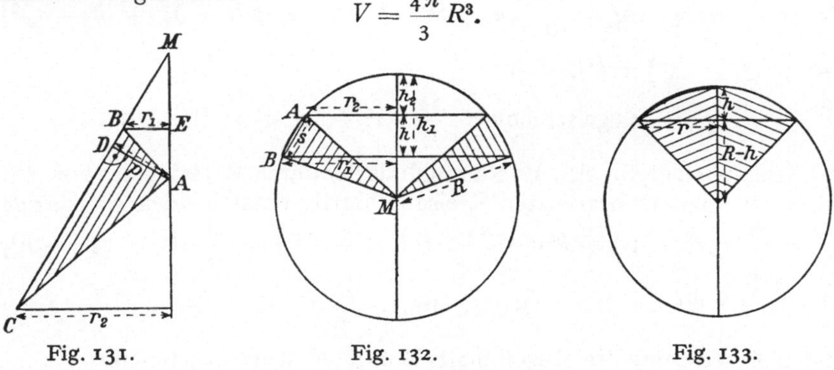

Fig. 131. Fig. 132. Fig. 133.

(4) Berechnung der übrigen Teile der Kugel.[1])

Genau nach dem gleichen Verfahren wie V erhält man den Rauminhalt des zu einer Kugelzone gehörigen *Kugeltrichters*, der durch Rotation des Kreisausschnittes MAB um die Achse der Kugelzone entsteht (Fig. 132):

$$\text{Kugeltrichter} = \frac{2\pi R^2 h}{3}.$$

Den gleichen Rauminhalt hat auch der zu einer Kugelhaube gehörige *Kugelausschnitt* (Fig. 133):

$$\text{Kugelausschnitt} = \frac{2\pi R^2 h}{3}.$$

Der Rauminhalt des von einer Kugelhaube umschlossenen Kugelabschnitts wird (Fig. 133)

$$J = \frac{2\pi R^2 h}{3} - \frac{\pi r^2 (R - h)}{3}.$$

---

1) Die Berechnung der Kugelteile gehört in Württemberg zum Lehrstoff der O II.

Nun ist $r^2 = h(2R - h)$. Also wird $J = \frac{\pi h}{3}[2R^2 - (R-h)(2R-h)]$ $= \frac{\pi h^2}{3}(3R - h)$ oder $= \frac{\pi h}{6}(6Rh - 2h^2) = \frac{\pi h}{6}(3r^2 + 3h^2 - 2h^2)$ $= \frac{\pi h}{6}(3r^2 + h^2)$, d. h.

$$\text{Kugelabschnitt} = \frac{\pi}{3}h^2(3R - h) = \frac{\pi}{6}h\,(3r^2 + h^2).$$

Weiter erhält man für den Rauminhalt der von einer Kugelzone umschlossenen *Kugelschicht* (Fig. 132) $J = \frac{\pi}{3}h_1^2(3R - h_1) - \frac{\pi}{3}h_2^2(3R - h_2)$ $= \frac{\pi h}{3}[3R(h_1 + h_2) - (h_1^2 + h_1 h_2 + h_2^2)] = \frac{\pi h}{6}[6Rh_1 + 6Rh_2 - 3h_1^2 - 3h_2^2$ $+ h_1^2 - 2h_1 h_2 + h_2^2] = \frac{\pi h}{6}[3h_1(2R - h_1) + 3h_2(2R - h_2) + (h_1 - h_2)^2]$ $= \frac{\pi h}{6}(3r_1^2 + 3r_2^2 + h^2)$, d. h.

$$\text{Kugelschicht} = \frac{\pi h}{6}(3r_1^2 + 3r_2^2 + h^2).^{1)}$$

Schließlich ergibt sich als Rauminhalt der durch Rotation des von $\widehat{AB}$ und s in Fig. 132 begrenzten Kreisabschnittes entstehenden *Kugelrinde* $J = \frac{\pi h}{6}(3r_1^2 + 3r_2^2 + h^2) - \frac{\pi h}{3}(r_1^2 + r_2^2 + r_1 r_2) = \frac{\pi h}{6}[(r_1 - r_2)^2 + h^2]$ $= \frac{\pi h s^2}{6}$, d. h.

$$\text{Kugelrinde} = \frac{\pi h s^2}{6}.$$

(5) 2. Berechnung des Kugelinhalts V und des Kugelabschnitts.

Der Inhalt des Parallelkreises im Abstand x vom Äquator ist $\pi(R^2 - x^2)$. Er kann gedeutet werden als Flächeninhalt eines Kreisrings mit dem äußeren Radius R und dem inneren Radius x. Dieser Kreisring kann aber gefunden werden (Fig. 134). Er wird von der Ebene des Parallelkreises aus dem Restkörper ausgeschnitten, der entsteht, wenn man zu dem der Halbkugel umschriebenen Zylinder den Kegel gleicher Grundfläche und Höhe mit Spitze im Kugelmittelpunkt herausbohrt. Nach dem Cavalierischen Grundsatz, der an dieser Stelle auf einen allgemeineren Fall als bei der Pyramide angewendet wird und darum nochmals eingehend zu besprechen (nicht aber wie dort zu beweisen) ist, hat eine Kugelschicht zwischen den Abständen x_1 und x_2 vom Äquator den glei-

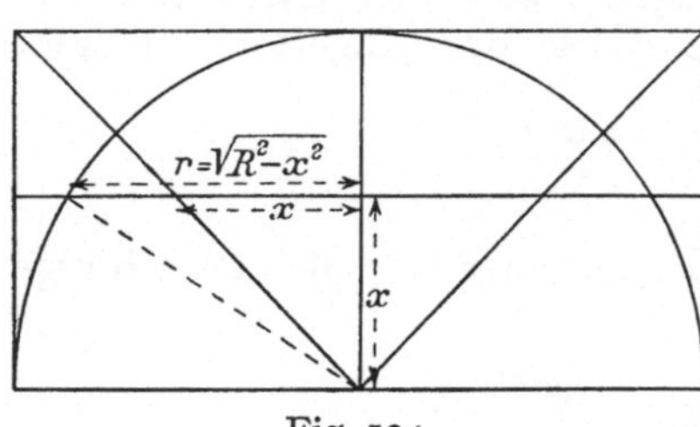

Fig. 134.

1) Zwischen r_1 und r_2 besteht die Gleichung $[(r_1 + r_2)^2 + h^2][(r_1 - r_2)^2 + h^2] = 4h^2R^2$, die sich zusammen mit der Gleichung $(r_1 + r_2)s = 2h\varrho$ ergibt [§ 8 (8)].

chen Rauminhalt wie der zwischen den gleichen Parallelebenen enthaltene Teil des Restkörpers. Nun ist die

$$\text{Kugelschicht} = \pi R^2 h - \frac{\pi h}{3}(x_1^2 + x_2^2 + x_1 x_2)$$

$$= \frac{\pi h}{6}(6R^2 - 2x_1^2 - 2x_2^2 - 2x_1 x_2)$$

$$= \frac{\pi h}{6}[3(R^2 - x_1^2) + 3(R^2 - x_2^2) + (x_1 - x_2)^2] = \frac{\pi h}{6}(3r_1^2 + 3r_2^2 + h^2).$$

Damit ist der Inhalt der Kugelschicht aufs neue gewonnen und aus ihr folgen sämtliche weiteren Inhaltsformeln und durch Vermittlung von (2) die Flächenformeln. Insbesondere folgt mit $r_1 = R, r_2 = 0, h = R$

$$\text{Halbkugel} = \frac{2\pi}{3} R^3$$

und damit der Archimedische Lehrsatz

$$\text{Zylinder} : \text{Halbkugel} : \text{Kegel} = 3 : 2 : 1.$$

Sechstes Kapitel.

Die elementargeometrische Literatur (1. Teil).

§ 1. Gliederung dieser Literatur.

1. Der Zweck des folgenden sechsten Kapitels ist eine kurze Einführung in denjenigen Teil der elementargeometrischen Literatur, der für die Unterstufe in Betracht kommt. Der Leser erwarte daher nur eine Auswahl, nicht aber eine auch nur einigermaßen vollständige Bibliographie elementargeometrischer Schriften. Denn abgesehen davon, daß ein Versuch in dieser Hinsicht die Arbeitskraft eines einzelnen gänzlich übersteigt — ein Beweis dafür ist der überaus wertvolle, aber in vielem unzulängliche Bericht Max Simons [s. u. § 3 (1)] —, würde die Fülle des Stoffes erdrückend und entmutigend wirken. Zudem ist eine kritische Sichtung notwendig. Damit kommt freilich die subjektive Meinung des Verfassers zum Ausdruck. Da es aber z. B. bei den älteren nicht mehr im Gebrauch befindlichen Schulbüchern wenig oder gar keinen Zweck hat, die verfehlten Teile zu kritisieren, so konnte sich der Verfasser in den meisten Fällen darauf beschränken, auch heute noch beachtenswerte Teile der älteren Bücher hervorzuheben, wie er es überhaupt in diesem Kapitel als einen Teil seiner Aufgabe betrachtete, wertvolle ältere Werke des 19. Jahrhunderts vor unverdienter Vergessenheit zu bewahren und auf ihre methodischen Leistungen hinzuweisen.

2. Wir wollen die zu betrachtenden Schriften in fünf Gruppen gliedern. Die erste Gruppe umfasse die wissenschaftliche Literatur. In ihr wird der elementargeometrische Stoff vom rein wissenschaftlichen Standpunkt aus ohne Rücksicht auf seine Verwendbarkeit im Unterricht behandelt. Die zweite Gruppe enthalte die didaktische Literatur. In ihr wird der Stoff mehr oder weniger ausführlich im Hinblick auf seine Behandlung in der Schule durchgenommen. Zu ihr zählen die Werke über die Methodik des mathematischen Unterrichts, die freilich die Frage des geometrischen Lehrstoffs nur als eine unter vielen behandeln können. Die dritte Gruppe bestehe aus älteren, vor der mathematischen Unterrichtsreform erschienenen Schulbüchern, zu denen wir auch einige wenige ausländische hinzunehmen. Die vierte Gruppe mögen die vor der Reform erschienenen Aufgabenmethodiken und Aufgabensammlungen bilden. Anhangsweise enthalte endlich eine fünfte Gruppe eine Zusammenstellung der seit der Reform erschienenen Schulbücher, soweit sie der Verfasser bis jetzt einsehen konnte. Das ganze Kapitel aber möchte der Verfasser — um das nochmals zu betonen — als einen Versuch betrachtet wissen, eine Übersicht über die etwas zerstreute Literatur des geometrischen Stoffes der Unterstufe zu gewinnen, wie er sie zu seiner eigenen Weiterbildung als wünschenswert empfand.[1])

§ 2. Die wissenschaftliche Literatur der Elementargeometrie (1. Teil).

Wir haben es in den vorangehenden Kapiteln als eine unserer Hauptaufgaben betrachtet, den geometrischen Lehrgang mit einer Darstellung der wissenschaftlichen Grundlagen der Geometrie zu verbinden. Diese Darstellung der Ergebnisse der modernen Grundlagenforschung war aber nicht Selbstzweck. Sie ging nur so weit, als der Lehrgang es erforderte, und jeder Lehrer über sie Bescheid wissen sollte, damit sein Unterricht auch vor der strengen Wissenschaft bestehen kann. Darum werden wir auch in diesem Paragraphen auf die wissenschaftliche Literatur nur insoweit eingehen, als sie in erster Linie zur Vertiefung, nicht bloß zur Vermehrung des Mitgeteilten dienen kann. Erst zusammen mit den Literaturangaben in den späteren Heften dieser Elementargeometrie wird sie ein Gesamtbild über den Stand der Grundlagenforschung geben. Wir beschränken uns also hier auf die folgenden Werke:

(1) E. Pascal, Repertorium der höheren Mathematik. 2. Aufl. 3. Bd. Repertorium der höheren Geometrie, hrsg. von H. Timerding. 1. Hälfte. Grundlagen und ebene Geometrie. Leipzig 1910.

Dieses Werk enthält einen Überblick über die Ergebnisse und die Literatur der höheren Geometrie, nicht in einer trockenen Aufzählung, sondern so, daß die leitenden Gedanken in einer kurzen, aber flüssigen Dar-

---

1) Die Abhandlungen in Zeitschriften und Programmen sind, soweit sie dem Verfasser bekannt geworden und für unsere Darstellung wichtig sind, in den vorhergehenden Kapiteln jeweils dort aufgeführt, wo ihr Inhalt in Betracht kommt.

stellung entwickelt werden. Für uns kommt zunächst nur das 1. Kapitel in Betracht, in dem J. Mollerup die Grundlagen der Elementargeometrie behandelt.

(2) D. Hilbert, Grundlagen der Geometrie. 6. Aufl. Leipzig 1923.

Diese erstmals 1899 in einer Festschrift der Universität Göttingen erschienene Arbeit des Großmeisters der modernen Axiomatik enthält in ihrem 1. Kapitel dasjenige Axiomensystem mit seinen nächsten Folgerungen, das vermöge seiner einfachen Gliederung und des stofflich weitgehenden Anschlusses an Euklid auch dem Fernerstehenden einen klaren Einblick in das von der Wissenschaft in bezug auf die Grundlagen der Geometrie Erreichte ermöglicht. Ihre Hauptbedeutung liegt aber in den späteren Kapiteln, in denen neben der Widerspruchslosigkeit des Axiomensystems die Tragweite und gegenseitige Abhängigkeit besonders wichtiger Folgerungen aus ihm (Proportionenlehre, Pascalscher Satz, Flächenlehre, Satz des Desargues, Theorie der geometrischen Konstruktionen) untersucht werden. Jeder, der tiefer in die Grundlagenforschung eindringen will, muß dieses Werk gründlich studieren.

(3) H. Weber und J. Wellstein, Enzyklopädie der Elementarmathematik. 2. Band. Enzyklopädie der elementaren Geometrie. 3. Aufl. Leipzig 1915.

Dieses Werk enthält in seinen drei Abschnitten aus der Feder des inzwischen hingegangenen J. Wellstein eine Darstellung der Grundlagen der Geometrie. Im 1. Abschnitt will sie im Leser das Gefühl dafür erwecken, daß die Grundlegung der Geometrie ein ebenso schwieriges wie wichtiges Problem ist. Der 2. Abschnitt führt an Hand der „Geometrie" des Kugelgebüsches tief hinein in das mathematische und philosophische Wesen der Geometrie, der 3. bringt den Aufbau der projektiven Geometrie. Der 4. Abschnitt bespricht die wichtigsten Teile der Planimetrie, der 8. und 9. diejenigen der Stereometrie. Wie ernst der Verfasser seine Aufgabe auffaßt, zeigen die Worte der Vorrede: „Verfasser weiß es aus eigener Erfahrung, wie deplaziert sich der eben von der Universität gekommene junge Lehrer fühlt, wenn er, der sich bis dahin mit den höchsten und neuesten Fragen der höheren Mathematik beschäftigt hat, sich in die Lage versetzt sieht, Quartanern die Anfangsgründe der Geometrie beibringen zu müssen. Daß dies in Wirklichkeit eine schwere, verantwortungsvolle Aufgabe ist, die nicht nur gründliche *wissenschaftliche* Bildung, sondern auch pädagogische *Kunst* erfordert, das vermag nur derjenige vollständig zu würdigen, der sich bemüht hat, in die erkenntnistheoretische Grundlegung der Geometrie einzudringen. Nichts ist so geeignet, den Lehrer innerlich zu heben und mit dem Gefühl der Größe seines Berufs zu erfüllen, als die klare Einsicht, daß die Grundlegung der Geometrie eine beinahe unüberwindlich schwere Aufgabe ist, mit deren Lösung er sein ganzes Leben hindurch ringen muß, fortwährend vermittelnd zwischen den Forderungen der strengen Logik und der Rücksicht auf die erst zu erschließende Auffassungsfähigkeit der Schüler, zwischen wissenschaftlicher Strenge und naiver Anschauung, deren Belebung und Stärkung nach dem Urteil pädagogisch und wissenschaftlich erfahrener Schulmänner das erste Ziel des geometrischen Unterrichts sein muß."

(4) F. Schur, Grundlagen der Geometrie. Leipzig 1909.

Dieses Werk, an das wir uns in unserer Darstellung öfters angeschlossen haben, bringt auf Grund eines von dem Hilbertschen ganz verschiedenen Axiomensystems in der Form eines Lehrbuchs einen nur die notwendigen Bestandteile enthaltenden und doch in sich abgeschlossenen, abgerundeten Aufbau der Geometrie, bei dem der Gegensatz zwischen elementarer (Euklidischer) und neuerer (projektiver) Geometrie in einer höheren Einheit aufgehoben ist.

(5) A. Finzel, Die Lehre vom Flächeninhalt in der allgemeinen Geometrie. Leipzig 1912.

Im Anschluß an das Schursche Buch (4) wird in dieser Schrift gezeigt, daß die Lehre vom Flächeninhalt ohne irgendein räumliches Axiom, ohne irgendein Stetigkeitsaxiom und ohne irgendein Parallelenaxiom aufgebaut werden kann.

(6) H. Thieme, Die Elemente der Geometrie. Leipzig 1909.

Die Mannigfaltigkeit des geschichtlich überlieferten Stoffes der Elemente wird in dieser Darstellung beibehalten, aber auf die durch die neuere Forschung gewonnenen neuen Grundlagen gestellt. Der Inhalt des Buches ist darum reich an Einzelheiten, die großen Linien des Aufbaues der Geometrie treten zugunsten der Stoffmenge zurück, und die Art der Darstellung ist im Interesse der Kürze die überlieferte Euklidische.

(7) F. Enriques, Fragen der Elementargeometrie. 1. Teil. Die Grundlagen der Geometrie. Leipzig 1911.

Dieses Werk behandelt in getrennten, von verschiedenen italienischen Mathematikern verfaßten Artikeln unter besonderer Berücksichtigung der geschichtlichen Entwicklung — das ist besonders wertvoll — die grundlegenden Abschnitte der Geometrie (Gerade und Ebene, Kongruenz und Bewegung, Stetigkeit, Flächengleichheit, Verhältnisgleichheit, Parallelentheorie).

(8) M. Pasch, Vorlesungen über neuere Geometrie. 2. Aufl. Mit einem Anhang: Die Grundlagen der Geometrie in historischer Entwicklung von M. Dehn, Berlin 1926.

Der 1., zwei Drittel des Buches umfassende Teil gibt die erstmals 1882 erschienenen Vorlesungen desjenigen Forschers wieder, der es seinerzeit, nachdem die Parallelenfrage und ihre Stellung in der Geometrie von der Wissenschaft im wesentlichen geklärt war, als erster unternommen hat, das Problem der Grundlegung der Geometrie als Ganzes an seiner

Wurzel anzupacken und die Geometrie ganz „auf Axiome zu bringen“. Das letzte Drittel des Werks bringt einen Überblick über die in der Zwischenzeit gewonnenen Ergebnisse der Grundlagenforschung. Es gibt ein Bild von ihrer überraschenden Vielgestaltigkeit und der Menge und Größe des dabei aufgewendeten Scharfsinns.

(9) M. Zacharias, Elementargeometrie und elementare nichteuklidische Geometrie in synthetischer Behandlung. Enzyklopädie der math. Wiss. III. AB 9.

Dieser Artikel gibt vom Standpunkt der Wissenschaft aus einen wundervollen Überblick über alle Teile der Elementargeometrie.

§ 3. Die didaktische Literatur der Elementargeometrie (1. Teil).

Zu den eigentlichen Werken der mathematischen Didaktik nehmen wir noch einige andere Bücher hinzu, die entweder wie Baltzer (2) den Stand der Wissenschaft vor der Axiomatik darstellen und darum heute nur noch didaktisch interessieren, oder wie Pflieger (13a), ohne eigentliche Schulbücher zu sein, doch didaktisch angelegt sind, aber stofflich weitergehen. Wir beginnen mit den ersteren.

(1) M. Simon, Über die Entwicklung der Elementargeometrie im 19. Jahrhundert. Leipzig 1906.

Dieser Bericht gibt mit seinen vielen Einzelheiten ein ungemein reiches Bild von dem Anwachsen der Elementargeometrie im 19. Jahrhundert. Es ist erstaunlich, wieviel Stoff ein einziger Mann in fünfzehnjähriger Arbeit angehäuft hat. Darum darf man aber auch die sachlichen Ungenauigkeiten und Lücken des Berichts nicht tragisch nehmen. Jedenfalls sind die einigermaßen wichtigen elementargeometrischen Schriften zwischen 1800 und 1900 alle darin zu finden, und so bildet der Bericht mit den geistvollen Simonschen Bemerkungen die notwendige Ergänzung und Erweiterung der vorliegenden Literaturübersicht. Wir verweisen den Leser nachdrücklichst auf ihn.

(2) R. Baltzer, Die Elemente der Mathematik. 2. Band. Planimetrie, Stereometrie, Trigonometrie. 6. Aufl. Leipzig 1883.

Dies Buch hat noch vor einem Menschenalter den mathematischen „Oberlehrern“ ausgezeichnete Dienste getan. In seinen grundlegenden Teilen ist es zwar veraltet. Die späteren Teile sind aber wegen ihres Stoffreichtums und der wertvollen geschichtlichen Bemerkungen auch heute noch lesenswert.

(3) O. Rausenberger, Die Elementargeometrie des Punktes, der Geraden und der Ebene. Leipzig 1887.

Im Gegensatz zu Baltzer (2) ist es Rausenberger nicht um eine Stoffsammlung, sondern um einen nur Notwendiges enthaltenden harmonischen Aufbau der Elementargeometrie zu tun, der den Gegensatz zwischen „Euklidischer" und „neuerer" Geometrie aufheben soll, „um eine einheitliche und systematische Behandlung der allgemeineren Gebilde, welche durch die Zusammenstellung einer endlichen Zahl von Punkten, Geraden und Ebenen erzeugt werden". Die Darstellung der Grundlagen, namentlich die auf das Parallelenaxiom bezüglichen Ausführungen sind heute unbrauchbar. Der im Gegensatz dazu auch heute noch beachtenswerte Aufbau erfolgt nach kombinatorischen Gesichtspunkten. Besonders wertvoll ist der Abschnitt über die metrischen Relationen (S. 62 und 63, 71—74, 76—81).

(4) H. Schotten, Inhalt und Methode des planimetrischen Unterrichts. Eine vergleichende Planimetrie. 1. Bd. Leipzig 1890. 2. Bd. Leipzig 1893.

Dieses leider unvollendete Werk gibt jeweils im Anschluß an eine zusammenfassende Betrachtung der wichtigsten Begriffe (im 1. Bd.: Raum, Geometrie, Raumgebilde, Gerade; im 2. Bd.: Richtung, Abstand, Lagen- und Maßuntersuchungen, Winkel, Parallelismus, Anwendungen zur Winkel- und Parallelenlehre) eine Zusammenstellung von Zitaten zu diesen Begriffen aus einer sehr großen Zahl von Schriften des 19. Jahrhunderts. Es gehört der Zeit an, wo noch nichts von der wissenschaftlichen Erforschung der Grundlagen der Geometrie in die höhere Schule gedrungen war, und zeigt deutlich, mit welch geringem Erfolg manchmal auch bedeutende Methodiker mit der Grundlegung der Geometrie gerungen haben. Trotzdem aber ist es wert, auch jetzt noch gelesen zu werden, nicht nur, weil es zeigt, welch gewaltigen Schritt wir mit der Axiomatik nach vorwärts getan haben, sondern auch, weil von den in ihm aufbewahrten Gedanken mancher noch in der Gegenwart gilt.

(5) K. Schwering, Handbuch der Elementarmathematik. Leipzig 1907.

Karl Schwering (1846—1926) hat es immer als eine besonders wichtige Aufgabe des höheren Lehrers betrachtet, Wissenschaft und Schule miteinander zu versöhnen. In diesem Sinne sind seine Schulbücher (s. u.) abgefaßt, demselben Zwecke dient sein Handbuch, das in seinem planimetrischen und stereometrischen Teil vielfach, wenn auch auf anderem Wege, dasselbe erstrebt wie wir und zur Ergänzung unserer Ausführungen dienen kann. Wir verweisen besonders auf die §§ 5, 7, 8 und 10 des 2. Teils.

(6) M. Simon, Didaktik und Methodik des Rechnens und der Mathematik. 2. Aufl. München 1908.

Max Simon hat alle Teile des mathematischen Unterrichts methodisch gefördert, seine besondere Liebe gehörte der Elementargeometrie. Das läßt auch seine Methodik deutlich erkennen, die in ihrem VI. und VII. Kap. eigentlich ein ganzes Lehrbuch der Geometrie in nuce enthält. Dem Leser seien aber nicht nur diese, sondern sämtliche Kapitel des Werkes dringend empfohlen. Es ist heute gerade noch so aktuell, wie vor der mathematischen Unterrichtsreform.

(7) W. Killing und H. Hovestadt, Handbuch des mathematischen Unterrichts. 1. Band. Leipzig 1910. 2. Band. Leipzig 1913.

Der Inhalt dieses Werkes betrifft nur die Geometrie. Sein 1. Band behandelt die Grundlegung der Geometrie in der Ebene und im Raume und bringt eine eingehende Darstellung der Planimetrie auf axiomatischer Grundlage, sein 2. Band die entsprechende Darstellung der Stereometrie und Trigonometrie. Es sei dem Leser nachdrücklich zum Studium empfohlen. Vom 1. Band, sind am wichtigsten die §§ 1, 5, 7, 13—19, vom 2. die §§ 6, 7, 13 und 14.

(8) A. Höfler, Didaktik des mathematischen Unterrichts. Leipzig 1910.

(9) W. Lietzmann, Methodik des mathematischen Unterrichts. 2. Teil. Didaktik der einzelnen Gebiete des mathematischen Unterrichts. 2. Aufl. Leipzig 1923.

Wer sich mit Elementargeometrie beschäftigt, muß sich stets bewußt bleiben, daß sie einen Teil des ganzen, großen Reiches der Mathematik bildet, daß er sie also als Teil in ein Ganzes harmonisch einfügen muß. Darum sind für ihn auch die auf sie bezüglichen Ausführungen derjenigen Werke von Wichtigkeit, welche die gesamte mathematische Didaktik zum Inhalte haben.

Das Höflersche Werk hat die Forderungen der mathematischen Unterrichtsreform erstmals zusammengefaßt und ausführlich mit ins einzelne gehenden Beispielen aus dem Unterricht begründet, während das Lietzmannsche Werk gleichsam den Abschluß der Reform bildet, ihre Wirkung schildert und das Bleibende von ihr von dem Zufälligen und Unwesentlichen scheidet. Beide Werke haben auch in bezug auf die Elementargeometrie viel zu sagen: Höfler greift nur einzelnes Typische heraus und betont besonders die Wichtigkeit der Anschauung, Lietzmann gibt eine ziemlich ausführliche Übersicht über das Ganze der Geometrie. Bei letzterem sind für uns besonders wichtig die Abschnitte über die Definitionen im Unterricht, die Axiome im Unterricht und das Beweisen geometrischer Lehrsätze.

(10) W. Dieck, Stoffwahl und Lehrkunst im mathematischen Unterricht. Leipzig 1918.

Dieses temperamentvolle Buch enthält u. a. eine Skizze eines vollständigen Lehrgangs der Planimetrie und Stereometrie. Die moderne Axiomatik kommt beim Parallelenaxiom zur Sprache.

(11) A. Köhler, Methodischer Führer und Ratgeber für den mathematischen Unterricht. Teil II. Planimetrie, Trigonometrie und Stereometrie. Stettin 1919.

Der Verfasser schließt seine methodischen Ausführungen jeweils als Bemerkungen an die einzelnen Teile eines vollständigen Lehrgangs an. Außerordentlich dankenswert ist — und darin besteht die Eigenart des

Werkes —, daß er auf die sprachliche Seite des geometrischen Unterrichts besonders eingeht. Von der modernen Axiomatik ist nirgends die Rede.

(12) F. Klein, Elementarmathematik vom höheren Standpunkte aus. 2. Band. Geometrie. 3. Aufl. Berlin 1925.

Zu dem Schönsten, was F. Klein uns Lehrern an den höheren Schulen geschenkt hat, gehört seine Elementarmathematik vom höheren Standpunkte aus. Jeder von uns sollte sich gründlich mit ihr auseinandersetzen. Schon für die Unterstufe wichtig sind vom 2. Band die Ausführungen des 3. Teils über die Grundlagen der Geometrie.

(13a) W. Pflieger, Elementare Planimetrie. Leipzig 1901.

(13b) F. Bohnert, Grundzüge der ebenen Geometrie. Leipzig 1915. Sammlung Schubert Nr. 2.

Von diesen beiden Bearbeitungen der Planimetrie ist die ältere des frühverstorbenen W. Pflieger ganz eigenartig, vom Herkömmlichen abweichend und ungemein reichhaltig. Zwar ist auch sie noch auf keine Axiomatik gegründet, aber methodisch läßt sich aus ihr sehr vieles lernen. Der Verfasser hat die methodischen Gedanken seines Lehrers M. Simon mitbenützen können. Besonders zu erwähnen sind die Abschnitte über den Streifen (Kap. VIII), über den Umfangswinkel (§ 29) und über die merkwürdigen Punkte des Dreiecks (§§ 33 und 35).

Im Gegensatz zu Pflieger gibt und will Bohnert nur eine für den Anfänger bestimmte Einführung in die Planimetrie geben. Er verzichtet ausdrücklich auf jede Axiomatik. Methodisch beachtenswert ist der Abschnitt über die Konstruktionsaufgaben (Abschn. IV), wie überhaupt die Art und Auswahl der Übungsaufgaben.

(14) F. Bohnert, Elementare Stereometrie. Leipzig 1910. Sammlung Schubert Nr. 4.

Auch dieses Buch will ein Elementarbuch sein. Besonders hervorzuheben sind der kurze Abschnitt über die systematische Stereometrie (Abschn. I), der Abschnitt über die regelmäßigen Körper (Abschn. V), der über die Simpsonsche Regel (Abschn. VII) und der über den Schwerpunkt (Abschn. VIII).

(15) G. Holzmüller, Elemente der Stereometrie. 4 Teile. Leipzig 1900—1902.

Dieses umfassende Werk über Stereometrie, dem es in erster Linie darum zu tun ist, dem Leser eine Fülle von Kenntnissen zu vermitteln, darf hier nicht unerwähnt bleiben, da es als Stoffsammlung von unglaublichem Reichtum ein wahrer Schatz ist.

(16) M. Richter, Über die Einführung in die Stereometrie und in das stereometrische Zeichnen. Leipzig 1910.

Ein didaktisch überaus wertvolles Schriftchen mit zahlreichen brauchbaren Aufgaben, besonders stereometrischen Konstruktionsaufgaben.

§ 4. Die älteren Schulbücher der elementaren Planimetrie und Stereometrie.

(1) A. C. Clairaut, Éléments de géométrie. 1741. Neue Ausgabe in zwei Teilen. Paris 1920.

Diese Schrift ist so modern wie nur irgendein Lehrbuch der Geometrie im Zeichen der mathematischen Unterrichtsreform. Clairaut (1713 bis 1765) hatte die Kühnheit, Euklid als nicht vorhanden zu betrachten und die Geometrie anschaulich und an der Hand der Anwendungen zu entwickeln, ohne aber irgendwie oberflächlich zu werden.

(2) A. M. Legendre, Éléments de géométrie. 8. Aufl. Paris 1809.

Man hat Legendre (1752—1833) einen zweiten Euklid genannt, und in der Tat hat kein Lehrbuch der Geometrie nach Euklid eine so tiefgehende und nachhaltige Wirkung ausgeübt wie seine Éléments. Die Absicht ihres Verfassers war, im Gegensatz etwa zu Clairaut die Geometrie mit möglichster Strenge zu begründen und „alle Flecken am Leibe Euklids" auszutilgen. So hat er zeitlebens an der Parallelentheorie gearbeitet. Doch war er von der allseitigen Richtigkeit seiner Darstellung wohl selbst nicht immer überzeugt, sonst hätte er sie nicht immer wieder abgeändert. In der 9.—11. Auflage kehrte er sogar zur Euklidischen Fassung zurück. Seine Arbeit galt ferner der Durchdringung der Geometrie mit dem Zahlbegriff, um z. B. die geometrische Proportionenlehre Euklids überflüssig zu machen. Rein äußerlich unterscheiden sich Legendres Elemente gar nicht von denen des Euklid, und alles, was man gegen den Stil Euklids vorzubringen hat, trifft in gleicher Weise Legendre.

(3) G. Paucker, Die ebene Geometrie der geraden Linie und des Kreises oder die Elemente. Königsberg 1823.

„Der Hauptzweck dieses Werkes ist, alle Lehrwahrheiten der Elementargeometrie in möglichster Vollständigkeit zu sammeln." Das Ganze ist also eine Lehrsatz- und Aufgabensammlung. Die Beweise sind nur angedeutet. Besonders wertvoll ist der Abschnitt über die Kreisberechnung.

(4a) J. H. van Swinden-C. F. Jakobi, Elemente der Geometrie. Jena 1834.

(4b) de Niem, Beweise und Auflösungen sämtlicher Lehrsätze und Aufgaben der Anhänge des Herrn Professors C. F. A. Jacobi zu den sieben ersten Büchern der Elemente der Geometrie van Swindens. 2. Teil. Halle 1868.

Das Werk des Holländers van Swinden bringt in der mit deutscher Gründlichkeit besorgten Bearbeitung von Jacobi vor allem einen Reichtum geometrischer Aufgaben, die durch die ausnahmsweise hier schon erwähnte Schrift (4b) erst recht zugänglich gemacht werden. Sie enthalten z. B. schon in weitem Umfang die sog. Dreiecksgeometrie.

(5) C. A. Bretschneider, Lehrgebäude der niederen Geometrie. Jena 1844.

Dieses Werk ist eines der bedeutendsten Lehrbücher der Geometrie in der ersten Hälfte des 19. Jahrhunderts. Zusammen mit (7) hat es zum erstenmal die „Fusion" zwischen Planimetrie und Stereometrie durchgeführt. Die im Vorwort gegebene Begründung zu diesem Schritt, wie überhaupt die in ihm enthaltenen Gedanken des Verfassers muten ganz modern an und sind heute ebenso beherzigenswert wie vor 80 Jahren. Gewiß ist die Grundlegung des Buches unzureichend, aber seine Architektonik ist eine methodische Glanzleistung.

(6) A. J. H. Vincent-M. Bourdon, Cours de géométrie élémentaire. Paris 1844.

Dieses Werk entspricht hinsichtlich seines Reichtums den deutschen Werken (4a) und (5), und enthält vielen noch heute wertvollen Stoff.

(7) J. H. T. Müller, Lehrbuch der Geometrie. 1. Abteilung. Die Grundeigenschaften der unbegrenzten Gebilde im Raume und die gesamte Planimetrie enthaltend. Halle 1844.

Auch dieses ausgezeichnete und ganz moderne Lehrbuch führt die „Fusion" durch und kann dadurch seine besondere Aufmerksamkeit auf den sachlichen Zusammenhang der Sätze und Aufgaben richten. Der Verfasser ordnet den 1. und 2. Abschnitt nach kombinatorischen Gesichtspunkten, die übrigen Abschnitte nach den geometrischen Verwandtschaften. Sein Werk, gleichfalls eine methodische Musterleistung, sei dringend zum Studium empfohlen.[1])

(7') Chr. Paulus, Zeichnende Geometrie zum Schulunterricht und zum Privatstudium. Stuttgart 1866.

Dies Büchlein, dessen Verfasser einer der ersten Vorkämpfer der neueren Geometrie gewesen ist, wäre wohl wert, der Vergangenheit entrissen zu werden.[2]) Es ist das erste Werk des 19. Jahrhunderts, das die Geometrie mit einem ausführlichen Abschnitt über die axiale und zentrische Symmetrie beginnt und zeigt, welch großer Teil des herkömmlichen Geometrielehrstoffs auf sie gegründet und aufgebaut werden kann. Außerdem liefert es einen vortrefflichen Zeichenstoff.

(8) E. Catalan, Éléments de géométrie. 2. Aufl. Paris 1866.

Hier gilt dasselbe wie bei (6).

(9) E. Heis und Th. J. Eschweiler, Lehrbuch der Geometrie. 1. Teil. Planimetrie. 5. Aufl. Köln 1870. 2. Teil. Stereometrie. 4. Aufl. Köln 1881.

Dieses Buch zeichnet sich durch Gründlichkeit und Reichhaltigkeit aus. Im ersten Teil sind die Proportionenlehre und die Kreisberechnung,

---

1) Über J. H. T. Müller vgl. die Abh. von Karl H. Müller in ZMNU 42, 1911, S. 265.

2) Vgl. Q. Nr. 7 u. 17.

im zweiten Teile die Abschnitte über Zylinder, Kegel und Kugel, und über den Rauminhalt, sowie die Anhänge von besonderem Wert.

(10) C.L.A.Kunze, Lehrbuch der Geometrie. 1. (einziger) Band. Planimetrie. 3. Aufl. Jena 1873.

Ein stofflich und methodisch ganz hervorragendes Buch!

(11) J.Helmes, Die Elementarmathematik nach den Bedürfnissen des Unterrichts streng wissenschaftlich dargestellt. 2. Band. Die Planimetrie. 2 Abteilungen. 2.Aufl. Hannover 1874/76. 4. Band. Die Stereometrie und sphärische Trigonometrie. 2. Aufl. Hannover 1876.

Die Elementarmathematik von Helmes verkörpert inhaltlich den Begriff der Elementarmathematik vor einem halben Jahrhundert. Es ist ein weites und schönes Feld, das damals beackert wurde, und, wenn man die grundlegenden Teile des Helmesschen oder der andern bis jetzt aufgezählten Werke mit den Forderungen der Axiomatik in Einklang bringen würde, so wäre jedenfalls wissenschaftlich nichts gegen jenen Begriff der Elementarmathematik einzuwenden. Aber inzwischen ist er durch einen viel weiteren ersetzt worden. Die Elementargeometrie besteht nicht mehr bloß aus Planimetrie, Stereometrie und Trigonometrie, zu der in Prima noch etwas analytische Geometrie kommt. Die Begriffe der Veränderlichkeit und der Grenze, deren Eindringen in die Elementarmathematik Helmes im Vorwort zur 2. Abteilung seiner Planimetrie als eine „nach Äonen zählende Entwicklungshypothese" (!!) bezeichnet, haben den Begriff Elementarmathematik in kaum zwanzig Jahren gründlich umgestaltet. Natürlich sind ihre einstigen Anfangsteile dem Inhalt nach, wenn auch methodisch anders, heute noch im Unterricht zu behandeln. Aber von dem Stoff, der die späteren Kapitel jener Elementarmathematik füllt, namentlich von dem Übungsstoff, hat sehr vieles heute Wichtigerem Platz gemacht. Trotzdem sind auch in diesem noch Perlen enthalten, die in veränderter Fassung auch heute noch wertvoll sind. Daher ist die Kenntnis der älteren Darstellungen der Geometrie für den Mathematiker der höheren Schule nicht bloß aus geschichtlichen Gründen nützlich.

(12) J. Worpitzky, Elemente der Mathematik. 3. und 4. Heft. Planimetrie. Berlin 1874.

Worpitzkys Bemühungen galten in erster Linie der Grundlegung der Geometrie, und er ist der modernen Axiomatik näher gekommen als irgendein anderer Schulmathematiker vor ihm und zu seiner Zeit. Freilich ist darum seine Darstellung als Schulbuch in ihren Anfangsteilen nicht zu gebrauchen, aber sie fesselt den Liebhaber der Axiomatik. Besonders bemerkenswert sind die Parallelenlehre, die Lehre von der Ähnlichkeit und die Kreisberechnung.

(13) F. Kruse, Elemente der Geometrie. 1. (einzige) Abteilung. Geometrie der Ebene. Berlin 1875.

Das Bemühen, die Geometrie der Alten mit der „neueren", der projektiven Geometrie wissenschaftlich zu versöhnen, ist der modernen Grundlagenforschung unter der Führung von Felix Klein vollständig gelungen. Ein gleicher allgemein anerkannter Erfolg ist für die entsprechende didaktische Aufgabe bis jetzt noch nicht erreicht. Daß die Bemühungen darum schon alt sind, zeigt das vorliegende Werk, das in der reinen Geometrie (Geometrie der Lage, Thesimetrie) wie J. H. T. Müller (7) die geometrischen Gebilde nach kombinatorischen Gesichtspunkten, ihre „Eigenschaften" dagegen nach den geometrischen Verwandtschaften der Kongruenz, Affingleichheit, Affinität, Ähnlichkeit und Kollineation gliedert. Es sei der Beachtung aufs dringendste empfohlen.

(14) V. Schlegel, Lehrbuch der elementaren Mathematik. 2. Teil. Geometrie. Wolfenbüttel 1877. 4. Teil. Stereometrie und sphärische Trigonometrie. Wolfenbüttel 1880.

Der Vorkämpfer der Graßmannschen Gedanken ist natürlich der Euklidischen Geometrie wenig hold. Er baut wie Kruse (13) die Geometrie auf den Begriff der geometrischen Verwandtschaften auf. Auch sein Werk mutet ganz modern an und sollte heute wieder beachtet werden.

(15) A. Milinowski, Die Geometrie für Gymnasien und Realschulen. 1. Teil. Planimetrie. 2. Teil. Stereometrie. Leipzig 1881.

Das Bild der Geometriebücher ändert sich allmählich. Auf die nach streng Euklidischem Muster, aber in behaglicher Breite abgefaßten [z. B. (4a), (6), (9), (11)] folgen die methodisch reformerischen [zum Teil schon (7), dann (13), (14)]. Diese werden abgelöst durch die revolutionären, die Euklid, ja überhaupt jede strenge Logik verwerfen und ihr Heil in der Anschauung einerseits und den geometrischen Aufgaben andererseits suchen. Zu ihnen gehört das vorliegende Buch, dessen Verfasser in ihm neben der Inversion eine besondere Art der Kollineation, die harmonische Verwandtschaft, besonders pflegte.

(16a) Hubert Müller, Die Elemente der Planimetrie. 3. Aufl. Metz 1888. 5. Aufl. 1892.

(16b) Derselbe, Die Elemente der Stereometrie. Metz 1883.

Von diesen methodischen Leitfäden gilt dasselbe wie von (15): Beschränkung der Lehrsätze auf ein möglichst anschaulich zu beweisendes Minimum — Verwendung der Symmetrie —, Betonung der Konstruktionsaufgaben.

(17) H. Bensemann, Lehrbuch der ebenen Geometrie. Dessau 1892.

In diesem Buche ist die Konstruktion an die Spitze der Betrachtung gestellt. Sie liefert den Existenzbeweis einer jeden Figur und aus ihr werden die Sätze der Geometrie logisch abgeleitet. Das Buch will keine Revolution, sondern nur einen maßvollen Fortschritt. Es ist methodisch ausgezeichnet geschrieben, namentlich in bezug auf die äußere Form der Darstellung. Wichtig ist auch die Stellung des Verfassers zum indirekten Beweis.

(18) J. Casey, The first six books of the elements of Euklid and propositions I—XXI of book XI. 2. Aufl. Dublin 1884.

Es tut gut, einmal ein englisches Geometriebuch zur Hand zu nehmen. Äußerlich herrscht hier Euklid, aber seine Macht ist durch zahlreiche Zusätze und Aufgaben etwas gemildert.

(19a) K. Fink, Die elementare systematische und darstellende Geometrie der Ebene in der Mittelschule für die Hand des Lehrers. Tübingen 1896.

(19b) Derselbe, Sammlung von Sätzen und Aufgaben dazu für die Hand des Schülers. Mit 10 Figurentafeln und 84 Blättern, Tübingen 1896.

Auch in diesen eigenartigen Heften tritt die konstruktive Seite der Geometrie durchaus in den Vordergrund. Sie soll zu einem Ausgleich zwischen der Euklidischen Geometrie einerseits, der projektiven und analytischen andererseits führen. Sehr ansprechend ist der kurze Abriß der Entwicklung der Elementargeometrie.

(20) M. Kröger, Die Planimetrie in ausführlicher Darstellung und mit besonderer Berücksichtigung neuerer Theorien. Hamburg 1896.

Ein klares und gediegenes Werk, das aber mehr das Können als das Erkennen des Schülers fördern möchte. Die Symmetrie tritt in den Vordergrund. Die geometrischen Aufgaben erfahren an der Hand zahlreicher und darunter fesselnder Beispiele eine liebevolle Behandlung.

(21) H. Dobriner, Leitfaden der Geometrie. Leipzig 1898.

Dieses Buch zeigt in einem Abschnitt schon die Einwirkung der Grundlagenforschung: die Flächenlehre mit ihren zum Teil mehrfarbigen Figuren war das wissenschaftliche Arbeitsgebiet des Verfassers. Im übrigen sei der Leser auf das Vorwort verwiesen, das auch die sonstigen Besonderheiten des Leitfadens begründet, der besonderer Beachtung empfohlen sei.

(22) B. Niewenglowski et L. Gérard, Cours de géométrie élémentaire. I. Géométrie plane. Paris 1898. II. Géométrie dans l'espace. Paris 1899.

Wie alle französischen Werke der Elementarmathematik zeichnet sich auch dieses durch großen Stoffreichtum und einen klaren, eleganten Stil aus.

(23) H. S. Hall, and F. H. Stevens, A text-book of Euklid's Elements. Books I—VI and XI. London 1899.

Hier gilt in noch höherem Maße das von (18) Gesagte.

(24) F. Enriques e U. Amaldi, Elementi di geometria. Bologna 1903.

(25) G. Veronese e P. Gazzaniga, Elementi di geometria. Verona 1904.

Bei den italienischen Schullehrbüchern kommt zum erstenmal die volle Strenge zur Geltung. Sie sind Euklidischer als Euklid. Nach unserer heutigen Meinung übersteigt das die Fassungskraft der Schüler. Aber lehrreich ist es für den Lehrer trotzdem, die Axiomensysteme in den Schullehrbüchern der berühmten Mathematiker Enriques und Veronese anzusehen.

(26) J. Mackay, Plane geometry practical and theoretical. London 1906.

Mackay schickt dem Buche eine Art kurzen „Vorbereitungskurs" voraus. Seine Schreibweise ist zwar die Euklidische, im Aufbau hat er sich aber von Euklid befreit und seine Übungen enthalten originelle Gedanken. Interessant ist die von ihm durchgeführte Dualität zwischen Ähnlichkeit und Inversion.

(27) Ch. Méray, Nouveaux éléments de géométrie. 3. éd. Dijon 1906 (1. éd. 1874).

Méray gründet erstmals die Geometrie ganz auf den Bewegungsbegriff. Er führt die Fusion durch. Dabei geht er von einem übrigens viel zu umfangreichen Axiomensystem aus und schreitet immer vom Allgemeinen zum Besonderen. Für den Schüler ist das Buch unbrauchbar, desto interessanter ist es aber für den Lehrer.

(28) J. Henrici und P. Treutlein, Lehrbuch der Elementargeometrie. 1. Teil: Gleichheit der Gebilde in einer Ebene und deren Abbildung ohne Maßänderung. 4. Aufl. Leipzig 1910. 2. Teil: Ähnliche und perspektive Abbildung in der Ebene (Kegelschnitte), Berechnungen der ebenen Geometrie (Trigonometrie). 3. Aufl. Leipzig 1907. 3. Teil: Die Gebilde des körperlichen Raumes, Abbildung von einer Ebene auf eine zweite (Kegelschnitte). 2. Aufl. Leipzig 1901.

Dieses dreibändige Geometriebuch gehört in die Linie der Werke (7), (13)—(16). Es gründet die ganze Geometrie auf den Abbildungsbegriff. Damit ist der Aufbau von eindringlicher Schönheit, und die „neuere" Geometrie erscheint organisch mit der Euklidischen verbunden. Das Werk ist eingehenden Studiums wert.

(29) G. B. Halsted, Géométrie rationnelle. Traduction française. Paris 1911.

Halsted hat mit seiner Rational Geometry nichts mehr und nichts weniger beabsichtigt, als Hilberts Grundlagen der Geometrie in ein Schulbuch zu verwandeln. Mag dabei vieles wissenschaftlich in die Brüche gegangen sein — vgl. die Besprechung durch M. Dehn im Jahresber. der Deutschen Math.-Ver. 13, 1904, S. 592 — und mögen wir vom Standpunkt der Didaktik aus vielleicht geradezu entsetzt darüber sein, jedenfalls enthält das Buch so viel des Eigenartigen und Neuen, daß sich eine Durchsicht reichlich lohnt.

(30) G. Lazzeri und A. Bazzani, Elemente der Geometrie. Übersetzt von P. Treutlein. Leipzig 1911.

Dieses erstmals 1891 erschienene Buch führt die in Italien inzwischen wieder aufgegebene „Fusion" von Planimetrie und Stereometrie durch und ist, wie die italienischen Geometriebücher alle, streng axiomatisch aufgebaut. Zudem führt es die seit Legendre (2) beliebte, sorglose Verwendung der Arithmetik in der Geometrie auf ein Minimum zurück. Eigenartig ist daher z. B. die rein geometrische Behandlung der Inversion und der Flächenlehre.

(31) E. Rouché et Ch. de Comberousse, Traité de géométrie. 8. éd. I. Géométrie plane. II. Géométrie dans l'espace. Paris 1912.

Wohl das umfangreichste französische geometrische Lehrbuch mit zahlreichen Anhängen, die besonderen Fragen gewidmet sind. Das Buch sucht in erster Linie ein möglichst vollständiges geometrisches Wissen und Können zu vermitteln und spannt daher auch den Rahmen für die elementare Planimetrie und Stereometrie sehr weit. Grundlagenforschung und Aufbaumethodik (Axiomatik und Architektonik) der Geometrie kommen daher wenig zur Sprache. Aber als Stoffsammlung ist es um so wertvoller.

(32) H. Fenkner, Lehrbuch der Geometrie. Ausgabe A. 1. 1. Teil: Ebene Geometrie. 7. Aufl. Berlin 1916.

Dieses Buch strebt in erster Linie an, daß der Schüler nicht die Beweise, sondern das Beweisen lerne. Es stellt daher besondere Beweismittel zusammen.

(33) M. Schuster, Geometrische Aufgaben und Lehrbuch der Geometrie. 1. Teil. Planimetrie. 5. Aufl. 1921. 3. Teil. Stereometrie. 3. Aufl. 1918.

Das Buch steht mit (15), (16), (17) in einer Linie, indem es die geometrische Aufgabe in den Mittelpunkt des Unterrichts stellt.

(34) C. Bourlet, Cours abrégé de géométrie. I. Géométrie plane. 8. éd. Paris 1922. II. Géométrie dans l'espace. 6. éd. Paris 1920.

Bourlet nimmt die Gedanken Mérays (27) wieder auf und vereinfacht sie wesentlich. Freilich ist das Buch logisch nicht ganz einwandfrei. Dafür wird der Leser durch die eingehende Pflege der Anwendungen entschädigt.

(35a) K. Schwering und W. Krimphoff, Ebene Geometrie. 9. und 10. Aufl. Freiburg i. Br. 1917.

(35b) K. Schwering, Stereometrie. 9. und 10. Aufl. Freiburg i. Br. 1917.

Zwei methodisch ausgezeichnete, knappe Leitfäden voll wissenschaftlichen Geistes, die nicht der Vergessenheit anheimfallen dürfen.

(36) J. Hadamard, Leçons de géométrie élémentaire. I. Géométrie plane. 8. éd. Paris 1922. II. Géométrie dans l'espace. 5. éd. Paris 1925.

Obwohl diese Vorlesungen des berühmten Mathematikers nur in einem Anhang ausdrücklich auf Axiomatisches, nämlich auf das Parallelenaxiom eingehen, bilden sie doch eine kritische Darstellung der Elementargeometrie vom höheren Standpunkt aus, die man gerne liest.

Das Gleiche gilt von

(37) C. Guichard, Traité de géométrie. 2 Bände. 9. bzw. 5. Aufl. Paris 1924/25.

(38) P. Sauerbeck, Lehrbuch der Stereometrie mit einem Abschnitt über Kristallographie. Stuttgart 1900.

Der Verfasser sieht die Hauptaufgabe des stereometrischen Unterrichts in der Pflege der Raumanschauung und des Zeichnens und wehrt sich daher gegen das Übergewicht der stereometrischen Berechnungsaufgabe. Daher betont er besonders die Konstruktionsaufgaben. Trefflich ist der kristallographische Abschnitt.

(39) F. Kommerell und G. Hauck, Lehrbuch der Stereometrie. 8. Aufl. Tübingen 1900. 10., umgearbeitete Aufl. Tübingen 1909.

Das von Guido Hauck bearbeitete Lehrbuch brachte in den aufeinanderfolgenden Auflagen immer mehr Stoff, namentlich nach der konstruktiven Seite. In der von V. Kommerell-Tübingen besorgten 10. Aufl. ist es wesentlich gekürzt worden. Es steht noch auf Euklidischer Grundlage und betont die „systematische" Stereometrie. Die zahlreichen Konstruktionsaufgaben setzen freilich zu ihrer Durchführung die darstellende Geometrie voraus.

Ähnlichen Charakter hat

(40) F. Bützberger und W. Benz, Lehrbuch dei Stereometrie. 4 Aufl. Zürich 1924.

(41) C. H. Müller und O. Presler, Leitfaden der Projektionslehre. Leipzig 1903.

Über dies allgemein bekannte, ausgezeichnete Buch braucht hier nichts weiter gesagt zu werden.

§ 5. Die älteren Aufgabenmethodiken und Aufgabensammlungen der Planimetrie und Stereometrie.

Wir beschränken uns hier auf die vor der mathematischen Unterrichtsreform erschienenen Werke. Der Leser wird leicht bemerken, daß die theoretischen Aufgaben in ihnen den ersten Platz einnehmen. „Angewandte" Aufgaben findet man in reicher Auswahl in den im nächsten Paragraphen aufgezählten, modernen mathematischen Unterrichtswerken.

(1) v. Holleben und P. Gerwien, Geometrische Analysis. 2 Bde. Berlin 1831/32.

Dieses leider unvollendet gebliebene Werk — es fehlt die algebraische Analysis — stellt den ersten Versuch größeren Umfangs dar, für die geometrischen Aufgaben eine Methodik zu schaffen und zugleich den Urwald dieser Aufgaben systematisch auszuroden. Da die geometrischen Konstruktionsaufgaben heute nicht mehr die gleiche Rolle spielen, wie vor 100 Jahren, so kommt dem Werke heute nicht mehr die Bedeutung zu, die es vor 100 Jahren beanspruchte. Aber eine wertvolle Fundgrube ist es immer noch.

(2) C. Adams, Geometrische Aufgaben mit besonderer Rücksicht auf die geometrischen Konstruktionen. Winterthur 1849.

Diese Schrift enthält 100 Aufgaben mit vollständig ausgeführten Lösungen, 55 davon behandeln ein- und umbeschriebene Figuren, 45 Teilungen und Verwandtes. Unter den Lösungen befinden sich besonders schöne algebraische.

(3) C. H. Nagel, Geometrische Analysis. Ulm 1850.

Eine nach unserem Gefühl etwas weitläufige, aber behaglich geschriebene Methodik planimetrischer Aufgaben.

(4) M. Bland, Geometrische Aufgaben. Deutsch bearbeitet von A. Wiegand. Halle 1850.

Eine Sammlung von 474 planimetrischen Aufgaben englischen Ursprungs.

(5) E. Catalan, Théorèmes et problèmes de géométrie élémentaire. 6. Aufl. Paris 1879.[1])

Diese berühmte französische Sammlung berücksichtigt die Ebene doppelt so stark wie den Raum.

(6) H. Lieber und F. v. Lühmann, Geometrische Konstruktionsaufgaben. 1. Aufl. Berlin 1870. 14. Aufl. o. J.

Eine ungemein reiche Sammlung, die aber neben vielem Brauchbaren leider sehr viel Künstliches und Unbrauchbares enthält.

(7) C. Müsebeck, Aufgaben für den Unterricht in der Planimetrie. Berlin 1908.

Diese Sammlung ist ein um eine Reihe weiterer Aufgaben vermehrter Auszug aus (6).

(8) J. O. Gandtner und K. F. Junghans, Sammlung von Lehrsätzen und Aufgaben aus der Planimetrie. 1. Teil. 4. Aufl. Berlin 1878. 2. Teil. 3. Aufl. Berlin 1882.

Von diesem Werke gilt das Gleiche wie von (6).

---

1) Zur 2. Aufl. gibt es eine 1862 in Stuttgart erschienene deutsche Ausgabe von C. G. Reuschle.

(9) J. Petersen, Methoden und Theorien zur Auflösung geometrischer Konstruktionsaufgaben. Kopenhagen 1879.

Es ist sehr schade, daß von diesem längst vergriffenen, einzigartigen, grundlegenden Buche über die Methodik der geometrischen Konstruktionsaufgaben keine Neuausgabe existiert. Sie würde gerade heute, wo die Frage der Begrenzung und des Schwierigkeitsgrades der geometrischen Aufgaben erneut zur Diskussion steht, viel Gutes stiften. Besser noch wäre eine Neubearbeitung, die Veraltetes ausscheiden und die neueren Fortschritte berücksichtigen würde.

(10) J. Alexandroff, Aufgaben aus der niederen Geometrie. Deutsch hrsg. von M. Schuster. Leipzig 1903.

Eine sehr empfehlenswerte, im wesentlichen auf (9) fußende Aufgabenmethodik, deren Wert die mathematische Unterrichtsreform nicht vermindert hat.

(11) F. Enriques, Fragen der Elementargeometrie. 2. Teil. Die geometrischen Aufgaben, ihre Lösung und Lösbarkeit. Leipzig 1907.

Von diesem 2. Teil des schon § 2 (7) erwähnten Werkes kommt für die Unterstufe zunächst nur der erste Artikel in Betracht.

(12) G. Hoffmann, Anleitung zur Lösung planimetrischer Aufgaben. 6. Aufl. Leipzig 1910.

Ist noch ganz darauf eingestellt, daß die geometrischen Konstruktionsaufgaben den Gipfel der Elementarmathematik darstellen.

Das Gleiche gilt von

(13) E. F. Borth, Die geometrischen Konstruktionsaufgaben mit einer Anleitung zum Auflösen derselben. 22. Aufl. Leipzig 1919.

(14) E. R. Müller, Lehrbuch der planimetrischen Konstruktionsaufgaben. 3 Teile. Bremerhaven 1911.

Dieses nach System Kleyer bearbeitete Buch ist elementar und sehr weitläufig.

(15) F. G. M., Exercices de géométrie. 7. Aufl. Tours und Paris o. J.

Auf dieses 1300 (!) Seiten umfassende Werk, das neben einer vollständigen Methodik eine überreiche Sammlung von Aufgaben und Lehrsätzen enthält, sei der deutsche Leser besonders hingewiesen. Die ebene und die räumliche Geometrie sind gleichermaßen vertreten. Ein erster Anhang behandelt die Dreiecksgeometrie, ein zweiter bringt Verzeichnisse der termini technici und der historisch bedeutsamen Aufgaben und Sätze (besonders wertvoll!), ein Verzeichnis von nicht elementar konstruierbaren Aufgaben und ein Literaturverzeichnis. Das Buch ist in jeder Hinsicht ein Schatz.

(16) B. Kerst, Methoden zur Lösung geometrischer Aufgaben. Math.-Phys. Bibl. Nr. 26. Leipzig 1916.

Eine reizende, kleine Methodik, die alles für den heutigen Unterricht brauchbare Material aus der Lehre von den geometrischen Konstruktionsaufgaben sammelt und durch Beispiele erläutert.

(17) H. Thieme, Sammlung von Lehrsätzen und Aufgaben aus der Stereometrie. Leipzig 1885.

Diese Sammlung dient nicht der Ausbildung der Rechenfertigkeit, sondern der Raumanschauung. Die in ihr enthaltenen Sätze und Aufgaben bilden noch heute trefflichen Stoff für die Projektionslehre.

(18) H. Lieber, Stereometrische Aufgaben. Berlin 1888.

Eine Sammlung von Berechnungsaufgaben, über die das bei (6) Gesagte zu wiederholen ist.

(19) C. Müsebeck, Aufgaben für den Unterricht in der Stereometrie und sphärischen Trigonometrie. Berlin 1908.

Ein um weitere Aufgaben vermehrter Auszug von (18).

(20) F. Reidt, Sammlung von Aufgaben und Beispielen aus der Trigonometrie und Stereometrie. 2. Teil. Stereometrie. 5. Aufl. Leipzig 1914.

Berücksichtigt in gleicher Weise Berechnungs- und Konstruktionsaufgaben.

§ 6. Die seit der mathematischen Unterrichtsreform erschienenen Schulbücher der Planimetrie und Stereometrie.

Wir begnügen uns hier mit einer Aufzählung der Bücher. Wegen ihrer Charakterisierung verweisen wir auf die Besprechungen teils in der ZMNU, teils in der *Württembergischen Schulwarte*, der Monatsschrift der württembergischen Landesanstalt für Erziehung und Unterricht. Im folgenden sind immer nur die Ausgaben für realistische Anstalten gemeint.

(1) O. Lörcher und E. Löffler, Methodischer Leitfaden und Aufgabensammlung der Geometrie nebst einer Vorschule der Trigonometrie. 6. Aufl. Leipzig 1927.

(2) K. Schwab und O. Lesser, Mathematisches Unterrichtswerk 2. Band. Geometrie. 12. Aufl. Leipzig 1927.

(3a) W. Lietzmann, Mathematisches Unterrichtswerk. Geometrische Aufgabensammlung. Unterstufe. 7. Aufl. Leipzig 1927.

(3b) Dasselbe. Leitfaden der Mathematik. Unterstufe. 7. Aufl. Leipzig 1927.

(4) K. Reinhardt und M. Zeisberg, Math. Unterrichtswerk. Geometrie. 2 Teile. 6. bzw. 4. Aufl. Frankfurt a. M. 1926.

(5) Ph. Lötzbeyer und W. Schmiedeberg, Mathematik für höhere Schulen. Mittelstufe II.

(6) A. Thaer und G. Lony, Lehrbuch der Mathematik. 1. Band. Unterstufe. Breslau 1915.

(7) H. Beinhorn, Lehrbuch der Mathematik. Unterstufe I und II. Oberstufe I. Berlin 1915.

(8) E. Borel und P. Staeckel, Die Elemente der Mathematik. 2. Band. Geometrie. 2. Aufl. Leipzig 1920.

(9) O. Behrendsen und E. Götting, Lehrbuch der Mathematik. Hrsg. von A. Harnack. Unterstufe, Teil I. 7. Aufl. Leipzig 1927.

(10) F. Malsch, E. Maey und H. Schwerdt, Zahl und Raum. 3. und 4. Heft. Geometrie. Leipzig 1926.

(11a) A. Schülke und W. Dreetz, Aufgabensammlung aus der reinen und angewandten Mathematik. Teil I. Unterstufe. 6. Aufl. Leipzig 1928.

(11b) Dieselben. Leitfaden der Mathematik. Teil I. Unterstufe. 2. Aufl. Leipzig 1928.

(12) F. Reidt - G. Wolff - B. Kerst, Die Elemente der Mathematik. Band II. Geometrie (Unterstufe). Berlin 1926.

(13) W. Bauer und E. v. Hanxleden, Lehrbuch der Mathematik für Realanstalten. Unterstufe der Geometrie. 7. Aufl. Braunschweig 1927.

(14) Kambly - Thaer, Mathematisches Unterrichtswerk I. Neubearbeitung von A. Czwalina und H. Dörrie. 2. Heft. Planimetrie. 3. Heft. Stereometrie. 9. Heft. Abbildungen. Breslau 1925/26.

(15) Mehler - Schulte - Tigges, Hauptsätze der Elementarmathematik. Unterstufe. Berlin 1923.

(16) H. Fenkner, Mathematisches Unterrichtswerk. Neubearbeitet von K. Holzmüller. Geometrie. 1. Teil. Berlin 1926.

(17) G. Scheffers und W. Kramer, Leitfaden der darstellenden und räumlichen Geometrie. 2 Teile. Leipzig 1924/25.

Die Verfasser empfehlen als zeitlich erste Projektionsart für die Schule die senkrechte Projektion auf eine Tafel mit beigefügtem Höhenmaßstab, also die kotierte Projektion und führen sie in einem vollständigen, sehr lehrreichen und sehr schönen Lehrgang durch. Wir haben in unserem Lehrgang vorläufig von der Eintafelprojektion abgesehen, da uns immer noch die Parallelprojektion als erste Projektionsart für die Schule am geeignetsten erscheint.

(18a) H. Müllers mathematisches Unterrichtswerk. Teil 3. E. Kullrich und C. Tietze, Lehr- und Übungsbuch der Geometrie. Unterstufe. 14. Aufl. Leipzig 1928.

(18b) Dasselbe Teil 7 M.-Kutnewski und P. B. Fischer. Aufgabensammlung der Geometrie. 14. Aufl. Leipzig 1927.

(19) Crantz-Kundt-Heinemann, Mathematisches Unterrichtswerk für höhere Mädchenbildungsanstalten. II. Teil, 12. Aufl. Leipzig 1927 und III. Teil, 11. Aufl. Leipzig 1927.

(20) Möhle-Knochendöppel, Mathematik für Lyceen und höhere Mädchenschulen. Ausgabe A. Teil II. Breslau 1926.

(21) Fenkner-Hessenrbuch, Lehr- und Übungsbuch der Mathematik für höhere Schulen. Teil I und II. Berlin 1926.

Rückblick.

... in neuerer Zeit ... verlangt man als Resultat des Unterrichts nicht nur mathematisches Wissen, bestehend in einer Summe von Einzelkenntnissen und mathematisches Können, bestehend in der Tätigkeit, eine Anzahl von Methoden auf mathematische Aufgaben anzuwenden, sondern mathematische Bildung, bestehend in klarer Erkenntnis des inneren Zusammenhangs und der Bedeutung der mathematischen Wahrheiten, in Übersicht über das Ganze und Einsicht in die einzelnen Teile. ...

V. Schlegel, Lehrbuch der elementaren Mathematik. 2. Teil. Geometrie. Vorwort.

Ein überaus buntes Bild ist am Leser, dessen Geduld bis jetzt durchgehalten hat, vorübergezogen. Eine Fülle von geometrischen Tatsachen und Problemen ergießt sich während der drei Schuljahre, für die unser Lehrgang bestimmt ist, auf Augen und Ohren unserer Schüler, und sie könnte, selbst wenn man nur die im VI. Kapitel aufgeführte Literatur berücksichtigen würde, ins Ungemessene vergrößert werden. So umfassend und mannigfaltig ist der „elementare" geometrische Lehrstoff, daß er sich der vorangesetzten Forderung V. Schlegels zunächst ganz und gar nicht fügen will. Und doch scheint es dem Verfasser auch schon für die Unterstufe notwendig, nicht bloß zu fordern, daß der mathematische, insbesondere der geometrische Unterricht Verstand und Vorstellungskraft bilde, daß er nützliche Kenntnisse fürs Leben vermittle, sondern auch zu verlangen, daß der Eigenwert der Geometrie, der erkenntnistheoretische und ästhetische Wert geometrischer Untersuchungen deutlich werde: Nicht am Alltag — an dem soll tüchtig gearbeitet werden —, nicht zu früh — erst dann, wenn die Schüler sich eine erkleckliche Summe von Einzelkenntnissen erworben haben. Erst dann, wenn der jugendliche Geist zum erstenmal Erkenntnisse zu gewinnen vermag, in Feierstunden für Lehrer und Schüler, etwas ausführlicher vielleicht am Ende der UII bei einem Rückblick auf das in dreijähriger Arbeit Geleistete (und wohl nur, wenn der Lehrer die Schüler wirklich die ganzen drei Jahre unterrichtete).

Auch da müßte zunächst vom Stoffe die Rede sein, von den geometrischen Gebilden, die untersucht wurden und durch deren Kombination sich Sätze und Aufgaben eingestellt haben. Aber man müßte doch schon etwas über das rein Stoffliche hinauskommen und die Schüler daran erinnern, daß neue Tatsachen am ungezwungensten aus der Durchführung geometrischer Verwandtschaften entsprungen sind. Damit verbindet sich dann von selbst ein Ausblick auf den künftigen Inhalt der Geometrie, insbesondere der Raumgeometrie, in welcher bis jetzt der Stoff, die einzelnen geometrischen Gebilde, die Aufmerksamkeit fast völlig auf sich gezogen haben, während der Gedanke einer geometrischen Verwandtschaft (der Affinität) nur als Mittel zum Zweck (der ebenen Darstellung räumlicher Gebilde) aufgetreten ist. Von der Axiomatik aber war und sollte, mit der einen Ausnahme des Parallelenaxioms, im seitherigen Unterricht nirgends die Rede sein, auch nicht in der systematischen Stereometrie. Sie sei der Oberstufe vorbehalten. Auf dieser kann und soll dann die Schlegelsche Forderung das ideale Ziel des geometrischen Unterrichts bezeichnen:

Geometrisches Wissen, gewonnen an der unerschöpflichen Fülle geometrischer Gestalten, geometrisches Können, erprobt an der unendlichen Zahl der theoretischen und praktischen geometrischen Aufgaben, geometrisches Erkennen, geschöpft aus der axiomatischen Grundlegung der Geometrie und aus ihrem nach den geometrischen Verwandtschaften gegliederten Aufbau.

Anhang.

Die sieben ersten und die letzte (23.) Euklidische Definition.

1. Der Punkt ist das, dessen Teil nichts ist.
2. Die Linie aber breitenlose Länge.
3. Der Linie Äußerstes sind Punkte.
4. Die Gerade ist die Linie, welche gleichmäßig durch ihre Punkte gesetzt ist.
5. Die Fläche ist das Raumgebilde, das nur Länge und Breite hat.
6. Der Fläche Äußerstes sind Linien.
7. Die Ebene ist die Fläche, welche gleichmäßig durch ihre Geraden gesetzt ist.

23. Parallel sind Gerade, welche in derselben Ebene liegen und, auf jedem von beiden Teilen ins Unendliche ausgezogen, auf keinem von beiden einander treffen.

Die Euklidischen Postulate.

Es soll gefordert werden, daß

1. von jedem Punkt bis zu jedem Punkt sich eine und nur eine Strecke führen lasse;
2. und diese Strecke sich kontinuierlich auf ihrer Geraden ausziehen lasse;
3. um jedes Zentrum sich mit jedem Abstand ein und nur ein Kreis zeichnen lasse;
4. und alle rechten Winkel einander gleich seien;
5. und, wenn eine zwei Geraden schneidende Gerade mit ihnen innere an derselben Seite liegende Winkel bildet, die zusammen kleiner sind als zwei Rechte, sich die beiden geschnittenen Geraden bei unbegrenzter Verlängerung auf der Seite schneiden, auf der diese Winkel liegen.

Die Euklidischen Axiome.

1. Was demselben Dritten gleich ist, ist unter sich gleich;
2. und wird Gleiches zu Gleichem zugesetzt, so sind die Ganzen gleich;
3. und wird Gleiches von Gleichem weggenommen, so sind die Reste gleich;

7. und einander Deckendes ist gleich;
8. und das Ganze ist größer als sein Teil.

Namenverzeichnis.

(F = Fußnote)

Sachverzeichnis.

Berichtigung.

Seite 131, Zeile 15 u. 16 v.o. lies Π_1 u. Π_2 statt π_1 u. π_2.
Seite 132, Zeile 23 v. o. lies „parallel zum Grundschnitt und in wahrer Größe".
Seite 133, Zeile 4 v. u. lies Körperschnitte statt Körperabschnitte.

VORANZEIGE

Die nachstehend angezeigte *Elementarmathematik* rückt den elementarmathematischen Lehrstoff in den Vordergrund — im Gegensatz zu einer Methodik des mathematischen Unterrichts, welche den Stoff nur als Problem neben anderen behandeln kann. Ihr Hauptziel ist in *Band I* und *II*, mehr als bisher die Fortschritte der mathematischen Wissenschaft für den Unterricht nutzbar zu machen und neueren mathematischen Gedanken den Eingang in die Schule zu erleichtern. In *Band III* soll die angewandte Mathematik nach ihren allgemeinen Verfahren und ihrer Anwendung auf die verschiedenen Gebiete in dem heute für die Schule so dringend nötigen Umfang dargestellt werden. In allen drei Bänden soll der eigentliche für den Unterricht bestimmte Lehrstoff in wissenschaftlich einwandfreier Form dargeboten und jeweils durch Einleitungen und Zusätze soweit ergänzt werden, daß der Leser ein klares Bild vom Wesen der Elementarmathematik, zu der jetzt auch die Anfangsgründe der Infinitesimalrechnung gehören, als einem organischen Glied der Gesamtmathematik erhält. Im Gegensatz zu den Werken ähnlicher Richtung von Weber-Wellstein, Klein, Netto-Färber-Thieme u. a. steht also die Didaktik des eigentlichen Schullehrstoffs im Vordergrund. Die *Vor- und Unterstufenteile* der beiden ersten Bände enthalten den Stoff der „reinen Mathematik" bis zur sog. mittleren Reife, die *Oberstufenteile* den zwischen mittlerer Reife und Maturität, während den *Übergangsteilen* jene mannigfachen Ansätze und Übergänge von der elementaren zur höheren Mathematik zugewiesen sind, die den Leser davor bewahren, die Elementarmathematik als etwas Fertiges, Unveränderliches zu betrachten. Die Übergangsteile sollen namentlich auch den freien Arbeitsgemeinschaften der Primen Anregung geben. *Band III* soll der „angewandten Mathematik" gewidmet und so abgefaßt sein, daß sich diese jeweils mühelos in die Kapitel der „reinen Mathematik" einordnen läßt. Natürlich werden aber auch schon in den dieser gewidmeten Bänden die Anwendungen entsprechend in Betracht gezogen.

Die *Quellenhefte* sollen zunächst eine Art Urkundensammlung zu den Lehrstoffteilen der *Elementarmathematik* sein, indem sie aus den Originalwerken eine Auswahl der wichtigsten Belege für solche Sätze und Aufgaben mit den nötigen Erläuterungen bringen, die im heutigen Unterricht lebendig sind. Da sie aber von den Lehrstoffheften ganz unabhängig sind, so wenden sie sich an jeden, der sich für die geschichtliche Entwicklung bis zum heutigen Stand der reinen und angewandten Mathematik interessiert. Insbesondere sind sie für die Lehrer und Schüler unserer höheren Schulen bestimmt, denen sie die Kulturbedeutung der Mathematik zum Bewußtsein bringen mögen. — Im übrigen soll das ganze Werk zunächst den Lehrern an den höheren Schulen — insbesondere den angehenden — aber auch den Hochschuldozenten dienen, sofern sie sich für die mathematische Didaktik der höheren Schulen interessieren, und allgemein einen Überblick über die heutige Elementarmathematik geben.

ÜBERSICHTSPLAN

ELEMENTARMATHEMATIK

Herausgegeben von Dr. K. Fladt

BAND I. ELEMENTARGEOMETRIE

1. Teil. *Vorstufe.* Der geometrische Vorbereitungsunterricht von Dr. H. Schumacher, Studienrat in Wetzlar.

2. Teil. *Unterstufe.* Der Lehrstoff bis zur Untersekunda von Dr. K. Fladt, Studienrat in Stuttgart.

3. Teil. *Oberstufe.* Der Lehrstoff der Obersekunda und Prima von Dr. K. Fladt.

4. Teil. *Übergangsstufe.* Vertiefung und Erweiterung des Lehrstoffs der Oberstufe von Dr. K. Fladt.

BAND II. ELEMENTARANALYSIS

1. Teil. *Vorstufe.* Der Rechenunterricht.

2. Teil. *Unterstufe.* Der Lehrstoff bis zur Untersekunda von H. Willers, Studienrat in Göttingen.

3. Teil. *Oberstufe.* Der Lehrstoff der Obersekunda und Prima von H. Willers.

4. Teil. *Übergangsstufe.* Vertiefung und Erweiterung des Lehrstoffs der Oberstufe von H. Willers.

BAND III. ANGEWANDTE ELEMENTARMATHEMATIK

1. Teil. Die numerischen, graphischen und instrumentellen Methoden der angewandten Mathematik.

2. Teil. Die Anwendung der Mathematik in den verschiedenen Gebieten.

a) Astronomie (mit Kartographie und Nautik), Vermessungslehre. — Physik (mit Meteorologie und Geophysik).

b) Chemie, Mineralogie (Kristallographie), Geologie, Biologie.

c) Technik.

d) Staat und Wirtschaft (Geldwesen, Kaufmännisches Rechnen, Versicherungsrechnung, Statistik, Wirtschaftslehre).

e) Kunst.

f) Leibesübungen (Sport).

Anhang. Die Mathematik und ihre Anwendungen in philosophischer Betrachtung.

QUELLENHEFTE ZUR ELEMENTARMATHEMATIK

BAND I. QUELLENHEFTE ZUR ELEMENTARGEOMETRIE

1. Heft. *Vor- und Unterstufe.* Der Lehrstoff bis zur Untersekunda von Dr. K. Fladt.

2. Heft. *Ober- und Übergangsstufe.* Der Lehrstoff der Obersekunda und Prima von Dr. K. Fladt.

BAND II. QUELLENHEFTE ZUR ELEMENTARANALYSIS

1. Heft. *Vor- und Unterstufe.* Der Lehrstoff bis zur Untersekunda von H. Willers.

2. Heft. *Ober- und Übergangsstufe.* Der Lehrstoff der Obersekunda und Prima von H. Willers.

BAND III. QUELLENHEFTE ZUR ANGEWANDTEN ELEMENTARMATHEMATIK

1. Heft. Naturwissenschaften.

2. Heft. Technik, Staat und Wirtschaft, Philosophie und Kunst, Sport.